力学丛书·典藏版 5

非牛顿流体力学

陈文芳 著

科 学 出 版 社

1 9 8 4

内 容 简 介

本书主要介绍非牛顿流体力学基本原理，包括基本概念、基本问题和理论推演方法；同时还介绍了非牛顿流体力学的实验方法与应用。其中特别讨论了粘度、复粘度和法向应力差的量测，及一些工业上感兴趣的非牛顿流体力学问题。

本书可供从事化工、石油、航空、水利、建筑、冶金、机械、轻工等工作的工程技术人员及高等院校有关专业的师生参考。

图书在版编目 (CIP) 数据

非牛顿流体力学／陈文芳著. —北京：科学出版社，2016.1
(力学丛书)
ISBN 978-7-03-046891-8
I. ①非… II. ①陈… III. ①非牛顿流体力学 IV. ① 0373
中国版本图书馆 CIP 数据核字 (2016) 第 004433 号

力 学 丛 书
非牛顿流体力学
陈文芳 著
责任编辑 陈大宁 谈德颜
科学出版社 出版
北京东黄城根北街 16 号
北京京华虎彩印刷有限公司印刷
新华书店北京发行所发行 各地新华书店经售
*
1984 年第一版
2016 年印刷
开本：850×1168 1/32
印张：7 1/2
插页：精 2
字数：194,000

定价： 68.00元

序

近三十年来，人们对非牛顿流体的兴趣日益增长. 这并不奇怪，因为在工业中经常遇到关于非牛顿流体的问题. 其实，早在人类出现以前，非牛顿流体就已存在，因为绝大多数生物流体是非牛顿流体. 近年来促使非牛顿流体研究迅速发展的直接动力可能是聚合物工业的发展.

各学科的科学家，譬如物理学家、化学家、工程师、生物学家等等，都对非牛顿流体感兴趣. 但不可能在同一书里写出他们都能满足的内容. 这部书是为学习力学、物理学和工程学的研究生们而写的. 它从连续介质力学的观点出发，介绍非牛顿流体力学的基本原理. 假定读者已经具备连续介质力学和张量分析的基础知识，例如象本丛书中郭仲衡的书[1]里所给出的内容. 为了适应有些读者尚不熟悉张量分析和连续介质力学的某些概念这一情况，书末列出四个附录，简要地给出了上述的基础知识，因而本书自成一体. 书中所用的术语都是在力学界常用的，所用的张量记号也是标准的. 因此，熟悉传统流体力学的读者，阅读本书不会有很多困难.

本书主要讨论非牛顿流体力学的原理，同时也简要讨论所碰到的非牛顿流体的有关实验问题. 本书最后一章是应用特殊的本构方程求解一些流动问题，其中有些问题在工业上具有重要的实际意义. 因此希望阅读本书的读者范围，实际上能比上面提及的要更广一些.

这部书是作者在英国雷丁(Reading)大学、坦桑尼亚达累斯萨拉姆 (Dar-es-Salaam) 大学和中国北京大学的讲稿的基础上写成的.

我荣幸地并且深切地感谢 K. Walters 教授，是他在大约二十年之前启发了我对非牛顿流体的兴趣，也正是他，在过去的这些年里，通过他的工作和同我的接触，保持了我在这个领域里的兴趣． 我还要感谢北京大学领导，他们为我提供了一个宁静的有助于写作的环境．同时，如果没有我的同事朱照宣教授、蔡扶时先生和我以前的学生章凯的帮助、鼓励和合作，这部书是决不可能写出的． 他们不仅将英文原稿翻译成中文，而且还提出了一些改进建议．因此这部书是属于我的，同样也是属于他们的． 但是这部书中的疏忽、错误和遗漏都应由我负责． 如果读者能将所发现的书中的不足之处告诉我，我将是非常感激的． 最后我还要感谢出版者的合作．

陈文芳（C. F. Chan Man Fong）

于北京大学

1982 年

目 录

第一章　绪　论

本书研究的物质或材料，在通常条件下能够流动，因而可看作为流体，但它们又可能具有某些固体的特性，比如能够反弹.

硅橡胶（Silly putty）可能是这类物质最典型的例子. 若把它猛地向地板扔去，它将会像弹性球那样反弹回来. 但若把它在桌子上放置几小时，就会察觉出它像流体那样，已向四周流动了. 从这两个过程可知这种物质松弛时间的大致长短：上述第一个过程进行得很快，以至于应力来不及松弛，回跳就已完成，显现出和弹性物质类似的性能；而第二个过程进行得很慢，但又并非慢得我们一辈子还看不出它的变化，因而使得硅橡胶的流体特性显现出来.

因此我们所研究的物质，在特定条件下具有固体性能，而在一般条件下，则又具有流体的性能.

我们将只限于研究不可压缩流体，因此与一物质微元 P 相关的 Cauchy 应力张量 $\mathbf{S}$ 可写成

$$\mathbf{S} = -p\mathbf{I} + \mathbf{T} \tag{1.1}$$

式中 p 是一个任意标量，$\mathbf{I}$ 是单位张量，$\mathbf{T}$ 是偏应力张量.

牛顿流体是一种具有常粘度 η_0 的流体，这种流体的本构方程可写作

$$\mathbf{T} = 2\eta_0\mathbf{D} \tag{1.2}$$

式中 $\mathbf{D}$ 是应变率张量.

将式 (1.2) 代入运动方程，可以得到著名的 Navier-Stokes 方程. 现已证实，Navier-Stokes 方程对描述低分子量的流体(象水和空气)的性能是很合适的. 对于描述具有高分子量的流体性能，方程 (1.2) 就不合适了，这类流体有：聚合物熔体、聚合物溶液、某些生物材料和某些食品等.

凡是流动性能不能用本构方程 (1.2) 来描述的流体，我们称

之为非牛顿流体. 故知非牛顿流体的偏应力张量 $\mathbf{T}$ 和应变率张量 $\mathbf{D}$ 之间的关系,可能是非线性的,也可能是具有记忆特性(即弹性特性)的.

非牛顿流体显示出许多在牛顿流体里观察不到的现象,下面描述其中一些.

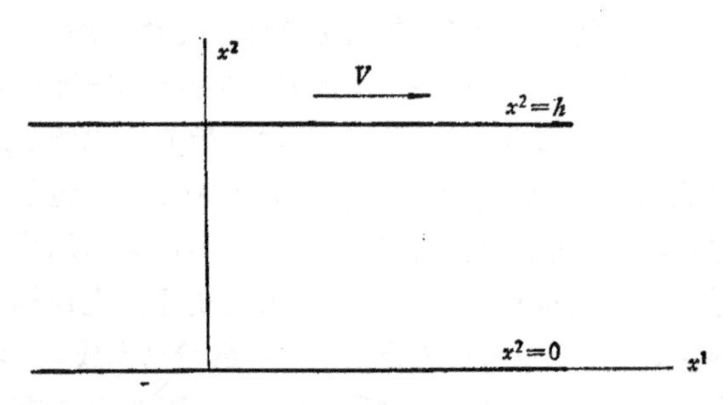

图 1.1

如图 1.1 所示,在笛卡尔直角坐标系 (x^1, x^2, x^3) 中,考虑位于 $x^2=0$ 和 $x^2=h$ 的两平行平板之间的流体流动. 流体的流动是由于两平板的相对运动而引起的. 设下面的平板 $(x^2=0)$ 不动,而上面的平板 $(x^2=h)$ 以常速 V 向右运动,这时两平板之间的流体运动称为简单剪切流动,其速度分布为

$$v_{(1)}=kx^2,\ v_{(2)}=0,\ v_{(3)}=0 \tag{1.3}$$

式中 $v_{(i)}$ 为速度的物理分量,而 $k(=V/h)$ 为常量,称为剪切率.

对于牛顿流体,从方程 (1.2) 能够决定偏应力张量,并且可以证明它的分量

$$T_{(12)}=\eta_0 k \tag{1.4}$$

而所有其余分量 $T_{(ij)}=0$.

因此,对于牛顿流体,知道 $T_{(12)}$ 和 k 后,即可求得 η_0,它表征了流体的特性.

但是,对于广泛的非牛顿流体,知道剪切应力 $T_{(12)}$,仅是事情的三分之一,而且 $T_{(12)}$ 也不一定是 k 的线性函数,我们可写作

$$T_{(12)}=\tau(k)=\eta(k)k \tag{1.5}$$

式中 $\eta(k)$ 是 k 的偶函数,称为表观粘度. 许多非牛顿流体的 $\eta(k)$ 是 k 的递减函数,这类流体称为拟塑性物质. 如果 $\eta(k)$ 随 k 的增加而增大,这类物质称为胀流型物质.

对于非牛顿流体,各法向应力可能不相等,通常,实验工作者分别定义第一和第二法向应力差 ν_1 和 ν_2 为

$$\nu_1(k) = T_{(11)} - T_{(22)}, \quad \nu_2(k) = T_{(22)} - T_{(33)} \tag{1.6}$$

因此对于简单剪切流动的非牛顿流体,我们不仅需要知道它的剪切应力 $\tau(k)$,而且还要知道它的两个法向应力差 ν_1 和 ν_2.

对法向应力差的积极研究是从第二次世界大战期间开始的,在过去四十年里有了显著进步. 现在,测量法向应力差的仪器已经可以在市场上买到.

早在上个世纪末,就已知道某些流体的粘度不是常量. 当牛顿流体在常压梯度 f 的作用下,沿一圆管流动时,其体积流率

$$Q = \frac{\pi a^4 f}{8\eta_0} \tag{1.7}$$

式中 a 为圆管的半径. 但是,对于某些流体,在同样的流动条件下,并且流动仍然是层流时,却发现 Q 正比于 f^m (在大多数情况下 $m > 1$),这就提醒人们去考虑粘度不是常量,也许就是这种观察导致幂律流体概念的形成.

法向应力差引起许多现象,其中最著名的也许是 Weissenberg

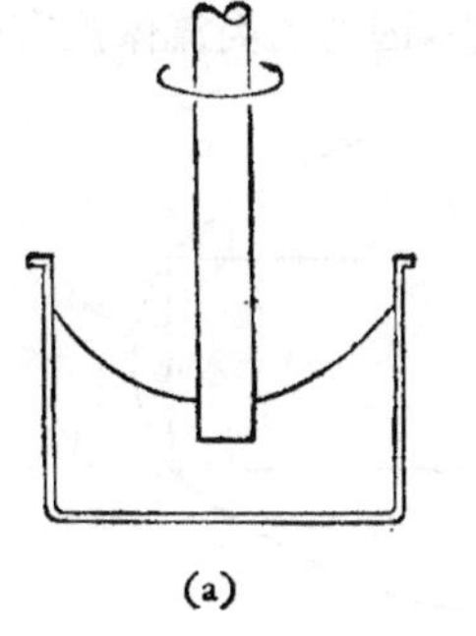

(a)

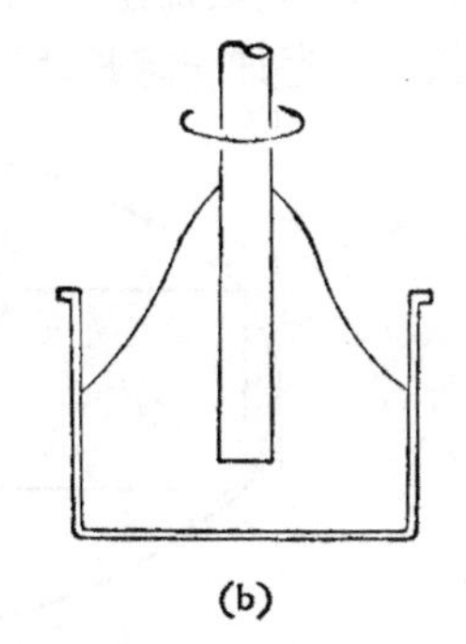

(b)

图 1.2

效应，它是不难演示的．在一只盛有粘弹性流体的烧杯里，旋转一根棒，对于牛顿流体，由于离心力的作用，液面将成为凹形，见图1.2a，但是对于大多数粘弹性流体，液面却是凸形的，见图 1.2b．关于这一效应的首次公开演示，可能是 Weissenberg 于 1944 年在英国伦敦帝国学院作出的．在设计混合器时，就要考虑到 Weissenberg 效应的影响．

用法向应力差能作出部分解释的另一现象是射流胀大．如果非牛顿流体被迫从一个大容器流进一根毛细管，再从毛细管流出时，将会发现射流的直径比毛细管的直径大，如图 1.3 所示．模片胀大率（射流直径与毛细管直径之比）是流动速率与毛细管长度的函数．

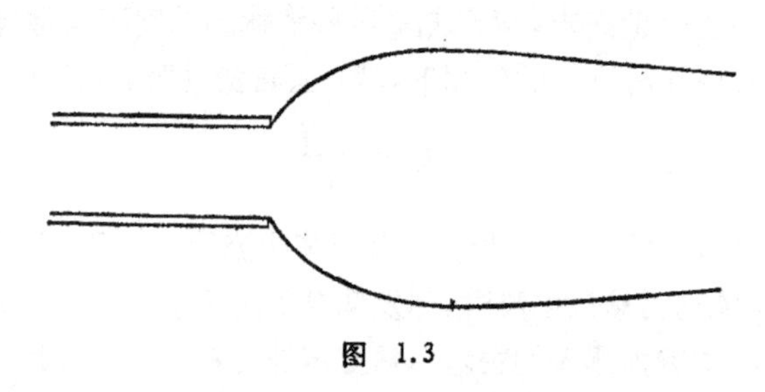

图 1.3

射流胀大这种现象的另一部分解释是用流体的记忆特性来表述的．流体微元原先盛在一个大容器里，被迫沿着毛细管流动一个短时间，因而它刚流出毛细管时，将趋于恢复它原先的状态，从而出现胀大．毛细管越长，胀大越小，因为这类流体没有一个完好

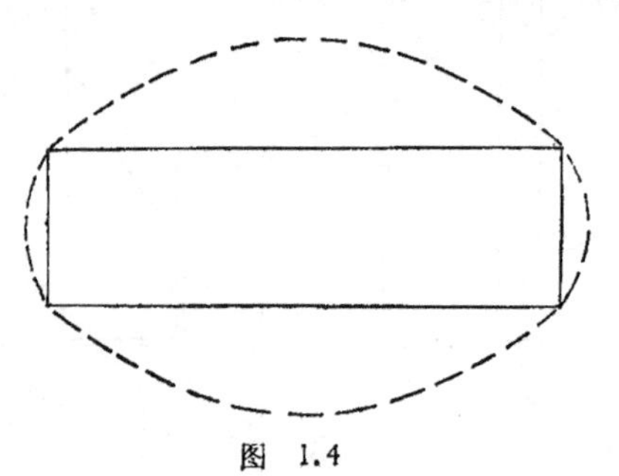

图 1.4

的记忆，而只有一个衰退的记忆. 因此，它要忘记原先的形状，并且它在毛细管内呆得愈久，它愈是记不起原先的形状，从而胀大越小.

在口模设计中，模片胀大现象是十分重要的. 聚合物熔体从一根矩形截面的管口流出时，管截面长边处的胀大比短边处的胀大更加显著，在管截面的长边中央胀得最大，见图 1.4. 因此，如果要求产品的截面是矩形的，口模的形状就不能是矩形，而必须是象图 1.5 所示的那种形状.

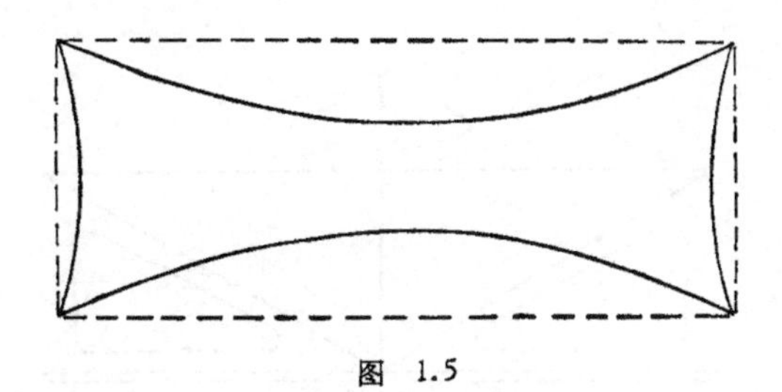

图 1.5

这种射流胀大现象也叫 Barus 效应或 Merrington 效应.

由于法向应力差的存在，还可能在流场里引起二次流动和反向流动. 已经知道，对于某些非牛顿流体，在一个常压梯度作用下，通过椭圆形截面的管子流动时，不可能是直线流动，实验和理论两方面都已证明，存在如图 1.6 所示的关于椭圆两轴线对称的

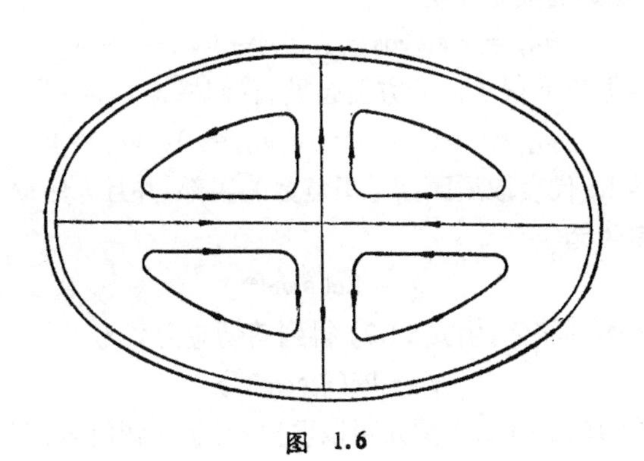

图 1.6

环流．二次流动是否会出现，取决于第二法向应力差 ν_2，当 $\nu_2=0$，不会产生二次流动；但当 $\nu_2\neq0$，并不一定就存在二次流动．

在有二次流动时，由于它比较弱，因而体积流率不会受到很大的影响．但是在表征热传导特性时，二次流动引起的变化可能是不小的．在锥板流变仪里，当锥和板间的缝隙不很小时，将存在二次流动．对于牛顿流体，在转动锥面处流线向外，而在固定的平板处，流线向内．对于非牛顿流体，其流动图形更加复杂，流线方向可能与牛顿流体的相反，如图 1.7．

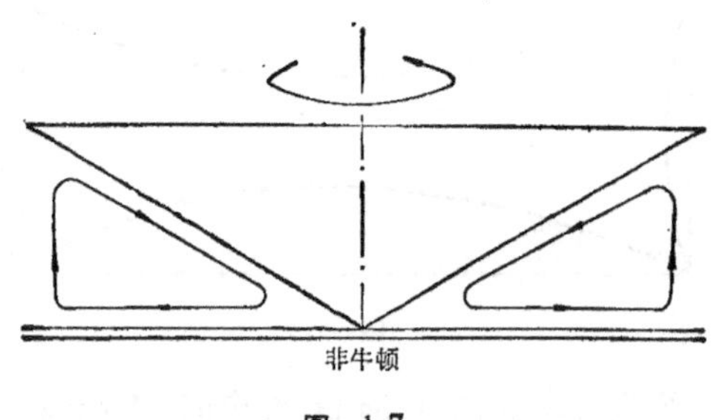

图 1.7

由于粘弹性流体具有记忆特性，可以预料，在非定常流动时，其流动特性与牛顿流体的情形有明显的差别．

考虑一个小振幅振动的剪切流动，它在笛卡尔直角坐标系 $Ox^1x^2x^3$ 里的速度分布是

$$v_{(1)}=x^2\varepsilon\omega\cos\omega t,\quad v_{(2)}=0,\quad v_{(3)}=0 \tag{1.8}$$

假定式中振幅 ε 很小．为方便起见，我们将式 (1.8) 写作

$$v_{(1)}=\mathrm{Re}(x^2\varepsilon\omega e^{i\omega t}),\quad v_{(2)}=0,\quad v_{(3)}=0 \tag{1.9}$$

式中记号 Re 代表取后面括号里复数的实部，并且 $i=\sqrt{-1}$．从而剪切率 k 为

$$k=\mathrm{Re}(\varepsilon\omega e^{i\omega t}) \tag{1.10}$$

对于牛顿流体，由式 (1.2) 得到剪切应力 τ 为

$$\tau=\mathrm{Re}(\eta_0\varepsilon\omega e^{i\omega t}) \tag{1.11}$$

从 (1.10)，(1.11) 两式可以看出，对于牛顿流体，剪切应力 τ

与剪切率 k 是同位相的. 但是对于非牛顿流体,剪切应力与剪切率将是不同位相的. 我们可以认为粘弹性流体具有粘性和弹性两重特性. 对于粘性物质,象刚才已见到的,剪切应力与剪切率是同位相的. 但是对于弹性物质,剪切应力是与剪切应变成比例,而不是与剪切率成比例. 由于剪切率与剪切应变的位相相差 $\pi/2$,可知对于弹性物质,剪切应力与剪切率的位相差为 $\pi/2$. 所以对于粘弹性流体,剪切应力与剪切率之间的位相差将取决于表征这一物质的粘性和弹性两部分的参数大小.

在粘弹性流体的小振幅流动里,我们用复粘度 $\eta^*(=\eta'-i\eta'')$ 代替粘度 η_0. 因而,剪切应力可写作

$$
\begin{aligned}
\tau &= \mathrm{Re}(\eta^*\varepsilon\omega e^{i\omega t}) \\
&= \varepsilon\omega(\eta'\cos\omega t + \eta''\sin\omega t) \\
&= \varepsilon\omega\eta\cos(\omega t - \delta) \qquad (1.12)
\end{aligned}
$$

式中 $\eta' = \eta\cos\delta$, $\eta'' = \eta\sin\delta$.

比较式 (1.12) 与式 (1.11), 可知 k 与 τ 之间的位相差为 δ, 并且有

$$
\mathrm{tg}\,\delta = \eta''/\eta' \qquad (1.13)
$$

与粘度 η_0 不同,复粘度 η^* 是频率 ω 的函数. 复粘度 η^* 的实部 η' 表示物质的粘性部分,称为动态粘度,而 $\omega\eta''$ 与物质的弹性部分相联系,称为动态刚度.

如果惯性项能够忽略的话, 则式 (1.8) 给出的速度分布与运动方程是协调的(详见第六章).

在上述简单剪切流动里,如果在 $t<0$ 粘弹性流体完全静止,而在 $t=0$ 时突然加上一个如式 (1.3) 给出的速度分布, 则式 (1.5) 和式 (1.6) 所给出的各个定常应力分布不是立刻可以达到的. 比如剪切应力不是单调地达到它的定常值 $(=k\eta(k))$, 而是先趋向一个最大值 $\tau_m(>k\eta(k))$, 然后再减少至它的定常值. 此外还知道在某些情形下, τ 在趋向定常值之前,将在定常值$(=k\times\eta(k))$ 上下振荡若干次. 这种现象称为应力过量. 法向应力也已发现有应力过量现象.

如果将粘弹性流体置于式(1.3)给出的速度分布的作用下足够长时间，使得定常状况已持续一段时间，然后突然让速度趋于零,那么各个偏应力不会立即趋于零,它们要经过一有限时间之后才衰减到零.

在湍流流动里,粘弹性的效应是最引人注目的.已经观察到，如果在牛顿流体里加入少量的聚合物,则在给定的速率下,可以看到显著的压差降.在图1.8里画出了各种不同浓度的聚乙烯的氧

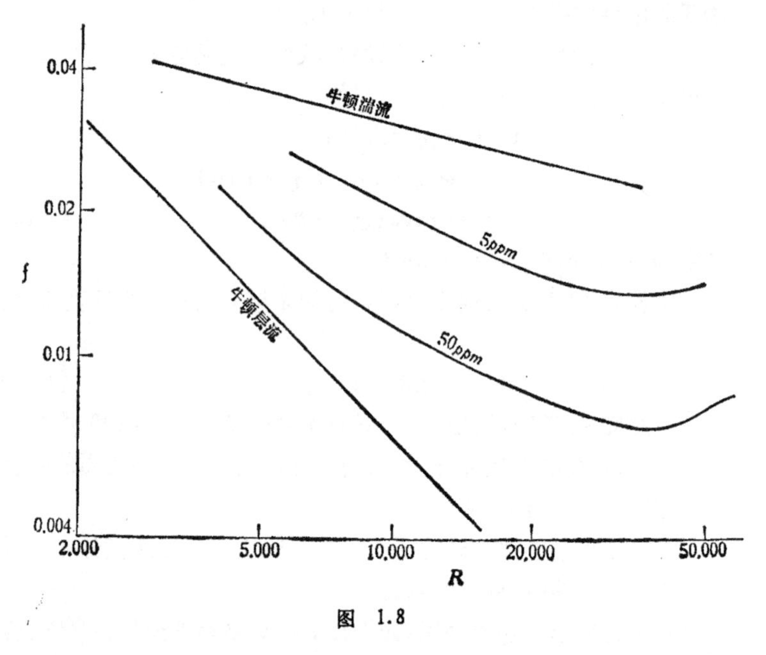

图 1.8

化物溶液的管摩擦系数 f 对于 Reynolds 数 R 的关系曲线(这里 $f=2D\rho V^2\overline{P}$，式中 D 表示管子直径，ρ 为流体的密度，V 是流体的平均速度，$\overline{P}$ 是压力梯度.而 $R=\rho VD/\eta_0$，式中 η_0 是溶液的粘度).

在层流流动状态下,溶剂和溶液两者的粘度与密度几乎类似.然而在湍流流动时,在同样的流动速率下,溶液里的阻力比溶剂里的阻力要低得多,同时发现随着浓度趋于某个确定的浓度值,阻力

降一直是增加的，但是一旦超过该浓度范围之后，阻力降就不再继续增加了．观察还表明，直到壁面剪切应力已经达到某个临界值时，才会产生阻力减少，并且阻力减少开始发生的水平并不依赖于溶液的浓度和圆管的半径．

现有的关于减阻的资料大多数是直管方面的．对于弯曲管道也曾做过某些实验，并且发现在弯曲管道里的减阻不如直管里的大．如果弯曲管道的曲率足够大，则观察不到减阻现象，也就是说这时在同样的流动速率下，溶剂和溶液二者的阻力大小几乎是相同的．

利用粗糙管做过的一些关于减阻的实验，表明管子的粗糙度影响减阻的效果，管子的粗糙度对减阻来说是不利的．

湍流里的减阻现象，不只是在聚合物溶液里才有，已经发现，在纤维素悬浮液湍流流动中，也同样存在减阻现象．减阻现象有许多实际应用，由于聚合物溶液的退化比起纤维素悬浮液的退化更早和更容易，所以后者更有用一些．

减阻现象也叫 Toms 效应．1948 年，Toms 在首届国际流变学大会上报告说，对于一氯甲硅烷里的聚甲基丙烯酸甲酯溶液，在湍流流动时所需的压力梯度较在溶剂(一氯甲硅烷)里，产生同样流动速率所要的为低．以后减阻现象就同 Toms 的名字联系在一起．实际上，减阻现象早就为人们所知，并在第二次世界大战期间，已经做过大量研究工作，只不过是在战争条件下，不允许发表这些结果罢了． White[2] 给出了关于减阻现象的综合性的文献目录．

与湍流里的高分子溶液的减阻现象相反，当粘弹性流体流过孔隙介质(渗流)时，阻力将增加．图 1.9 里画出了各种不同浓度的溶液流经孔隙介质时，摩擦系数 f 对于 Reynolds 数 R 的关系曲线(这里 $f=\rho\Delta PD\varepsilon^3/M^2L(1-\varepsilon)$，式中 ρ 表示溶液密度，ΔP 为流经 L 长度的压差，D 为颗粒直径，ε 为孔隙度，M 为单位面积上的质量流率；而 $R=DM/\eta(1-\varepsilon)$，式中 η 为流体的粘度)．可以看到阻力随浓度的增大而增加，但是存在一个最大的浓度值，

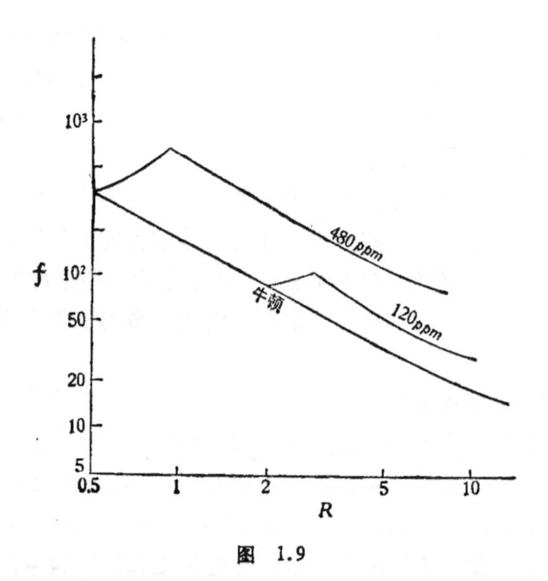

图 1.9

超过这一值之后，阻力不再进一步增加．还可以看到，仅当速度超过某个临界值时，才能观察到阻力增加，并且速度的这个临界值取决于孔隙的尺度和所用液体的浓度及类型．在纤维素悬浮液通过孔隙介质时，同样存在阻力增加的现象．近年来，还利用粘弹性流体来增加石油的回收能力[3]．

上述湍流减阻现象和粘弹性流体渗流阻力增加现象有某些相似之处．虽然还没有建立关于这两种现象的一个可用的、完全令人满意的机理，然而一般认为，产生这两种现象是由于粘弹性流体拉伸粘度较大．在粘弹性流体流经孔隙介质的流动里，流体经过一系列收缩和扩展流动，使得流体在流动方向上有较大的伸长，因而会产生较大的拉伸粘度，这将是直接造成阻力增加的原因．在湍流流动里，粘弹性流体的大的拉伸粘度阻止物质微元过份地伸长，以至于在同样的压力梯度的作用之下，粘弹性流体的物质微元没有牛顿流体的微元伸展得那样长，从而影响了动量的传递，导致了阻力的减小．

粘弹性流体的拉伸粘度可以利用无管虹吸（Fano 管）来近似

地决定．将一根管子浸没在盛有粘弹性流体的容器里，并将流体吸入管中，在流动过程中，将管子慢慢地从容器里拔起，可以看到虽然管子已不再插在流体里，流体仍然继续流进管里，见图 1.10。

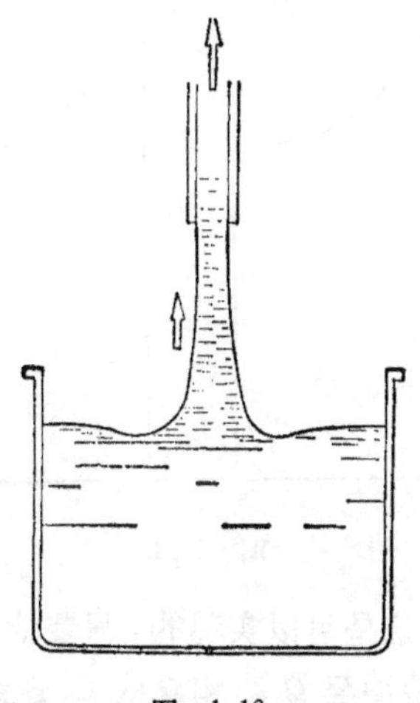

图 1.10

大约从 1966 年以来，这种无管虹吸得到应用．

某些非牛顿流体的粘度不仅依赖于剪切率，而且依赖于剪切率作用的持续时间．如果剪切率保持常数，而粘度随时间减小，那么这种流体称为触变流体．因而当一种新鲜的触变流体的样品放在两圆筒之间，用一个常剪切速率 k_0 来剪切它时，转矩将随时间而减小，并且在经过一个相当长的时间之后，转矩将趋向于一个定常值 T_e．嗣后，如果停止剪切，则转矩马上下降到零．如果让流体静置之后再重新受剪，则重新起始的转矩将依赖于静置的持续时间：静置的时间越长，则转矩的值越大．如让剪切率保持为一个相等的常值 k_0，则转矩将减少，其减少的速率不可能与原先减少的速率相同，但最终的定常转矩值还是 T_e，这与原先的定常转矩值是相同的，在图 1.11 里画出了这种情形．因此定常粘度，也就是流体在受到一个定常剪切率的长时间作用之后的粘度，是不依赖于流体的原先状态的．如果剪切率从零连续地增至 k_0，然后剪切率从

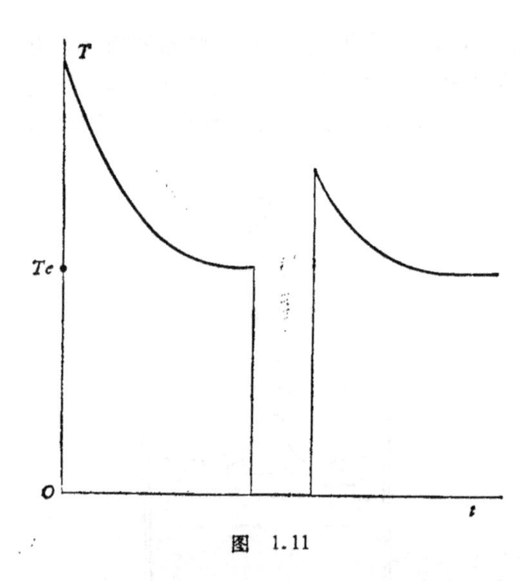

图 1.11

k_0 连续地减小到零(这是可以实现的，只要让里面的圆筒固定，用角速度 Ω 从零连续地增至 Ω_0，和 Ω 从 Ω_0 连续地减小到零转动外面的圆筒即可)，那么转矩 T 对于角速度 Ω 的曲线将呈现出滞后现象. 最初的滞后曲线可能是很复杂的，但是在几个剪切循环之

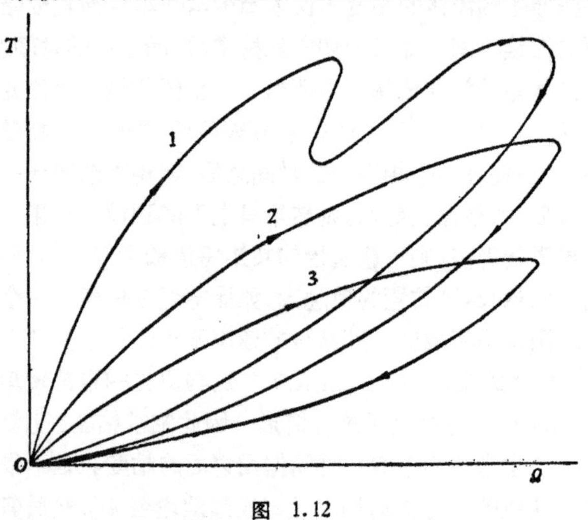

图 1.12

后，各滞后回线将收敛于如图 1.12 所示的一个平衡的滞后值. 滞后现象能够被用作断定流体是否是触变流体的判据，但必须注意要求粘性所引起的发热不重要，且实验进行得不太快才行. 已经知道，如果粘性引起的发热是明显的话，即使是牛顿流体也会呈现出滞后现象. 凝胶漆就是触变流体的一种.

某些流体能够表现出与触变流体相反的效应，这类流体称为反触变(震凝)流体. 在一个常剪切率的作用之下，反触变流体的粘度是随时间而增加的. 碱性的丁腈橡胶的乳胶悬浮液就是反触变流体的一种. 通常这种溶液呈一种类似于液体的乳状，但是如果让它受到剪切作用一个长时间之后，它将变成一种类似于弹性球体的状态，然后如果将其静置，则它将重新回复到液体状态. Mewis[4] 提出了一个关于触变流体的最新观点.

还有些物质，在应力达到某个确定值以前是不会流动的. 比如在这类物质的简单剪切中，在剪切应力达到某个确定的值 τ_0 以前，它不流动. 当剪切应力 τ 大于 τ_0 时，这类物质将象流体一样可以流动，而当 τ 小于 τ_0 时，它象刚体一样不能流动. 这类物质称为 Bingham 流体，例如泥浆、牙膏等.

从上面的论述中，我们可知非牛顿流体具有与牛顿流体不相同的某些特性，某些情形里，非牛顿流体的这种异常特性可能有实际的应用. 因此对于那些必须同非牛顿流体打交道的工程师和设计师，最好掌握非牛顿流体的一些力学知识.

第二章 变　　形

§2.1 运动学

在连续介质力学里，认为物体是由物质点(或质点)组成的，并假定这些物质点上的物质特性都是连续的.

考虑物体 B 上的一个物质点 P. 如果我们选取固定在空间中的点 O 作为原点，同样固定在空间中的 $Ox^1x^2x^3$ 作为坐标系，则点 P 相应于这坐标系的位置向量，可用具有分量 (x^1, x^2, x^3) 的向量 $\boldsymbol{x}$ 表示. 物体 B 上的每一个物质点都相应于一个位置向量 $\boldsymbol{x}$，因而 $\boldsymbol{x}$ 是物质点 P 的函数，并且我们可以写作

$$\boldsymbol{x} = \boldsymbol{f}(P) \tag{2.1}$$

如果物体 B 的所有的物质点的位置向量 $\boldsymbol{x}$ 都已知，则物体 B 的位形也就知道了.

当物体 B 运动时，P 点的位置向量将是时间的函数，从而我们可以写作

$$\boldsymbol{x} = \boldsymbol{f}(P, t) \tag{2.2}$$

因此，我们能够把物体 B 的运动看作是 B 的位形随时间的连续变化.

点 P 在时刻 t 的速度可用下式给出:

$$\boldsymbol{v}(\boldsymbol{x}, t) = \frac{d\boldsymbol{f}}{dt} = \dot{\boldsymbol{x}} = \frac{d\boldsymbol{x}}{dt} \tag{2.3}$$

式中 $\frac{d}{dt}$ 表示物质导数，也就是随着物质点 P 的时间导数.

点 P 在时刻 t 的加速度可用下式给出:

$$\boldsymbol{a}(\boldsymbol{x}, t) = \dot{\boldsymbol{v}} = \frac{d^2\boldsymbol{x}}{dt^2} \tag{2.4}$$

如果 $\phi(\boldsymbol{x}, t)$ 表示与物质点 P 相联系的一个物理量，则

$$\frac{d\phi}{dt} = \lim_{\delta t \to 0} \frac{\phi(\boldsymbol{x}+\delta \boldsymbol{x}, t+\delta t) - \phi(\boldsymbol{x}, t)}{\delta t}$$

$$= \frac{\partial \phi}{\partial t} + \boldsymbol{v} \cdot \mathrm{grad}\phi \tag{2.5}$$

式中 $\boldsymbol{x}+\delta\boldsymbol{x}$ 为 P 点在时刻 $t+\delta t$ 的位置，$\frac{\partial \phi}{\partial t}$ 为 ϕ 对时间的偏导数，也就是在 ϕ 中固定 $\boldsymbol{x}$，对时间 t 求导数．

§2.2 变形梯度

为了能描述一个物体的变形，我们必须取物体的一个特殊位形作为参考位形，物体在任何时刻的变形都是相对于这个参考位形的．

固体力学里的参考位形，可以规定为物体没有遭受到任何变形的位形，即物体只在通常的大气压与重力作用下所保持的位形．这样的位形称为物体的自然位形．但是流体没有自然位形，流体力学里的参考位形，通常取现时位形，即物体在现在时刻所占据的位形．

如果点 P 在现在时刻 t 占有位置 $\boldsymbol{x}$，在先前时刻 t' 占有位置 $\boldsymbol{x}'$，则有

$$\boldsymbol{x} = \boldsymbol{f}(P, t) \tag{2.6a}$$

$$\boldsymbol{x}' = \boldsymbol{f}(P, t') \tag{2.6b}$$

反解式 (2.6a) 可得

$$P = \boldsymbol{f}^{-1}(\boldsymbol{x}, t) \tag{2.7}$$

将式 (2.7) 代入式 (2.6b) 可以得到

$$\boldsymbol{x}' = \boldsymbol{f}[\boldsymbol{f}^{-1}(\boldsymbol{x}, t), t'] = \boldsymbol{f}_t(\boldsymbol{x}, t') \tag{2.8}$$

式中 $\boldsymbol{f}_t$ 称为相对的变形函数．

上式将 $\boldsymbol{x}'$ 表示为 $\boldsymbol{x}$ 的函数，并且我们已取现时位形作为参考位形，并且因此用了下标 t．

我们定义点 P 在时刻 t' 对于现时位形(即参考位形)的相对变形梯度 $\mathbf{F}_t(t')$ 为

$$\mathbf{F}_t(t') = \mathrm{grad}_x \boldsymbol{f}_t(\boldsymbol{x}, t') = \frac{\partial \boldsymbol{f}_t(\boldsymbol{x}, t')}{\partial \boldsymbol{x}} \tag{2.9}$$

式中 $\mathrm{grad}_x \boldsymbol{f}_t$ 是 $\boldsymbol{f}_t$ 对于 $\boldsymbol{x}$ 的梯度[1].

由于点 P 在现在时刻 t 占据位置 $\boldsymbol{x}$，因而当 $t' = t$ 时，有

$$\boldsymbol{x}'|_{t'=t} = \boldsymbol{x} \tag{2.10}$$

并且从 (2.9) 式可得

$$\mathbf{F}_t(t) = \mathbf{I} \tag{2.11}$$

式中 $\mathbf{I}$ 是单位张量.

当引入时间间隔 $s = t - t'(0 \leqslant s < \infty)$ 后，我们可以将 $\mathbf{F}_t(t')$ 写作

$$\mathbf{F}_t(t') = \mathbf{F}_t(t - s) = \mathbf{F}_t(s) \tag{2.12}$$

为了计算 $\mathbf{F}_t(t')$，我们必须先求出 $\boldsymbol{x}'$，而为了求出 $\boldsymbol{x}'$，我们必须知道速度场 $\boldsymbol{v}(\boldsymbol{x}, t)$. 点 P 在时刻 t' 的速度是 $\boldsymbol{x}'$ 对 t' 的时间导数，在时刻 t'，点 P 的位置是 $\boldsymbol{x}'$，因而

$$\dot{\boldsymbol{x}}' = \boldsymbol{v}(\boldsymbol{x}', t') \tag{2.13}$$

因此为了求 $\mathbf{F}_t(t')$，我们必须根据式 (2.10) 所给的条件求解式 (2.13). 在许多流动问题里，不能给出 $\boldsymbol{v}(\boldsymbol{x}, t)$，因而也不能确定地得到 $\mathbf{F}_t(t')$.

§ 2.3 物理解释

考虑两个邻近的物质点 P 和 Q，在现在时刻 t，它们的位置分别是 $\boldsymbol{x}$ 和 $\boldsymbol{x} + \delta\boldsymbol{x}$，在先前时刻 t'，它们的位置分别是 $\boldsymbol{x}'$ 和 $\boldsymbol{x}' + \delta\boldsymbol{x}'$，则有

$$\boldsymbol{x}' + \delta\boldsymbol{x}' = \boldsymbol{f}_t(\boldsymbol{x} + \delta\boldsymbol{x}, t') \tag{2.14a}$$

$$\boldsymbol{x}' = \boldsymbol{f}_t(\boldsymbol{x}, t') \tag{2.14b}$$

从而

$$\delta\boldsymbol{x}' = \boldsymbol{f}_t(\boldsymbol{x} + \delta\boldsymbol{x}, t') - \boldsymbol{f}_t(\boldsymbol{x}, t') \tag{2.14c}$$

将 $\boldsymbol{f}_t(\boldsymbol{x} + \delta\boldsymbol{x}, t')$ 展成 $\delta\boldsymbol{x}$ 的 Taylor 级数，可得

---

1) $\mathbf{F}_t(t')$ 是 $\boldsymbol{x}, \boldsymbol{x}', t, t'$ 的函数，但为了记号简便起见，我们不直接写出对 $\boldsymbol{x}, \boldsymbol{x}'$ 的依赖性，以后定义的其它张量里，将采用同样的约定.

$$\begin{aligned}\delta \boldsymbol{x}' &= \mathrm{grad}_x \boldsymbol{f}_t(\boldsymbol{x},\ t')\delta \boldsymbol{x} + O|\delta \boldsymbol{x}|^2 \\ &= \mathbf{F}_t(t')\delta \boldsymbol{x} + O|\delta \boldsymbol{x}|^2\end{aligned} \tag{2.15}$$

故知 $\mathbf{F}_t(t')$ 将 $\delta \boldsymbol{x}$ 线性地映射成 $\delta \boldsymbol{x}'$.

由于 P 和 Q 是两个不同的物质点，因此可知，当且仅当 $\delta \boldsymbol{x}=\mathbf{0}$ 时，才有 $\delta \boldsymbol{x}'=\mathbf{0}$，这就意味着 $\mathbf{F}_t(t')$ 是非奇异的.

§ 2.4 Cauchy-Green 张量

由于 $\mathbf{F}_t$ 是一个非奇异的张量，根据极分解定理[1]可以得到

$$\mathbf{F}_t(t') = \mathbf{R}_t(t')\mathbf{U}_t(t') = \mathbf{V}_t(t')\mathbf{R}_t(t') \tag{2.16}$$

式中 $\mathbf{R}_t$ 是正交的，$\mathbf{U}_t$ 与 $\mathbf{V}_t$ 是正定的. 张量 $\mathbf{U}_t$ 称为右相对伸缩张量，而 $\mathbf{V}_t$ 是左相对伸缩张量.

定义相应的右 Cauchy-Green 张量 $\mathbf{C}_t(t')$ 为

$$\mathbf{C}_t(t') = \mathbf{F}_t^+\mathbf{F}_t = \mathbf{U}_t^+\mathbf{R}_t^+\mathbf{R}_t\mathbf{U}_t = \mathbf{U}_t^2 \tag{2.17}$$

和相应的左 Cauchy-Green 张量 $\mathbf{B}_t(t')$ 为

$$\mathbf{B}_t(t') = \mathbf{F}_t\mathbf{F}_t^+ = \mathbf{V}_t\mathbf{R}_t\mathbf{R}_t^+\mathbf{V}_t^+ = \mathbf{V}_t^2 \tag{2.18}$$

式中 $\mathbf{F}_t^+$ 表示 $\mathbf{F}_t$ 的转置，对于其它张量亦用类似的符号表示其转置.

§ 2.5 物理解释

由于 $\mathbf{U}_t$ 是正定的，因此一般说来，它有三个本征值 $\lambda_1, \lambda_2, \lambda_3$ 和三个本征向量 $(\boldsymbol{e}_1, \boldsymbol{e}_2, \boldsymbol{e}_3)$. 考虑一个微元体，如图 2.1. 它的各表面都分别垂直于本征向量. 假定微元体的边长分别为 $(\delta x^1, \delta x^2, \delta x^3)$，即沿 $\boldsymbol{e}_1$ 的边长为 δx^1，沿 $\boldsymbol{e}_2$ 的边长为 δx^2，沿 $\boldsymbol{e}_3$ 的边长为 δx^3. 当用 $\mathbf{U}_t$ 作用于这个微元体，即求乘积 $\mathbf{U}_t\delta \boldsymbol{x}$（此处 $\delta \boldsymbol{x} = (\delta x^1, \delta x^2, \delta x^3)$），容易得到

$$\mathbf{U}_t\delta \boldsymbol{x} = (\lambda_1\delta x^1, \lambda_2\delta x^2, \lambda_3\delta x^3) = \delta \boldsymbol{y} \tag{2.19}$$

可知微元体的大小改变了，原来长为 δx^i 的边现在长为 $\delta y^i(=\lambda_i\delta x^i)$，但其各边的方向没有改变，原来分别垂直于 $\boldsymbol{e}_i$ 的各个面，

---

1) 极分解定理说，任何非奇异的张量 $\mathbf{F}_t$（即 $\det \mathbf{F}_t \neq 0$）都能唯一地分解成象式 (2.16) 所给出的两种不同方式的两个张量的乘积.

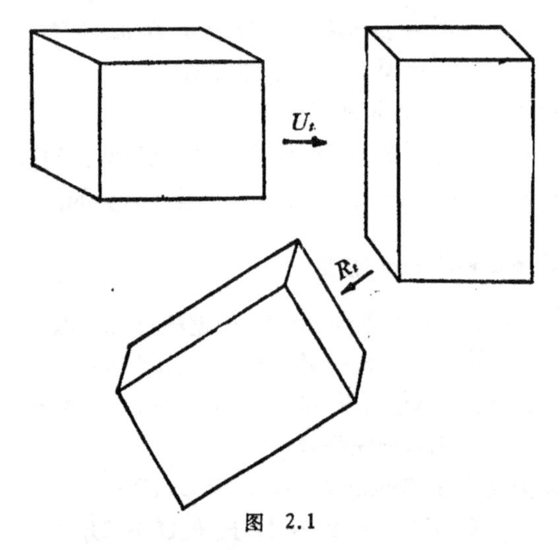

图 2.1

现在仍然保持分别垂直于相同的 $\boldsymbol{e}_i$.

由于 $\mathbf{R}_t$ 是一个正交张量，则它表示一个旋转变换. 若将 $\mathbf{R}$ 作用于边长为 $(\delta y^1, \delta y^2, \delta y^3)$ 的微元体，将使微元体产生一个旋转，而其大小不变. 所以 $\mathbf{U}_t$ 的作用是使微元体伸长或缩短，故称它为伸缩张量，$\mathbf{R}_t$ 的作用是旋转微元体.

从上面对 $\mathbf{U}_t$ 与 $\mathbf{R}_t$ 的分析可知，如果用 $\mathbf{F}_t(=\mathbf{R}_t\mathbf{U}_t)$ 作用于一个边长为 $(\delta x^1, \delta x^2, \delta x^3)$ 的微元体，则其效果是将这个微元体首先伸缩，然后旋转. 同样 $\mathbf{F}_t(=\mathbf{V}_t\mathbf{R}_t)$ 的解释是先旋转再伸缩. 极分解定理表明相对的变形梯度可以分解为伸缩和旋转两部分.

考虑上述 § 2.3 中所描述的两物质点 P 和 Q，若用 $\delta s'$ 表示 t' 时刻 P 与 Q 间的距离，则利用式 (2.15) 可得

$$(\delta s')^2 = (\delta \boldsymbol{x}'^{+})(\delta \boldsymbol{x}') = \delta \boldsymbol{x}^{+}\mathbf{F}_t^{+}\mathbf{F}_t\delta \boldsymbol{x} = \delta \boldsymbol{x}^{+}\mathbf{C}_t\delta \boldsymbol{x} \quad (2.20)$$

如果物体只作刚体运动，则 P 与 Q 间的相对距离将保持不变，使得 $\mathbf{C}_t = \mathbf{I}$.

我们定义一个新张量 $\mathbf{G}_t$ 如下:

$$\mathbf{G}_t(t') = \mathbf{C}_t(t') - \mathbf{I} \quad (2.21)$$

则

$$(\delta s')^2 = (\delta s)^2 + \delta \boldsymbol{x}^+ \mathbf{G}_t \delta \boldsymbol{x} \tag{2.22}$$

式中 δs 表示现在时刻 P 与 Q 间的距离．故有

$$(\delta s')^2 - (\delta s)^2 = \delta \boldsymbol{x}^+ \mathbf{G}_t \delta \boldsymbol{x} \tag{2.23}$$

容易看出 $\mathbf{G}_t$ 能够用来量度物体在运动期间点 P 与 Q 间的相对距离的变化状态．如果物体仅作刚体运动，则 $\mathbf{G}_t = \mathbf{O}$.

§2.6 时间导数

我们用 $\dot{\mathbf{F}}_t(t')$ 表示 $\mathbf{F}_t(t')$ 对时间 t' 的导数，从而

$$\dot{\mathbf{F}}_t(t') = \frac{d}{dt'}(\mathrm{grad}_{\boldsymbol{x}} \boldsymbol{f}_t(t')) \tag{2.24}$$

交换求导次序可得

$$\dot{\mathbf{F}}_t(t') = \mathrm{grad}_{\boldsymbol{x}} \left(\frac{d\boldsymbol{f}_t(t')}{dt'} \right) \tag{2.25}$$

再应用链式法则得到

$$\dot{\mathbf{F}}_t(t') = \mathrm{grad}_{\boldsymbol{x}'} \left(\frac{d\boldsymbol{f}_t(t')}{dt'} \right) \mathrm{grad}_{\boldsymbol{x}} \boldsymbol{x}' \tag{2.26}$$

式中 $\mathrm{grad}_{\boldsymbol{x}'}$ 表示函数对 $\boldsymbol{x}'$ 取梯度．

注意到 $\dfrac{d\boldsymbol{f}_t(t')}{dt'}$ 是 t' 时刻的速度，而 $\mathrm{grad}_{\boldsymbol{x}} \boldsymbol{x}' (= \mathrm{grad}_{\boldsymbol{x}} \boldsymbol{f}_t(t'))$ 就是 $\mathbf{F}_t(t')$，则式 (2.26) 能够写作

$$\begin{aligned} \dot{\mathbf{F}}_t(t') &= \mathrm{grad}_{\boldsymbol{x}'}(\boldsymbol{v}(\boldsymbol{x}', t'))\mathbf{F}_t(t') \\ &= \mathbf{L}_1(t')\mathbf{F}_t(t') \end{aligned} \tag{2.27}$$

式中 $\mathbf{L}_1(t') (= \mathrm{grad}_{\boldsymbol{x}'} \boldsymbol{v}(\boldsymbol{x}', t'))$ 为时刻 t' 的速度梯度．

类似地，$\mathbf{F}_t(t')$ 对 t' 的 n 阶导数可以写作

$$\overset{n}{\mathbf{F}}_t(t') = \frac{d^n}{dt'^n}(\mathrm{grad}_{\boldsymbol{x}} \boldsymbol{f}_t(t')) = \mathbf{L}_n(t')\mathbf{F}_t(t') \tag{2.28}$$

式中 $\mathbf{L}_n(t') \left(= \mathrm{grad}_{\boldsymbol{x}'} \dfrac{d^n \boldsymbol{f}_t(t')}{dt'^n} \right)$ 是速度对时刻 t' 的 n 阶导数的梯度．

应用式 (2.27)，$\mathbf{C}_t(t')$ 对 t' 的导数为

$$\begin{aligned}\dot{\mathbf{C}}_t(t') &= \dot{\mathbf{F}}_t^+(t')\mathbf{F}_t(t') + \mathbf{F}_t^+(t')\dot{\mathbf{F}}_t(t') \\ &= \mathbf{F}_t^+\mathbf{L}_1^+\mathbf{F}_t + \mathbf{F}_t^+\mathbf{L}_1\mathbf{F}_t \\ &= \mathbf{F}_t^+(t')[\mathbf{L}_1^+(t') + \mathbf{L}_1(t')]\mathbf{F}_t(t') \end{aligned} \tag{2.29}$$

注意到 $\mathbf{F}_t(t) = \mathbf{I}$，则现在时刻 $(t' = t)$ 计算 $\dot{\mathbf{C}}_t(t')$ 可得

$$\dot{\mathbf{C}}_t(t) = \mathbf{L}_1^+(t) + \mathbf{L}_1(t) = \mathbf{A}_1 = 2\mathbf{D} \tag{2.30}$$

式中 $\mathbf{A}_1$ 叫做一阶 Rivlin-Ericksen 张量，$\mathbf{D}$ 就是通常的应变率张量.

在牛顿流体力学里，只需求出 $\dot{\mathbf{C}}_t(t)$，但在非牛顿流体力学里，往往需要求出 $\mathbf{C}_t$ 的高阶导数，而在现在时刻计算得到的 $\mathbf{C}_t$ 的高阶导数称为高阶 Rivlin-Ericksen 张量.

因而定义 n 阶 Rivlin-Ericksen 张量 $\mathbf{A}_n(t)$ 为

$$\mathbf{A}_n = \overset{n}{\mathbf{C}}_t(t) \tag{2.31}$$

通常可用下面的递推公式来计算第 n 阶 Rivlin-Ericksen 张量:

$$\mathbf{A}_n = \dot{\mathbf{A}}_{n-1} + \mathbf{L}_1^+\mathbf{A}_{n-1} + \mathbf{A}_{n-1}\mathbf{L}_1 \tag{2.32}$$

下面证明式(2.32). 由于

$$\mathbf{C}_t(t') = \mathbf{F}_t^+(t')\mathbf{F}_t(t')$$

则将此式两端对 t' 求导 $(n-1)$ 次，并利用 Leibnitz 法则可得

$$\overset{n-1}{\mathbf{C}}_t(t') = \sum_{k=0}^{n-1}\binom{n-1}{k}\overset{k}{\mathbf{F}}_t^+(t')\overset{n-k}{\mathbf{F}}_t(t')$$

利用式(2.28)

$$\begin{aligned}\overset{n-1}{\mathbf{C}}_t(t') &= \sum_{k=0}^{n-1}\binom{n-1}{k}\mathbf{F}_t^+(t')\mathbf{L}_k^+(t')\mathbf{L}_{n-k}(t')\mathbf{F}_t(t') \\ &= \mathbf{F}_t^+(t')\left[\sum_{k=0}^{n-1}\binom{n-1}{k}\mathbf{L}_k^+(t')\mathbf{L}_{n-k}(t')\right]\mathbf{F}_t(t') \\ &= \mathbf{F}_t^+(t')\mathbf{A}_{n-1}(t')\mathbf{F}_t(t') \end{aligned} \tag{2.33}$$

式中 $\mathbf{A}_{n-1}(t') = \sum_{k=0}^{n-1}\binom{n-1}{k}\mathbf{L}_k^+(t')\mathbf{L}_{n-k}(t')$.

根据定义

$$\mathbf{A}_{n-1}(t) = \overset{n-1}{\mathbf{C}_t}(t) = \sum_{k=0}^{n-1}\binom{n-1}{k}\mathbf{L}_k^+(t)\mathbf{L}_{n-k}(t) \quad (2.34)$$

若再将式 (2.33) 两端对 t' 求导，则有

$$\overset{n}{\mathbf{C}_t}(t') = \dot{\mathbf{F}}_t^+\mathbf{A}_{n-1}\mathbf{F}_t + \mathbf{F}_t^+\dot{\mathbf{A}}_{n-1}\mathbf{F}_t + \mathbf{F}_t^+\mathbf{A}_{n-1}\dot{\mathbf{F}}_t$$

利用式 (2.27) 可得

$$\begin{aligned}\overset{n}{\mathbf{C}_t}(t') &= \mathbf{F}_t^+(t')\mathbf{L}_1^+(t')\mathbf{A}_{n-1}(t')\mathbf{F}_t(t') \\ &\quad + \mathbf{F}_t^+(t')\dot{\mathbf{A}}_{n-1}(t')\mathbf{F}_t(t') \\ &\quad + \mathbf{F}_t^+(t')\mathbf{A}_{n-1}(t')\mathbf{L}_1(t')\mathbf{F}_t(t') \\ &= \mathbf{F}_t^+(t')[\dot{\mathbf{A}}_{n-1} + \mathbf{L}_1^+\mathbf{A}_{n-1} + \mathbf{A}_{n-1}\mathbf{L}_1]\mathbf{F}_t(t')\end{aligned} \quad (2.35)$$

在现在时刻(即令 $t' = t$) 计算式 (2.35)，即可求得第 n 阶 Rivlin-Ericksen 张量 $\mathbf{A}_n$，从而亦得到递推公式 (2.32).

§ 2.7 物理解释

将式 (2.16) 对 t' 求导，得

$$\dot{\mathbf{F}}_t(t') = \dot{\mathbf{R}}_t(t')\mathbf{U}_t(t') + \mathbf{R}_t(t')\dot{\mathbf{U}}_t(t') \quad (2.36)$$

在现在时刻 (即令 $t' = t$) 计算式 (2.36)，并注意到 $\mathbf{R}_t(t) = \mathbf{U}_t(t) = \mathbf{I}$ 和 $\dot{\mathbf{F}}_t(t) = \mathbf{L}_1(t)$，则有

$$\mathbf{L}_1(t) = \dot{\mathbf{R}}_t(t) + \dot{\mathbf{U}}_t(t) \quad (2.37)$$

由于 $\mathbf{U}_t(t)$ 是正定的，此外还是对称的，因此可知 $\dot{\mathbf{U}}_t(t)$ 也是对称的.

由于 $\mathbf{R}_t$ 是正交的

$$\mathbf{R}_t^+\mathbf{R}_t = \mathbf{I} \quad (2.38)$$

将式 (2.38) 对 t' 求导，并计算现在时刻 t 的值，则有

$$\dot{\mathbf{R}}_t^+(t) + \dot{\mathbf{R}}_t(t) = \mathbf{O} \quad (2.39)$$

这说明 $\dot{\mathbf{R}}_t(t)$ 是反对称的.

因而从方程 (2.30)，并由于 $\dot{\mathbf{U}}_t(t)$ 是对称的，及应用式 (2.37) 与式 (2.39)，我们有

$$\mathbf{A}_1 = 2\mathbf{D} = \mathbf{L}_1^+ + \mathbf{L}_1$$

$$= \dot{\mathbf{R}}_t^+(t) + \dot{\mathbf{U}}_t^+(t) + \dot{\mathbf{R}}_t(t) + \dot{\mathbf{U}}_t(t)$$
$$= 2\dot{\mathbf{U}}_t(t) \tag{2.40}$$
故知应变率张量 $\mathbf{D}$ 就是 $\dot{\mathbf{U}}_t(t)$，就是伸缩张量的变化率，它是对称的.

通常将 $\dot{\mathbf{R}}_t(t)$ 写作 $\mathbf{W}$，则式 (2.37) 可写成
$$\dot{\mathbf{F}}_t(t) = \mathbf{W} + \mathbf{D} \tag{2.41}$$
如果将式 (2.15) 对 t' 求导，则可得
$$\delta\dot{\boldsymbol{x}}' = \dot{\mathbf{F}}_t(t')\delta\boldsymbol{x} \tag{2.42}$$
计算式 (2.42) 并在现在时刻 t 取值，利用式 (2.41) 可得
$$\delta\dot{\boldsymbol{x}}'|_{t'=t} = (\mathbf{W} + \mathbf{D})\delta\boldsymbol{x} \tag{2.43}$$
因为 $\delta\dot{\boldsymbol{x}}'|_{t'=t}(=\delta\boldsymbol{v})$ 是点 $\boldsymbol{x} + \delta\boldsymbol{x}$ 相对于点 $\boldsymbol{x}$ 的速度，从而式 (2.43) 可写作
$$\delta\boldsymbol{v} = (\mathbf{W} + \mathbf{D})\delta\boldsymbol{x} \tag{2.44}$$
可知 $(\mathbf{W} + \mathbf{D})$ 描绘出两个邻近的物质点间的距离 $\delta\boldsymbol{x}$ 对于这两个邻近的物质点间的相对速度的关系.

考虑 $\mathbf{W} = \mathbf{0}$ 的情况，这时式 (2.44) 可写作
$$\delta\boldsymbol{v} = \mathbf{D}\delta\boldsymbol{x} \tag{2.45}$$
由于 $\mathbf{D}$ 是对称的，则一般说来 $\mathbf{D}$ 有三个本征值 $(\lambda_1, \lambda_2, \lambda_3)$ 和三个本征方向 $(\boldsymbol{e}_1, \boldsymbol{e}_2, \boldsymbol{e}_3)$. 当取 $(\boldsymbol{e}_1, \boldsymbol{e}_2, \boldsymbol{e}_3)$ 为轴时，式 (2.45) 可写作
$$\delta v_i = \lambda_i \delta x_i, \ (\text{对 } i \text{ 不求和}) \tag{2.46}$$
由此式可知，仅由 $\mathbf{D}$ 引起的相对速度 $\delta\boldsymbol{v}$ 的第 i 个分量与 $\delta\boldsymbol{x}$ 的第 i 个分量成比例，其比例常数就是 λ_i，而 λ_i 就是伸缩率张量的第 i 个分量(参见 §2.5)，从而 $\mathbf{D}$ 也就是伸缩率张量(参看式(2.40)).

下面再考虑 $\mathbf{D} = \mathbf{0}$ 的情形，此时式 (2.44) 变成
$$\delta\boldsymbol{v} = \mathbf{W}\delta\boldsymbol{x} \tag{2.47}$$
由于 $\mathbf{W}$ 是反对称的，它至多有三个独立的分量，我们可以从而定义一个角速度向量 $\boldsymbol{\omega}$:
$$\omega_m = -\frac{1}{2} e_{klm} W_{kl} \tag{2.48}$$

式中 ω_m, W_{kl} 分别是向量 $\boldsymbol{\omega}$ 和张量$\mathbf{W}$的笛卡尔分量，e_{klm} 是排列张量[1].

这样式(2.48)能够被写作

$$(\omega_1, \omega_2, \omega_3) = (W_{32}, W_{13}, W_{21}) \tag{2.49}$$

向量 $\boldsymbol{\omega}$ 称为 $\mathbf{W}$ 的交叉向量(轴向向量).

根据式(2.49)(或式(2.48))给出的 $\boldsymbol{\omega}$ 的定义，我们可将式(2.47)写作

$$\delta \boldsymbol{v} = \boldsymbol{\omega} \times \delta \boldsymbol{x} \tag{2.50}$$

从而可知相对速度 $\delta \boldsymbol{v}$ 是由于角速度 $\boldsymbol{\omega}$ 所引起的，故 $\mathbf{W}$ 能够被认为是旋转率张量(自旋张量).

另外，由于 $\mathbf{W} = \dfrac{1}{2}(\mathbf{L}_1(t) - \mathbf{L}_1^+(t))$，利用式(2.49)可知

$$\boldsymbol{\omega} = \frac{1}{2}\operatorname{rot}\boldsymbol{v} \tag{2.51}$$

这说明 $\mathbf{L}_1(t)(=\mathbf{W}+\mathbf{D})$ 是伸缩率张量和自旋率张量的线性组合.

§2.8 分量

我们已经利用过 Gibbs 记号，因而向量 $\boldsymbol{a}$ 和张量(二阶张量) $\mathbf{T}$ 能够代表它们的协变分量、逆变分量或混合分量.

当我们求一个向量(或张量)时，通常是求这个向量(或张量)的各个分量. 下面我们将给出上述定义的各种张量的分量形式.

为了书写简便起见，我们将不再写下标 t，如 C_{ij} 是 $\mathbf{C}_t$ 的 (i, j) 协变分量.

$\mathbf{F}_t(t')$ 的分量为

$$F^i_j = x'^i_{;j} = \frac{\partial x'^i}{\partial x^j} \tag{2.52}$$

---

1)
$$e_{klm} = \begin{cases} 1 & \text{若 } k, l, m \text{ 是 } 1, 2, 3 \text{ 的偶排列} \\ -1 & \text{若 } k, l, m \text{ 是 } 1, 2, 3 \text{ 的奇排列} \\ 0 & \text{若 } k, l, m \text{ 中任意两个相同} \end{cases}$$

我们指出上标 i 是与 $\boldsymbol{x}'$ 相关联的,而下标 j 是与 $\boldsymbol{x}$ 相关联的,这两个指标不是表示相同的一个点.

如果我们现在选取另一个坐标系 $\bar{\boldsymbol{x}}$, 使得在时刻 t'

$$\bar{\boldsymbol{x}}' = \bar{\boldsymbol{x}}'(\boldsymbol{x}') \tag{2.53a}$$

和在时刻 t

$$\bar{\boldsymbol{x}} = \bar{\boldsymbol{x}}(\boldsymbol{x}) \tag{2.53b}$$

则对于 $\bar{\boldsymbol{x}}$ 坐标系, $\mathbf{F}_t$ 的分量为

$$\bar{F}^i_j = \frac{\partial \bar{x}'^i}{\partial \bar{x}^j} \tag{2.54}$$

利用式 (2.53) 和链式法则可得

$$\begin{aligned}\bar{F}^i_j &= \frac{\partial \bar{x}'^i}{\partial x'^s}\frac{\partial x'^s}{\partial x^t}\frac{\partial x^t}{\partial \bar{x}^j} \\ &= \frac{\partial \bar{x}'^i}{\partial x'^s}\frac{\partial x^t}{\partial \bar{x}^j}F^s_t\end{aligned} \tag{2.55}$$

由于 $\frac{\partial x'^s}{\partial x^t} = F^s_t$. 式 (2.55) 表明 F^i_j 符合二阶混合张量的变换法则.

$\mathbf{F}_t$ 的协变分量 F_{ij} 可由通常的关于张量指标升降的法则得到 (参看附录 §A.1), 即

$$F_{ij} = F^s_j g_{si}(\boldsymbol{x}') \tag{2.56}$$

式中度规张量 $g_{si}(\boldsymbol{x}')$ 是在点 $\boldsymbol{x}'$ 求得的,而不是在点 $\boldsymbol{x}$ 求得的,因为式中被降下来的上标 s 是与点 $\boldsymbol{x}'$ 相连系的.

类似地, $\mathbf{F}_t$ 的逆变分量 F^{ij} 为

$$F^{ij} = F^i_s g^{sj}(\boldsymbol{x}) \tag{2.57}$$

式中 g^{sj} 是在 $\boldsymbol{x}$ 求得的.

$\mathbf{C}_t$ 的协变分量 C_{ij} 为

$$\begin{aligned}C_{ij} &= F_{li}F^l_j = F^m_i F^l_j g_{ml}(\boldsymbol{x}') \\ &= \frac{\partial x'^m}{\partial x^i}\frac{\partial x'^l}{\partial x^j} g_{ml}(\boldsymbol{x}')\end{aligned} \tag{2.58}$$

式中 $g_{ml}(\boldsymbol{x}')$ 是在 $\boldsymbol{x}'$ 而不是在 $\boldsymbol{x}$ 求得的.

$\mathbf{B}_t$ 的逆变分量 B^{ij} 为

$$B^{ij} = F^{i}_{l}F^{lj} = \frac{\partial x'^{i}}{\partial x^{l}} \frac{\partial x'^{j}}{\partial x^{m}} g^{lm}(\boldsymbol{x}) \tag{2.59}$$

式中 $g^{lm}(\boldsymbol{x})$ 是在 $\boldsymbol{x}$ 求得的.

$\mathbf{A}_1(=\mathrm{grad}_{\boldsymbol{x}}\mathbf{v} + (\mathrm{grad}_{\boldsymbol{x}}\mathbf{v})^{+})$ 的协变分量为

$$\begin{aligned} A_{ij} &= v_{i,j} + v_{j,i} \\ &= \frac{\partial v_i}{\partial x^j} - \left\{ {s \atop ij} \right\} v_s + \frac{\partial v_j}{\partial x^i} - \left\{ {s \atop ji} \right\} v_s \\ &= \frac{\partial v_i}{\partial x^j} + \frac{\partial v_j}{\partial x^i} - 2\left\{ {s \atop ij} \right\} v_s \end{aligned} \tag{2.60}$$

式中逗号(,)表示求协变导数,$\left\{ {s \atop ij} \right\}$是第二类 Christoffel 符号,并且$\left\{ {s \atop ij} \right\} = \left\{ {s \atop ji} \right\}$.

递推公式 (2.32) 可写作

$$\begin{aligned} \overset{n}{A}_{ij} &= \overset{n-1}{A}_{ij} + v^{s}{}_{i}\overset{n-1}{A}_{sj} + v^{s}{}_{j}\overset{n-1}{A}_{is} \\ &= \frac{\partial \overset{n-1}{A}_{ij}}{\partial t} + v^{s}\frac{\partial \overset{n-1}{A}_{ij}}{\partial x^{s}} + \frac{\partial v^{s}}{\partial x^{i}}\overset{n-1}{A}_{sj} + \frac{\partial v^{s}}{\partial x^{j}}\overset{n-1}{A}_{is} \\ &\quad - v^{s}\left[\left\{ {t \atop is} \right\}\overset{n-1}{A}_{tj} + \left\{ {t \atop js} \right\}\overset{n-1}{A}_{it}\right] \\ &\quad + v^{t}\left[\left\{ {s \atop ti} \right\}\overset{n-1}{A}_{sj} + \left\{ {s \atop tj} \right\}\overset{n-1}{A}_{is}\right] \\ &= \frac{\partial \overset{n-1}{A}_{ij}}{\partial t} + v^{s}\frac{\partial \overset{n-1}{A}_{ij}}{\partial x^{s}} + \frac{\partial v^{s}}{\partial x^{i}}\overset{n-1}{A}_{sj} + \frac{\partial v^{s}}{\partial x^{j}}\overset{n-1}{A}_{is} \end{aligned} \tag{2.61}$$

在式(2.61)里,$\overset{n}{A}_{ij}$ 是 n 阶 Rivlin-Ericksen 张量 $\mathbf{A}_n$ 的协变分量,并且由于 s 和 t 是哑指标,能够自由地更换,从而使得 Christoffel 符号消去了. 因此在计算二阶或更高阶的 Rivlin-Ericksen 张

量时，可用偏导数来代替协变导数.

§2.9 例子

我们计算简单剪切流动（其定义见第一章）的 Rivlin-Ericksen 张量和 Cauchy-Green 张量.

在第一章式(1.3)给出速度场为

$$v_{(1)} = kx^2,\ v_{(2)} = 0,\ v_{(3)} = 0 \tag{2.62}$$

式中 k 为常量.

那么式(2.13)将是

$$\dot{x}'^1 = kx'^2,\ \dot{x}'^2 = 0,\ \dot{x}'^3 = 0 \tag{2.63}$$

则

$$x'^2 = \text{常量}, \quad x'^3 = \text{常量}$$

由于在时刻 $t' = t$, $x'^2 = x^2$, $x'^3 = x^3$, 则

$$x'^2 = x^2,\ x'^3 = x^3 \text{ 和 } \dot{x}'^1 = kx^2 \tag{2.64}$$

从式(2.64)里的第三个方程求积分可得

$$x'^1 = kx^2t' + \text{常量}$$

由于在时刻 $t' = t$ 时，$x'^1 = x^1$，可定出

$$\text{常量} = x^1 - kx^2t$$

从而有

$$\begin{aligned} x'^1 &= x^1 - kx^2(t - t') = x^1 - ksx^2 \\ x'^2 &= x^2, \quad x'^3 = x^3 \end{aligned} \tag{2.65}$$

式中 $s = t - t'$.

从式(2.52)可以容易地算出 F^i_j，从而 $\mathbf{F}_t$ 为

$$\mathbf{F}_t = \begin{bmatrix} 1 & -ks & 0 \\ 0 & 1 & 0 \\ 0 & 0 & 1 \end{bmatrix}$$

在笛卡尔直角坐标系里

$$g_{ij}(\boldsymbol{x}') = g_{ij}(\boldsymbol{x}) = \delta_{ij} \tag{2.66}$$

式中 δ_{ij} 是 Kronecker 符号，当 $i \neq j$ 时为零，当 $i = j$ 时为 1.

利用式(2.58)可以算出 $\mathbf{C}_t$

$$\mathbf{C}_t = \begin{bmatrix} 1 & -ks & 0 \\ \cdot & 1+k^2s^2 & 0 \\ \cdot & \cdot & 1 \end{bmatrix}$$

$$= \begin{bmatrix} 1 & 0 & 0 \\ \cdot & 1 & 0 \\ \cdot & \cdot & 1 \end{bmatrix} - s\begin{bmatrix} 0 & k & 0 \\ \cdot & 0 & 0 \\ \cdot & \cdot & 0 \end{bmatrix} + \frac{1}{2}s^2\begin{bmatrix} 0 & 0 & 0 \\ \cdot & 2k^2 & 0 \\ \cdot & \cdot & 0 \end{bmatrix} \tag{2.67}$$

因为 $\frac{\partial}{\partial t'} = -\frac{\partial}{\partial s}$，则

$$\mathbf{A}_1 = \dot{\mathbf{C}}_t(t) = -\left.\frac{\partial \mathbf{C}_t}{\partial s}\right|_{s=0} = \begin{bmatrix} 0 & k & 0 \\ \cdot & 0 & 0 \\ \cdot & \cdot & 0 \end{bmatrix} \tag{2.68}$$

$$\mathbf{A}_2 = \ddot{\mathbf{C}}_t(t) = \left.\frac{\partial^2 \mathbf{C}_t}{\partial s^2}\right|_{s=0} = \begin{bmatrix} 0 & 0 & 0 \\ \cdot & 2k^2 & 0 \\ \cdot & \cdot & 0 \end{bmatrix} \tag{2.69}$$

利用公式(2.60)与(2.61)也可求出 $\mathbf{A}_1$ 与 $\mathbf{A}_2$ 的各个分量。

在笛卡尔直角坐标系里，Christoffel 符号变成零，因此

$$A_{ij} = \frac{\partial v_i}{\partial x^j} + \frac{\partial v_j}{\partial x^i} \tag{2.70}$$

容易看到 $\mathbf{A}_1$ 只有一个分量不为零，这个分量是

$$A_{12} = \frac{\partial v_1}{\partial x^2} = k \tag{2.71}$$

与式(2.68)给出的结果一样.

由于 A_{ij} 都为常量，则从式(2.61)可得

$$\overset{2}{A}_{ij} = \frac{\partial v^s}{\partial x^i} A_{sj} + \frac{\partial v^s}{\partial x^j} A_{is} \tag{2.72}$$

由于 $\mathbf{A}_1$ 唯一的非零分量是 A_{12}，故 $\mathbf{A}_2$ 的唯一不为零的分量将是 $\overset{2}{A}_{22}(i=j=2,\ s=1)$，而且

$$\overset{2}{A}_{22} = 2\frac{dv^1}{dx^2} A_{12} = 2k^2 \tag{2.73}$$

与式(2.69)给出的结果一样.

我们指出,在简单剪切流动里,对于所有的 $n \geqslant 3$ 的情形

$$\mathbf{A}_n = 0 \tag{2.74}$$

在牛顿流体力学里,我们仅需要求出 $\mathbf{A}_1$, 但是在非牛顿流体力学里,我们要求出更高阶的 Rivlin-Ericksen 张量或右 Cauchy-Green 张量. 在下一章里,我们将求出更加复杂流动的右 Cauchy-Green 张量.

第三章　本构方程

§3.1　本构方程的原理

在这一章我们考察描述物质对所受力的力学响应的方程，这样的方程称为本构方程（流变状态方程）．它们必须满足下列原理：

(a) 坐标不变性原理

本构方程必须不依赖于坐标系的选择．因而，它们应该写成张量形式．所有描述物理定律的方程都要满足这一原理．

(b) 决定性原理

这一原理可叙述为：一个物质点 P 在现在时刻的应力状态只依赖于它的全部运动历史（直到现在的全部过去时刻并包括现在时刻的运动）．

(c) 物质无关性原理

这一原理可以用两种方式叙述：

i　首先我们给出参考架变换的定义．参考架的变换是指一个依赖于时间的均匀空间变换．设 $(\boldsymbol{x}^*, t^*)$ 是一个参考架，$(\boldsymbol{x}, t)$ 是另一个参考架，从 $(\boldsymbol{x}^*, t^*)$ 到 $(\boldsymbol{x}, t)$ 的变换由下式给出：

$$\boldsymbol{x}^* = \boldsymbol{c}(t) + \mathbf{Q}(t)\boldsymbol{x}, \quad t^* = t - a \tag{3.1}$$

其中 $\boldsymbol{c}(t)$ 是向量，$\mathbf{Q}(t)$ 是正交张量，它们都是时间 t 的函数；a 是常量．

图 3.1 显示了 $(\boldsymbol{x}^*, t^*)$ 和 $(\boldsymbol{x}, t)$ 间的关系．P 是一个物质点，它的向量位置相对于 $o^*\boldsymbol{x}^*$ 是 $\boldsymbol{x}^*$，相对于 $o\boldsymbol{x}$ 是 $\boldsymbol{x}$．$\boldsymbol{c}(t)$ 是从 o^* 到 o 的矢径，$\mathbf{Q}(t)$ 是 $o\boldsymbol{x}$ 相对于 $o^*\boldsymbol{x}^*$ 的方位．$\boldsymbol{c}(t)$ 和 $\mathbf{Q}(t)$ 都在时刻 t 计算并随时间变化，这是参考架变换区别于通常的坐标系变换之处．

建立本构方程时，我们感兴趣的是只依赖参考架方位的量，这

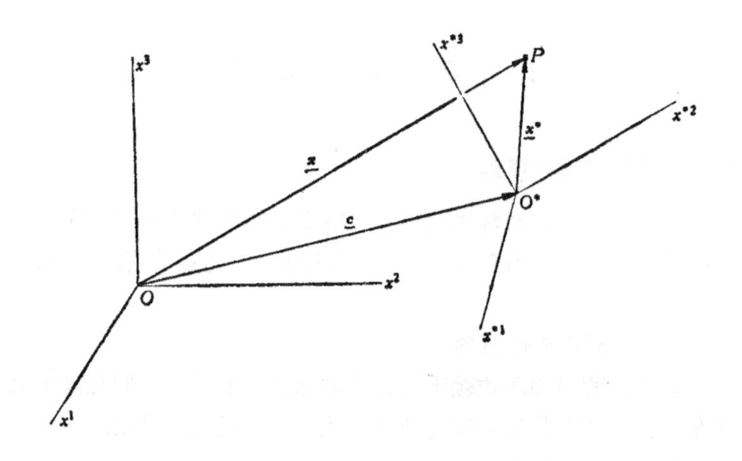

图 3.1

样的量称为在参考架变换下的客观(或无关)量. 若标量 ϕ，向量 $\boldsymbol{a}$ 和二阶张量 $\mathbf{T}$ 满足变换规律

$$\phi^* = \phi，\boldsymbol{a}^* = \mathbf{Q}\boldsymbol{a}，\mathbf{T}^* = \mathbf{Q}\mathbf{T}\mathbf{Q}^+ \tag{3.2}$$

就称它们是参考架变换下的客观量.

两点 $\boldsymbol{x}$ 和 $\boldsymbol{y}$ 之间的相对距离 $\boldsymbol{d}$ 是客观量，因为

$$\boldsymbol{d} = \boldsymbol{x} - \boldsymbol{y} \tag{3.3a}$$

而

$$\boldsymbol{d}^* = \boldsymbol{x}^* - \boldsymbol{y}^* = \mathbf{Q}(\boldsymbol{x} - \boldsymbol{y}) = \mathbf{Q}\boldsymbol{d} \tag{3.3b}$$

但是，速度 $\boldsymbol{v}$ 不是客观量. 将式 (3.1) 对时间求导，我们得到

$$\boldsymbol{v}^* = \dot{\boldsymbol{x}}^* = \dot{\boldsymbol{c}}(t) + \mathbf{Q}\dot{\boldsymbol{x}} + \dot{\mathbf{Q}}\boldsymbol{x} = \dot{\boldsymbol{c}}(t) + \mathbf{Q}\boldsymbol{v} + \dot{\mathbf{Q}}\boldsymbol{x} \tag{3.4}$$

若 $\boldsymbol{v}$ 是客观量，则要求 $\dot{\boldsymbol{c}} = 0$，$\dot{\mathbf{Q}} = 0$，这些条件等价于 $\boldsymbol{c}$ 和 $\mathbf{Q}$ 是常量. 若 $\boldsymbol{x}^*$ 和 $\boldsymbol{x}$ 的关系

$$\boldsymbol{x}^* = \boldsymbol{c} + \mathbf{Q}\boldsymbol{x}$$

中 $\boldsymbol{c}$ 和 $\mathbf{Q}$ 是常量，那么从 $\boldsymbol{x}^*$ 到 $\boldsymbol{x}$ 的变换就是坐标系变换(原点位移一个常向量 $\boldsymbol{c}$，坐标轴转过一个常张量 $\mathbf{Q}$)，而不是参考架变换.

速度梯度 $\mathbf{L}_1$ 也不是客观量，因为

$$\mathbf{L}_1^* = \frac{\partial \boldsymbol{v}^*}{\partial \boldsymbol{x}^*} = \frac{\partial}{\partial \boldsymbol{x}}(\dot{\boldsymbol{c}}(t) + \dot{\mathbf{Q}}(t)\boldsymbol{x} + \mathbf{Q}\boldsymbol{v}) \frac{\partial \boldsymbol{x}}{\partial \boldsymbol{x}^*}$$

$$= (\dot{\mathbf{Q}} + \mathbf{Q}\mathbf{L}_1)\mathbf{Q}^+ \tag{3.5}$$

因此 $\mathbf{L}_1$ 不满足变换规律 (3.2).

一阶 Rivlin-Ericksen 张量 $\mathbf{A}_1$ 是客观量，因为

$$\begin{aligned}\mathbf{A}_1^* &= (\mathbf{L}_1^{*+} + \mathbf{L}_1^*)\\ &= \mathbf{Q}\mathbf{L}_1^+\mathbf{Q}^+ + \mathbf{Q}\dot{\mathbf{Q}}^+ + \dot{\mathbf{Q}}\mathbf{Q}^+ + \mathbf{Q}\mathbf{L}_1\mathbf{Q}^+\\ &= \mathbf{Q}\mathbf{A}_1\mathbf{Q}^+ + \mathbf{Q}\dot{\mathbf{Q}}^+ + \dot{\mathbf{Q}}\mathbf{Q}^+\end{aligned} \tag{3.6}$$

而 $\mathbf{Q}$ 是正交张量，即

$$\mathbf{Q}\dot{\mathbf{Q}}^+ = \mathbf{I} \tag{3.7}$$

将上式对时间求导，就得到

$$\mathbf{Q}\dot{\mathbf{Q}}^+ + \dot{\mathbf{Q}}\mathbf{Q}^+ = \mathbf{O} \tag{3.8}$$

于是式 (3.6) 成为

$$\mathbf{A}_1^* = \mathbf{Q}\mathbf{A}_1\mathbf{Q}^+ \tag{3.9}$$

即 $\mathbf{A}_1$ 是客观量.

我们可以把参考架 $\boldsymbol{x}$ 看作一个不动的观察者，而 $\boldsymbol{x}^*$ 是另一个相对于 $\boldsymbol{x}$ 运动的观察者，他的运动由式 (3.1) 表出，即做平移和转动. 那么，除了方位之外，客观量对于上述两个观察者是相同的.

前面叙述的几个例子中，对于不动和运动的两个观察者，除了方位之外，两点间的距离 $\boldsymbol{d}$ 是相同的. $\boldsymbol{d}$ 是向量，从 $\boldsymbol{x}^*$ 测得的 $\boldsymbol{d}^*$ 和从 $\boldsymbol{x}$ 测得的 $\boldsymbol{d}$ 间的关系是式 (3.3b). $\boldsymbol{d}$ 的大小是标量，不依赖于观察者，无论从 $\boldsymbol{x}^*$ 或 $\boldsymbol{x}$ 来测量应是相同的. 这可以证明如下. 设 $\boldsymbol{d}^*$ 的大小是 ds^*，则

$$(ds^*)^2 = \boldsymbol{d}^{*+}\boldsymbol{d}^* = \boldsymbol{d}^+\mathbf{Q}^+\mathbf{Q}\boldsymbol{d} = \boldsymbol{d}^+\boldsymbol{d} = (ds)^2 \tag{3.10}$$

大家都知道，一个物质点的速度 $\boldsymbol{v}$ 依赖于观察者，它不是客观

量，正如式(3.4)所表明的.

物质无关性原理可以简单叙述为：本构方程必须是客观的. 换句话说，设有两个观察者，一个不动而另一个做相对运动，对两个观察者来说本构方程必须相同.

ii 这个原理的另一种叙述是：本构方程必须不依赖于物体作为一个整体在空间所作的平移和(或)转动. 在此叙述中，我们只有一个参考架，但是物体有两个不同的运动，两个运动之间相差一个刚体运动，即平移和(或)转动.

这时，客观量可定义为：当物体看作一个整体做刚体运动时，除了方位之外，保持不变的那种量. 前面几个例子中，当物体做刚体运动时，它任意两点的相对距离 $\boldsymbol{d}$ 除了方位之外保持不变，但是一点的速度将改变.

可以证明物质无关性原理 i 和 ii 两种叙述等价[6].

本构方程必须满足物质无关性原理，这在物理上是明显的，因为本构方程描述的是物质固有的力学性质，应该不依赖于观察者的运动或物体自身的刚体运动.

并不是所有的物理定律都满足物质无关性原理. 例如，运动方程就不满足这一原理，它只相对于惯性参考架成立.

§3.2 应用

我们举例来说明建立本构方程时如何应用物质无关性原理.

(a) 设物质点 P 的偏应力 $\mathbf{T}$ 依赖于它的速度 $\boldsymbol{v}$、一阶 Rivlin-Ericksen 张量 $\mathbf{A}_1$ 和自旋张量 $\mathbf{W}$，即

$$\mathbf{T} = \boldsymbol{f}(\boldsymbol{v}, \mathbf{A}_1, \mathbf{W}) \tag{3.11}$$

变换参考架 $o\boldsymbol{x}$ 到 $o^*\boldsymbol{x}^*$，那么根据物质无关性原理，我们有

$$\mathbf{T}^* = \boldsymbol{f}(\boldsymbol{v}^*, \mathbf{A}_1^*, \mathbf{W}^*) \tag{3.12}$$

方程(3.11)和(3.12)中的 $\boldsymbol{f}$ 是同一个函数.

可以证明，$\mathbf{T}$ 是客观量[5]，因此

$$\mathbf{T}^* = \mathbf{QTQ}^+ \tag{3.13}$$

张量 $\mathbf{W}$ 由式(2.41)表示，即

$$\mathbf{W} = \frac{1}{2}(\mathbf{L}_1 - \mathbf{L}_1^+) \tag{3.14}$$

应用式 (3.5) 和 (3.8) 我们得到

$$\begin{aligned}\mathbf{W}^* &= \mathbf{QWQ}^+ + \frac{1}{2}(\dot{\mathbf{Q}}\mathbf{Q}^+ - \mathbf{Q}\dot{\mathbf{Q}}^+) \\ &= \mathbf{QWQ}^+ + \dot{\mathbf{Q}}\mathbf{Q}^+\end{aligned} \tag{3.15}$$

把式 (3.4), (3.9), (3.13) 和 (3.15) 代入到方程 (3.12) 中,则有

$$\mathbf{QTQ}^+ = \boldsymbol{f}(\dot{\boldsymbol{c}} + \mathbf{Q}\boldsymbol{v} + \dot{\mathbf{Q}}\boldsymbol{x}, \mathbf{QA}_1\mathbf{Q}^+, \mathbf{QWQ}^+ + \dot{\mathbf{Q}}\mathbf{Q}^+) \tag{3.16}$$

此方程对任意的向量 $\boldsymbol{c}$ 和正交张量 $\mathbf{Q}$ 都成立. 现在我们对所有时刻 t 选取 $\mathbf{Q}(t) = \mathbf{I}$, 则 $\dot{\mathbf{Q}} = \mathbf{0}$. 于是,方程 (3.16) 简化为

$$\mathbf{T} = \boldsymbol{f}(\dot{\boldsymbol{c}} + \boldsymbol{v}, \mathbf{A}_1, \mathbf{W}) \tag{3.17}$$

比较方程 (3.17) 和 (3.11), 得到

$$\boldsymbol{f}(\dot{\boldsymbol{c}} + \boldsymbol{v}, \mathbf{A}_1, \mathbf{W}) = \boldsymbol{f}(\boldsymbol{v}, \mathbf{A}_1, \mathbf{W}) \tag{3.18}$$

$\boldsymbol{c}$ 是任意的,因此,式 (3.18) 成立要求 $\boldsymbol{f}$ 不是 $\boldsymbol{v}$ 的函数.

我们再选取 $\mathbf{Q}$, 使得在现在时刻 t 并且仅在现在时刻 $\mathbf{Q}(t) = \mathbf{I}$, 而且 $\dot{\mathbf{Q}}(t) \neq \mathbf{0}$. 于是方程 (3.16) 成为

$$\mathbf{T} = \boldsymbol{f}(\mathbf{A}_1, \mathbf{W} + \dot{\mathbf{Q}}), \tag{3.19}$$

如上面所要求, 这里已让 $\boldsymbol{f}$ 不再是 $\boldsymbol{v}$ 的函数. 比较方程 (3.19) 和 (3.11), 我们得到 $\boldsymbol{f}$ 必须满足等式

$$\boldsymbol{f}(\mathbf{A}_1, \mathbf{W} + \dot{\mathbf{Q}}) = \boldsymbol{f}(\mathbf{A}_1, \mathbf{W}) \tag{3.20}$$

$\dot{\mathbf{Q}}$ 是任意的,因此 $\boldsymbol{f}$ 也不能是$\mathbf{W}$的函数. 这样一来, $\boldsymbol{f}$ 就只是 $\mathbf{A}_1$ 的函数. 方程 (3.11) 和 (3.16) 可以分别写成

$$\mathbf{T} = \boldsymbol{f}(\mathbf{A}_1), \quad \mathbf{QTQ}^+ = \boldsymbol{f}(\mathbf{QA}_1\mathbf{Q}^+) \tag{3.21}$$

因此, $\boldsymbol{f}$ 必须满足等式

$$\mathbf{Q}\boldsymbol{f}(\mathbf{A}_1)\mathbf{Q}^+ = \boldsymbol{f}(\mathbf{QA}_1\mathbf{Q}^+) \tag{3.22}$$

这表明, $\boldsymbol{f}$ 是一个各向同性张量函数. 所谓各向同性张量函数就是满足 (3.22) 那样等式的函数.

至此, 我们应用物质无关性原理得到了本构方程 (3.11) 的简化形式:

$$\mathbf{T} = \boldsymbol{f}(\mathbf{A}_1) \tag{3.23}$$

其中 $\boldsymbol{f}$ 是各向同性张量函数.

方程 (3.23) 称为 Stokes 流体的本构方程. 若 $\boldsymbol{f}$ 是线性函数，那么方程 (3.23) 可以写成

$$\mathbf{T} = \eta_0 \mathbf{A}_1, \tag{3.24}$$

其中 η_0 是常量. 这个方程就是牛顿流体的本构方程，η_0 是流体的粘度.

(b) 在上例中我们得到现在时刻的应力状态只依赖现在时刻的 $\mathbf{A}_1$ 值. 下面我们考察有记忆的物质，这需要考虑物质点的变形历史.

设一个物质点 P 在现在时刻的应力状态依赖于它的全部相对变形梯度史（直到现在的全部过去时刻并包括现在时刻的相对变形梯度），则本构方程可以写为

$$\mathbf{T} = \mathop{\mathscr{H}}_{t'=-\infty}^{t} [\mathbf{F}_t(t')] \tag{3.25}$$

其中 $\mathscr{H}$ 是张量泛函.

变换参考架 $o\boldsymbol{x}$ 到 $o^*\boldsymbol{x}^*$，根据物质无关性原理我们有

$$\mathbf{T}^* = \mathop{\mathscr{H}}_{t'=-\infty}^{t} [\mathbf{F}_t^*(t')] \tag{3.26}$$

这里的 $\mathscr{H}$ 与方程 (3.25) 中的是同一个泛函.

根据相对变形梯度的定义式 (2.9)，

$$\mathbf{F}_t^* = \frac{\partial \boldsymbol{x}'^*}{\partial \boldsymbol{x}^*} \tag{3.27}$$

而在时刻 t'，$\boldsymbol{x}'^* = \mathbf{c}(t') + \mathbf{Q}(t')\boldsymbol{x}'$，所以

$$\begin{aligned} \mathbf{F}_t^*(t') &= \frac{\partial}{\partial \boldsymbol{x}}(\mathbf{c}(t') + \mathbf{Q}(t')\boldsymbol{x}')\frac{\partial \boldsymbol{x}}{\partial \boldsymbol{x}^*} \\ &= \mathbf{Q}(t')\mathbf{F}_t(t')\mathbf{Q}^+(t) \end{aligned} \tag{3.28}$$

于是方程 (3.26) 可以写成

$$\mathbf{Q}(t)\mathbf{T}\mathbf{Q}^+(t) = \mathop{\mathscr{H}}_{t'=-\infty}^{t} [\mathbf{Q}(t')\mathbf{F}_t(t')\mathbf{Q}^+(t)] \tag{3.29}$$

应用极分解定理 (2.16)，得到

$$\mathbf{Q}(t)\mathbf{T}\mathbf{Q}^{+}(t)=\overset{t}{\underset{t'=-\infty}{\mathscr{H}}}[\mathbf{Q}(t')\mathbf{R}_t(t')\mathbf{U}_t(t')\mathbf{Q}^{+}(t)] \quad (3.30)$$

由于此方程对任意的正交张量 $\mathbf{Q}$ 都成立，因此我们可以选取 $\mathbf{Q}(t')=\mathbf{R}_t^{+}(t')$. 注意到 $\mathbf{R}_t(t)=\mathbf{I}$，因而 $\mathbf{Q}(t)=\mathbf{I}$，则方程 (3.30) 就成为

$$\mathbf{T}=\overset{t}{\underset{t'=-\infty}{\mathscr{H}}}[\mathbf{U}_t(t')] \quad (3.31)$$

张量 $\mathbf{U}_t$ 很难计算,为方便起见我们改用 $\mathbf{C}_t=\mathbf{U}_t^2$，并用下面的方程代替方程 (3.31)

$$\mathbf{T}=\overset{t}{\underset{t'=-\infty}{\mathscr{F}}}[\mathbf{C}_t(t')] \quad (3.32)$$

$\mathscr{F}$ 也是张量泛函.

推导方程 (3.31) 的过程中我们选取了特殊的 $\mathbf{Q}$, 现在还应该验证方程 (3.32) 是否对任意的正交张量 $\mathbf{Q}$ 满足物质无关性原理.

由式 (3.28) 我们有

$$\mathbf{C}_t^{*}(t')=\mathbf{F}_t^{*+}(t')\mathbf{F}_t^{*}(t')=\mathbf{Q}(t)\mathbf{C}_t(t')\mathbf{Q}^{+}(t) \quad (3.33)$$

这就是说 $\mathbf{C}_t$ 是客观量. 根据物质无关性原理我们有

$$\mathbf{Q}(t)\mathbf{T}\mathbf{Q}^{+}(t)=\overset{t}{\underset{t'=-\infty}{\mathscr{F}}}[\mathbf{Q}(t)\mathbf{C}_t(t')\mathbf{Q}^{+}(t)] \quad (3.34)$$

比较方程 (3.32) 和 (3.34) 可见,与例 (a) 一样,张量泛函 $\mathscr{F}$ 必须是各向同性的.

如果 $\mathscr{F}$ 是各向同性的,方程 (3.32) 就满足物质无关性原理. 这个方程是 Noll[7] 建立的简单流体本构方程.

引入时间间隔 $s=t-t'$，则方程 (3.32) 可以改写为

$$\mathbf{T}=\overset{\infty}{\underset{s=0}{\mathscr{F}}}[\mathbf{C}_t(s)] \quad (3.35)$$

它也可以写成另一形式:

$$\mathbf{T}=\overset{\infty}{\underset{s=0}{\mathscr{T}}}[\mathbf{G}_t(s)] \quad (3.36)$$

其中 $\mathbf{G}_t(s)=\mathbf{C}_t(s)-\mathbf{I}$ (见式 (2.21))； $\mathscr{T}$ 是各向同性张量泛函.

如果物质一直处于静止状态，而且在现在时刻仍然处于静止

状态，那么

$$\mathbf{C}_t(s) = \mathbf{I},\ \mathbf{G}_t(s) = \mathbf{O},\ \infty < s \leqslant 0. \tag{3.37}$$

在这些条件下，偏应力 $\mathbf{T}$ 显然等于零. 这表明张量泛函 $\mathscr{F}$ 和 $\mathscr{T}$ 必须满足条件

$$\mathop{\mathscr{F}}_{s=0}^{\infty}(\mathbf{I}) = \mathop{\mathscr{T}}_{s=0}^{\infty}(\mathbf{O}) = \mathbf{O} \tag{3.38}$$

§ 3.3 随动坐标系

上面的例子中，本构方程先是对固定坐标系建立，再用以 §3.1 方式 i 叙述的物质无关性原理导出本构方程必须满足的条件. 也可以用随动坐标系来建立本构方程，直接使本构方程是客观的. 这个方法由 Oldroyd 提出[8].

随动坐标系是一种嵌在物质中，随着物质连续变形的坐标系，坐标面用物质点来定义，每个物质点总是位于同样的坐标面上，若参照一个随动坐标系物质点 P 在时刻 t 的坐标是 $\boldsymbol{\xi}(\xi^1, \xi^2, \xi^3)$，则这个物质点在同一随动坐标系的坐标总是 $\boldsymbol{\xi}(\xi^1, \xi^2, \xi^3)$.

随动坐标系又称为同变坐标系，因为它随同物质变形.

图 3.2 画出简单剪切流动中的一个随动坐标系. $PQRS$ 是四个物质点，我们用它们来描述这个随动坐标系. 坐标面 $\xi^1 = 0$ 用 PRS 定义，$\xi^2 = 0$ 用 PSQ 定义，$\xi^3 = 0$ 用 PQR 定义. 于是，在这个坐标系物质点 Q 的坐标是 $(\xi^1, 0, 0)$. 另取一个固定的笛

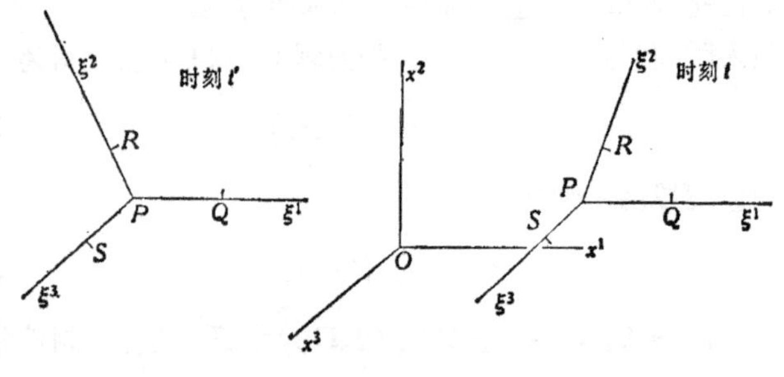

图 3.2

卡尔直角坐标系 $Ox^1x^2x^3$，由式 (1.3) 表出的简单剪切流动的流动

方向为 x^1.

由于流体仅沿着 x^1 方向流动，因此，若在时刻 t 点 Q 的直角坐标是 (x^1, x^2, x^3)，那么在时刻 t'，它的直角坐标是 (x'^1, x^2, x^3). 但是，点 Q 的随动坐标永远是 $(\xi^1, 0, 0)$.

开始时正交的随动坐标系 $O\xi^1\xi^2\xi^3$ 以后就不再正交了. 上面我们考虑的是简单剪切流动，在这种特殊情形，原来是直线的坐标线仍将保持为直线. 但是一般不是这样的. 因为一条坐标线上的所有物质点必须永远位于同一坐标线上，而这些物质点的连线可能是曲线，因此在某个时刻为直线的坐标线以后就可能变形成曲线.

定义随动坐标系的物质点的选取方式并不唯一，因而随动坐标系的选取也不唯一.

如果我们参照上面描述的随动坐标系建立本构方程，而且在本构方程中只引入客观量(除了方位之外，它们不为刚体运动所影响)，那么方程将满足 § 3.1 中以方式 ii 叙述的物质无关性原理.

运动方程和边界条件通常都是参照固定坐标系的，因此，参照随动坐标系建立的本构方程需要变换到固定坐标系. 随动坐标系和固定坐标系之间的关系依赖于时间，因而除非时刻是固定的，张量分析中给出的变换规律不适用.

§ 3.4 变换规律

依据 Oldroyd 的符号法，同一个张量的随动分量和固定分量将分别用对应的希腊字母和拉丁字母表示.

设有一个随动坐标系和一个固定坐标系，物质点的随动坐标为 $\boldsymbol{\xi}(\xi^1, \xi^2, \xi^3)$，在时刻 t 的固定坐标为 $\boldsymbol{x}(x^1, x^2, x^3)$. 我们可以写

$$\boldsymbol{x} = \boldsymbol{x}(\boldsymbol{\xi}, t) \tag{3.39}$$

设 P 点在先前时刻 t' 的固定坐标为 $\boldsymbol{x}'$，则

$$\boldsymbol{x}' = \boldsymbol{x}'(\boldsymbol{\xi}, t') \tag{3.40}$$

由于 P 点的随动坐标 $\boldsymbol{\xi}$ 总保持不变，所以在式(3.39)和(3.40)中

的 $\boldsymbol{\xi}$ 相同.

每个物质点在时刻 t 相应于一个并只相应于一个 $\boldsymbol{x}$，因而式 (3.39) 中的函数 $\boldsymbol{x}$ 有唯一的逆，可写成

$$\boldsymbol{\xi} = \boldsymbol{\xi}(\boldsymbol{x}, t) \tag{3.41}$$

代此式到式 (3.40)，我们有

$$\boldsymbol{x}' = \boldsymbol{x}'(\boldsymbol{x}, t, t')^{1)} \tag{3.42}$$

函数 $\boldsymbol{x}'$ 称为位移函数.

保持 P 点和时刻 $t'(<t)$ 固定，则 x'^i 的时间导数等于零，即

$$\frac{dx'^i}{dt} = \frac{\partial x'^i}{\partial t} + v^k(\boldsymbol{x}, t)\frac{\partial x'^i}{\partial x^k} = 0 \tag{3.43}$$

从物理角度来看，方程 (3.43) 等价于方程 (2.13). 但要注意，这里我们是保持 t' 固定，而对于方程 (2.13)，t' 是变化的.

现在我们用方程 (3.43) 来确定简单剪切流动的位移函数 x'^i. 这个流动的速度分布是

$$v_{(1)} = kx^2,\ v_{(2)} = 0,\ v_{(3)} = 0 \tag{3.44}$$

其中 k 是常量.

设

$$x'^1 = x^1 - X^1,\ x'^2 = x^2 - X^2,\ x'^3 = x^3 - X^3 \tag{3.45}$$

其中 X^i 是 $\boldsymbol{x}$, t 和 t' 的函数. 因为在时刻 $t = t'$, $x^i = x'^i$，所以 X^i 必须满足条件

$$X^i|_{t=t'} = 0 \tag{3.46}$$

将式 (3.45) 代入方程 (3.43)，我们有

$$\begin{aligned}
&-\frac{\partial X^1}{\partial t} + kx^2\left(1 - \frac{\partial X^1}{\partial x^1}\right) = 0 \\
&-\frac{\partial X^2}{\partial t} + kx^2\left(-\frac{\partial X^2}{\partial x^1}\right) = 0 \\
&-\frac{\partial X^3}{\partial t} + kx^2\left(-\frac{\partial X^3}{\partial x^1}\right) = 0
\end{aligned} \tag{3.47}$$

---

1) 与式 (2.8)比较.

这些方程满足条件 (3.46) 的解是

$$X^1 = kx^2(t - t'),\ X^2 = 0,\ X^3 = 0 \tag{3.48}$$

于是,位移函数为

$$x'^1 = x^1 - kx^2(t - t'),\ x'^2 = x^2,\ x'^3 = x^3 \tag{3.49}$$

易见,式 (3.49) 与 (2.65) 完全相同.

设 $\beta^l_j(\boldsymbol{\xi}, t)$ 是二阶张量 $\mathbf{B}$ 的随动混合分量, $b^l_j(\boldsymbol{x}, t)$ 是同一张量 $\mathbf{B}$ 的固定混合分量,则在固定时刻 t, β^l_j 和 b^l_j 的关系是

$$\beta^l_j = \frac{\partial x^i}{\partial \xi^j}\frac{\partial \xi^l}{\partial x^k} b^k_i \tag{3.50}$$

这是通常的混合二阶张量变换规律.

随动导数 $\dfrac{d\beta^l_j}{dt}$ 是保持 $\boldsymbol{\xi}$ 不变(即保持物质点固定)条件下随动分量 β^l_j 的时间导数,也就是 β^l_j 的物质导数. 用 $\dfrac{\delta b^l_j}{\delta t}$ 记二阶张量 $\dfrac{d\beta^l_j}{dt}$ 对应的固定分量,则

$$\begin{aligned}\frac{\delta b^l_j}{\delta t} &= \frac{db^l_j}{dt} + v^s_{,j}b^l_s - v^l_{,s}b^s_j \\ &= \frac{\partial b^l_j}{\partial t} + v^s b^l_{j,s} + v^s_{,j}b^l_s - v^l_{,s}b^s_j \end{aligned}\tag{3.51}$$

这可证明如下:

改写式 (3.50) 为

$$\frac{\partial x^k}{\partial \xi^l}\beta^l_j = b^k_i \frac{\partial x^i}{\partial \xi^j}$$

将两边对时间求导数,并注意到 $\dfrac{dx^k}{dt} = v^k$, 和 $\boldsymbol{\xi}$ 是固定的,于是有

$$\frac{d}{dt}(x^k_{;l}\beta^l_j) = \frac{d}{dt}(x^i_{;j}b^k_i)$$

即

$$v^k_{;l}\beta^l_j + x^k_{;l}\frac{d\beta^l_j}{dt} = v^i_{;j}b^k_i + x^i_{;j}\frac{db^k_i}{dt} \tag{3.52}$$

这个等式对所有的随动坐标系都成立，我们可以选取这样一个随动坐标系，使 $\boldsymbol{\xi}$ 在现在时刻 t 与 $\boldsymbol{x}$ 重合，这时

$$\beta_j^l = b_j^l, \quad x_{,j}^i = \delta_j^i$$

而且协变导数已是对 $\boldsymbol{x}$ 取的了．于是，式 (3.52) 成为

$$\delta_l^k \frac{d\beta_j^l}{dt} = \delta_j^i \frac{db_i^k}{dt} + v_{,j}^i b_i^k - v_{,l}^k b_j^l$$

即

$$\frac{d\beta_j^k}{dt} = \frac{db_j^k}{dt} + v_{,j}^i b_i^k - v_{,l}^k b_j^l = \frac{\delta b_j^k}{\delta t} \tag{3.53}$$

将指标 k 换为 l，哑指标 i 和 l 换为 s，此式就是式 (3.51).

式 (3.53) 可以写成

$$\frac{\delta b_j^k}{\delta t} = \frac{\partial b_j^k}{\partial t} + v^s \frac{\partial b_j^k}{\partial x^s} + v^s \left\{ \begin{matrix} k \\ t \;\; s \end{matrix} \right\} b_j^t - v^s \left\{ \begin{matrix} t \\ j \;\; s \end{matrix} \right\} b_t^k$$
$$+ \frac{\partial v^i}{\partial x^j} b_i^k + v^t \left\{ \begin{matrix} i \\ t \;\; j \end{matrix} \right\} b_i^k - \frac{\partial v^k}{\partial x^l} b_j^l - v^t \left\{ \begin{matrix} k \\ t \;\; l \end{matrix} \right\} b_j^l \tag{3.54}$$

易见，此式中所有含 Christoffel 符号的项都互相抵消了，它成为

$$\frac{\delta b_j^k}{\delta t} = \frac{\partial b_j^k}{\partial t} + v^s \frac{\partial b_j^k}{\partial x^s} + \frac{\partial v^i}{\partial x^j} b_i^k - \frac{\partial v^k}{\partial x^l} b_j^l \tag{3.55}$$

这就是说，在计算随动导数时可以换协变导数为偏导数[1].

类似地，我们可证

$$\frac{\delta b_{ij}}{\delta t} = \frac{\partial b_{ij}}{\partial t} + v^s \frac{\partial b_{ij}}{\partial x^s} + \frac{\partial v^s}{\partial x^i} b_{sj} + \frac{\partial v^s}{\partial x^j} b_{is} \tag{3.56}$$

$$\frac{\delta b^{ij}}{\delta t} = \frac{\partial b^{ij}}{\partial t} + v^s \frac{\partial b^{ij}}{\partial x^s} - \frac{\partial v^i}{\partial x^s} b^{sj} - \frac{\partial v^j}{\partial x^s} b^{is} \tag{3.57}$$

对向量 $\boldsymbol{a}$，我们有

$$\frac{\delta a_i}{\delta t} = \frac{\partial a_i}{\partial t} + v^s \frac{\partial a_i}{\partial x^s} + \frac{\partial v^s}{\partial x^i} a_s \tag{3.58}$$

---

1) 见式 (2.61) 后面的说明.

$$\frac{\delta a^i}{\delta t}=\frac{\partial a^i}{\partial t}+v^s\frac{\partial a^i}{\partial x^s}-\frac{\partial v^i}{\partial x^s}a^s \tag{3.59}$$

导数 $\frac{\delta}{\delta t}$ 又称为同变导数.

我们研究的是有记忆的物质，因此需要考虑物质的变形历史和相加同一物质点 P 在先前时刻 $t'_1, t'_2, \cdots, t'_n$ 的物理量. 虽然物质点 P 在所有时刻的随动坐标保持不变，但它的固定坐标却随着时间改变，在时刻 $t'_1, t'_2, \cdots, t'_n$，P 的固定坐标分别是 $\boldsymbol{x}'_1, \boldsymbol{x}'_2, \cdots, \boldsymbol{x}'_n$. 不同空间点 $\boldsymbol{x}'_1, \boldsymbol{x}'_2, \cdots, \boldsymbol{x}'_n$ 上的张量不能直接相加，通常的张量变换规律也不能用. 我们须选取一个空间点，使所有的张量相应于这一点. 通常取物质点 P 在现在时刻 t 的位置 $\boldsymbol{x}(x^1, x^2, x^3)$ 作为这种参考点. 设在时刻 t' 物质点 P 的张量 $\mathbf{B}$ 的随动混合分量为 $\beta^l_j(\boldsymbol{\xi}, t')$，固定混合分量为 $b^l_j(\boldsymbol{x}', t')$，则当时刻 t' 固定时，

$$\beta^l_j(\boldsymbol{\xi}, t')=\frac{\partial x'^s}{\partial \xi^j}\frac{\partial \xi^l}{\partial x'^t}b^t_s(\boldsymbol{x}', t') \tag{3.60}$$

现在我们引入一个在参考点 $\boldsymbol{x}$ 的新固定混合分量 $\overline{B}^l_j(\boldsymbol{x}, t, t')$. 应用 $\boldsymbol{\xi}$ 和 $\boldsymbol{x}$ 间的关系式(3.39)，我们有

$$\overline{B}^l_j(\boldsymbol{x}, t, t')=\frac{\partial \xi^r}{\partial x^j}\frac{\partial x^l}{\partial \xi^q}\beta^q_r(\boldsymbol{\xi}, t') \tag{3.61}$$

将 β^q_r 的表达式(3.60)代入上式，得到

$$\begin{aligned}\overline{B}^l_j(\boldsymbol{x}, t, t')&=\frac{\partial \xi^r}{\partial x^j}\frac{\partial x^l}{\partial \xi^q}\frac{\partial x'^s}{\partial \xi^r}\frac{\partial \xi^q}{\partial x'^m}b^m_s(\boldsymbol{x}', t')\\&=\frac{\partial x'^s}{\partial x^j}\frac{\partial x^l}{\partial x'^m}b^m_s(\boldsymbol{x}', t')\end{aligned} \tag{3.62}$$

$\overline{B}^l_j(\boldsymbol{x}, t, t')$ 称为张量 $\mathbf{B}$ 的 Euler 分量. 我们注意到式(3.62)与 $\boldsymbol{\xi}$ 无关，因此不依赖于随动坐标系的选择. 上面我们把随动坐标系只是当作变换 $\boldsymbol{x}'$ 到 $\boldsymbol{x}$ 的中间媒介，先变换 $\boldsymbol{x}'$ 到 $\boldsymbol{\xi}$，再变换 $\boldsymbol{\xi}$ 到 $\boldsymbol{x}$.

如果我们在随动坐标系求和 $\sum_{r=1}^{n}\beta^l_j(\boldsymbol{\xi}, t'_r)$，那么这个和对应

的固定分量是 $\sum_{r=1}^{n} \bar{B}_j^l(\boldsymbol{x}, t, t'_r)$，应用式(3.62)，它就等于

$$\sum_{r=1}^{n} \frac{\partial x'^s_r}{\partial x^j} \frac{\partial x^l}{\partial x'^m_r} b_s^m(\boldsymbol{x}'_r, t'_r),$$

其中 $\boldsymbol{x}'_r$ 是物质点 P 在时刻 t'_r 的坐标.

让 $n \to \infty$，我们就有随动积分 $\int_{-\infty}^{t} \beta_j^l(\boldsymbol{\xi}, t')dt'$. 把这个积分从随动坐标系变换到固定坐标系，对应的积分就是

$$\int_{-\infty}^{t} \bar{B}_j^l(\boldsymbol{x}, t, t')dt' = \int_{-\infty}^{t} \frac{\partial x'^s}{\partial x^j} \frac{\partial x^l}{\partial x'^m} b_s^m(\boldsymbol{x}', t')dt'. \quad (3.63)$$

把积分的概念推广到泛函，则随动分量 $\underset{t'=-\infty}{\overset{t}{\mathscr{F}}} [\beta_j^l(\boldsymbol{\xi}, t')]$（其中 $\mathscr{F}$ 是泛函）变换为对应的固定分量

$$\underset{t'=-\infty}{\overset{t}{\mathscr{F}}}\left[\bar{B}_j^l(\boldsymbol{x}, t, t')\right] = \underset{t'=-\infty}{\overset{t}{\mathscr{F}}}\left[\frac{\partial x'^s}{\partial x^j} \frac{\partial x^l}{\partial x'^m} b_s^m(\boldsymbol{x}', t')\right] \quad (3.64)$$

可以证明，协变和逆变 Euler 分量的表达式分别为

$$\bar{B}_{lj}(\boldsymbol{x}, t, t') = \frac{\partial x'^s}{\partial x^l} \frac{\partial x'^m}{\partial x^j} b_{sm}(\boldsymbol{x}', t') \quad (3.65)$$

$$\bar{B}^{lj}(\boldsymbol{x}, t, t') = \frac{\partial x^l}{\partial x'^s} \frac{\partial x^j}{\partial x'^m} b^{sm}(\boldsymbol{x}', t') \quad (3.66)$$

§ 3.5 应用

在本构方程中只可以引入与刚体运动无关的量. 物质点的相对距离就是一个适合引入的量.

考虑两个相邻的物质点 P 和 Q，设在一个随动坐标系它们的坐标分别是 $\boldsymbol{\xi}$ 和 $\boldsymbol{\xi} + \delta\boldsymbol{\xi}$，则 P 和 Q 的相对距离的平方是

$$[ds(t')]^2 = \gamma_{ij}(t', \boldsymbol{\xi})d\xi^i d\xi^j \quad (3.67)$$

其中 γ_{ij} 为随动度规张量，它是 $\boldsymbol{\xi}$ 和 t' 的函数；$d\xi^i$ 是常量.

张量 $\gamma_{ij}(t', \boldsymbol{\xi})$ 对应的固定协变分量就是固定度规张量 $g_{ij}(\boldsymbol{x}')$，g_{ij} 于物质点 P 在时刻 t' 的固定坐标 $\boldsymbol{x}'$，而不是在 $\boldsymbol{x}$ 计

算．因为在时刻 t'，我们有

$$d\xi^i = \frac{\partial \xi^i}{\partial x'^l} dx'^l \tag{3.68}$$

代入式(3.67)，并注意到

$$[ds(t')]^2 = g_{ij}(\boldsymbol{x}')dx'^i dx'^j \tag{3.69}$$

就得到

$$g_{ij}(\boldsymbol{x}') = \gamma_{lm}(t', \boldsymbol{\xi}) \frac{\partial \xi^l}{\partial x'^i} \frac{\partial \xi^m}{\partial x'^j} \tag{3.70}$$

将偏应力张量 $\mathbf{T}$ 的随动分量记作 τ_{ij}．我们设 τ_{ij} 依赖于从无穷远的过去直到现在并包括现在时刻的全部 $\gamma_{ij}(t')$，这可写成

$$\tau_{ij} = \mathop{\mathscr{F}_{ij}}_{t'=-\infty}^{t} [\gamma_{kl}(t')] \tag{3.71}$$

其中 $\mathscr{F}_{ij}$ 是泛函．

设泛函 $\mathscr{F}_{ij}$ 是各向同性的，方程(3.71)就满足本构方程必须服从的所有原理．

现在我们把方程(3.71)从随动坐标系变换到固定坐标系．应用在§3.4给出的变换规律，我们有

$$\begin{aligned}\frac{\partial x^s}{\partial \xi^i} \frac{\partial x^t}{\partial \xi^j} T_{st} &= \mathop{\mathscr{F}_{ij}}_{t'=-\infty}^{t} [\overline{G}_{kl}(\boldsymbol{x}, t, t')] \\ &= \mathop{\mathscr{F}_{ij}}_{t'=-\infty}^{t} \left[\frac{\partial x'^s}{\partial x^k} \frac{\partial x'^t}{\partial x^l} g_{st}(\boldsymbol{x}') \right]\end{aligned} \tag{3.72}$$

选取随动坐标系，使它在现在时刻 t 与固定坐标系重合，则方程(3.72)简化为

$$T_{ij} = \mathop{\mathscr{F}_{ij}}_{t'=-\infty}^{t} \left[\frac{\partial x'^s}{\partial x^k} \frac{\partial x'^t}{\partial x^l} g_{st}(\boldsymbol{x}') \right] \tag{3.73}$$

把 $\overline{G}_{kl}$ 与式(2.58)比较可见，$\overline{G}_{kl}$ 是相对右 Cauchy-Green 张量．因此，方程(3.73)就是Noll的简单流体本构方程(见方程(3.35))．

建立本构方程时也可以用随动度规张量的逆变分量 γ^{ij}，它对应的 Euler 分量是

$$\overline{G}^{ij} = \frac{\partial x^i}{\partial x'^s}\frac{\partial x^j}{\partial x'^t} g^{st}(\boldsymbol{x}') \tag{3.74}$$

其中 $g^{st}(\boldsymbol{x}')$ 也在 $\boldsymbol{x}'$ 而不在 $\boldsymbol{x}$ 计算. $\overline{G}^{ij}$ 又称为 Finger 应变张量的分量,它是 $\overline{G}_{ij}$ 的逆,因为

$$\begin{aligned}
\overline{G}^{ij}\overline{G}_{jk} &= \frac{\partial x^i}{\partial x'^s}\frac{\partial x^j}{\partial x'^t}\frac{\partial x'^u}{\partial x^j}\frac{\partial x'^v}{\partial x^k} g^{st}(\boldsymbol{x}')g_{uv}(\boldsymbol{x}') \\
&= \delta_t^u \frac{\partial x^i}{\partial x'^s}\frac{\partial x'^v}{\partial x^k} g^{st}g_{uv} \\
&= \frac{\partial x^i}{\partial x'^s}\frac{\partial x'^v}{\partial x^k} g^{su}g_{uv} \\
&= \frac{\partial x^i}{\partial x'^s}\frac{\partial x'^v}{\partial x^k}\delta_v^s = \delta_k^i
\end{aligned} \tag{3.75}$$

通常用 C_{ij}(相对右 Cauchy-Green 张量)记 $\overline{G}_{ij}$,而记 $\overline{G}^{ij}$ 为 $(C^{-1})^{ij}$.

现在我们设 τ_{ij} 是 $\dfrac{d\gamma_{ij}}{dt}$ 的线性函数,即本构方程是

$$\tau_{ij} = \eta_0 \frac{d\gamma_{ij}}{dt} \tag{3.76}$$

其中 η_0 是常量.

选取随动坐标系,使它在现在时刻 t 与固定坐标系重合. 这时,将方程 (3.76) 变换到固定坐标系就有

$$T_{ij} = \eta_0 \frac{\delta g_{ij}}{\delta t} \tag{3.77}$$

根据公式 (3.56),

$$\frac{\delta g_{ij}}{\delta t} = \frac{d g_{ij}}{dt} + v^s_{,j} g_{is} + v^s_{,i} g_{sj} \tag{3.78}$$

g_{ij} 与 t 无关并且 $g_{ij,s} = 0$, 所以 $\dfrac{dg_{ij}}{dt} = 0$. 于是, 式 (3.78) 成为

$$\frac{\delta g_{ij}}{\delta t} = v_{i,j} + v_{j,i} = \overset{1}{A}_{ij} \tag{3.79}$$

$\overset{1}{\mathbf{A}}$ 是一阶 Rivlin-Ericksen 张量 (比较式 (2.60)). 方程 (3.77) 就

是牛顿流体的本构方程.

由于 $\frac{\delta g_{ij}}{\delta t} \neq 0$，升降指标运算不能与算子 $\frac{\delta}{\delta t}$ 交换次序. 因此，把包含时间导数的方程从随动坐标系变换到固定坐标系时需要区分方程是协变分量形式,还是逆变分量形式.

比较式(3.56)和(2.61)可见，n 阶 Rivlin-Ericksen 张量的协变分量 $\overset{n}{A}_{ij}$ 可以写成

$$\overset{n}{A}_{ij} = \frac{\delta^n g_{ij}}{\delta t^n} \tag{3.80}$$

这里我们也可以选用 γ^{ij}. 应用公式(3.57)容易得到，γ^{ij} 的时间导数 $\frac{d\gamma^{ij}}{dt}$ 对应的固定分量是

$$\begin{aligned} \frac{\delta g^{ij}}{\delta t} &= \frac{dg^{ij}}{dt} - v^i_{,s} g^{sj} - v^j_{,s} g^{is} \\ &= -(v_{l,s} g^{li} g^{sj} + v_{m,s} g^{mj} g^{is}) \\ &= -g^{li} g^{sj} (v_{l,s} + v_{s,l}) \\ &= -g^{li} g^{sj} \overset{1}{A}_{ls} = -\overset{1}{A}{}^{ij} \end{aligned} \tag{3.81}$$

即 $\frac{\delta g^{ij}}{\delta t}$ 是负的一阶 Rivlin-Ericksen 张量的逆变分量.

易见,高阶导数 $\frac{\delta^n g^{ij}}{\delta t^n}$ 和高阶 Rivlin-Ericksen 张量之间的关系并不简单. 高阶导数 $\frac{\delta^n g^{ij}}{\delta t^n}$ 通常记作 $\overset{n}{B}{}^{ij}$，并称为 White-Metzner 张量,它的递推公式是

$$\overset{n}{B}{}^{ij} = \frac{\partial \overset{n-1}{B}{}^{ij}}{\partial t} + v^s \frac{\partial \overset{n-1}{B}{}^{ij}}{\partial x^2} - \frac{\partial v^i}{\partial x^s} \overset{n-1}{B}{}^{sj} - \frac{\partial v^j}{\partial x^s} \overset{n-1}{B}{}^{is} \tag{3.82}$$

§ 3.6 共转坐标系

还有另一种导数可用来建立本构方程，它同样直接使本构方

程是客观的，这就是 Jaumann导数 $\frac{\mathscr{D}}{\mathscr{D}t}$. 它的定义是

$$\frac{\mathscr{D}b_{ij}}{\mathscr{D}t}=\frac{\partial b_{ij}}{\partial t}+v^s b_{ij,s}-W^s_i b_{sj}-W^s_j b_{is} \tag{3.83}$$

其中 $W^s_i=g^{st}W_{it}$, $W_{it}=\frac{1}{2}(v_{i,t}-v_{t,i})$ 是旋度[1].

对于逆变分量类似地有

$$\frac{\mathscr{D}b^{ij}}{\mathscr{D}t}=\frac{\partial b^{ij}}{\partial t}+v^s b^{ij}_{,s}-W^i_s b^{sj}-W^j_s b^{is} \tag{3.84}$$

我们注意到

$$\begin{aligned}\frac{\mathscr{D}g_{ij}}{\mathscr{D}t}&=-W^s_i g_{sj}-W^s_j g_{is}\\&=-(W_{ij}+W_{ji})=0\end{aligned} \tag{3.85}$$

因为W_{ij}是反对称的.因此,升降指标运算可与算子$\frac{\mathscr{D}}{\mathscr{D}t}$交换次序.

Jaumann 导数又称为共转导数，它可以看作是共转坐标系上的物质导数变换到固定坐标系时对应的导数[5].

共转坐标系的定义是随着一个物质点 P 平移和转动的坐标系. 该物质点 P 参照这个共转坐标系的平移速度 $\boldsymbol{v}$ 和旋转 $\mathbf{W}$ 为零. 物质点的选取不是唯一的,因此共转坐标系同样不唯一.

设 $\boldsymbol{g}^*_i(t')$ 是共转坐标系的基向量,由于坐标系在平移和转动, $\boldsymbol{g}^*_i(t')$ 是时间的函数. 设 $\boldsymbol{g}_i$ 是固定坐标系的基向量，$\boldsymbol{g}^*_i(t')$ 和 $\boldsymbol{g}_i$ 的关系是

$$\boldsymbol{g}^*_i(t')=\Omega^j_i(t')\boldsymbol{g}_j(\boldsymbol{x}) \tag{3.86}$$

其中 $\Omega^j_i(t')$ 是正交张量，它给出在 t' 时刻共转坐标系与固定坐标系间的方位角. 如果我们让共转坐标系在现在时刻 t 与固定坐标系重合,那么 $\Omega^j_i(t)=\delta^j_i$.

用共转坐标系建立本构方程的方法与用随动坐标系一样（例

---

1) 这里 W_{it} 的定义与某些著者给的差一负号.

如，见第五章）.

§ 3.7 几种导数的比较

我们已经定义了三种导数，在这节将对它们做些比较.

设 F 是固定的坐标系，通常运动方程和边界条件都是相对于 F 的. 我们考虑一个物质点 P，它以速度 $\boldsymbol{v}$ 和旋度 $\mathbf{W}$ 相对 F 运动. 设有另一个坐标系 V，它以速度 $\boldsymbol{v}$ 相对 F 运动，则在坐标系 V 的时间导数 $\frac{\partial}{\partial t}$（保持 P 固定）变换到固定坐标系 F 时，对应的就是 F 上的物质导数 $\frac{d}{dt}$. 又设有一个坐标系 R，它以速度 $\boldsymbol{v}$ 平移，以旋度 $\mathbf{W}$ 转动，则在坐标系 R 的时间导数 $\frac{\partial}{\partial t}$（保持 P 固定）变换到固定坐标系 F 时，对应的就是 Jaumann 导数 $\frac{\mathscr{D}}{\mathscr{D}t}$. Jaumann 导数表达式中包含两部分，一部分产生于 R 相对 F 的平移，另一部分产生于 R 相对 F 的转动，这很容易从式（3.83）和（3.84）看到.

最后设有一个坐标系 E，它嵌在物体中，随着物质点 P 平移、转动和变形，这就是前面定义过的随动坐标系. 在坐标系 E 的时间导数 $\frac{\partial}{\partial t}$（这时随动坐标是固定的，意味着 P 固定）变换到固定坐标系 F 时，对应的就是随动导数 $\frac{\delta}{\delta t}$. 随动导数由 Jaumann 导数和产生于 E 变形的部分组成. 比较式（3.56）和（3.83）易见

$$\frac{\delta b_{ij}}{\delta t}=\frac{\mathscr{D}b_{ij}}{\mathscr{D}t}+D_i^s b_{sj}+D_j^s b_{is} \tag{3.87}$$

其中 D_i^j 是应变率张量 $\mathbf{D}$ 的混合分量.

第四章　简单流体的定常流动

测　粘　流　动

我们定义测粘流动是这样一种流动，其中每一个物质点 P 承受常剪切率的简单剪切变形(加平移和转动)．通常研究的流动，如两转动圆筒间的流动、通过圆管的流动，都属于测粘流动．我们首先考虑曲线流动，它是一种测粘流动，并且包括了上述流动．

§4.1　曲线流动

参照一个正交坐标系 $Ox^1x^2x^3$，流动速度场的逆变分量表示为

$$v^1 = u(x^2),\ v^2 = 0,\ v^3 = w(x^2) \tag{4.1}$$

并且沿任一物质点 P 的轨线，基向量的大小 $\sqrt{g_{ii}}$ 保持不变，我们定义这样的流动为曲线流动．

位移函数 $\boldsymbol{x}'$ 从方程 (2.13) 和条件 (2.10) 获得，它们是

$$\frac{dx'^1}{dt'} = u(x'^2),\ \frac{dx'^2}{dt'} = 0,\ \frac{dx'^3}{dt'} = w(x'^2)$$

$$x'^1|_{t'=t} = x^1,\ x'^2|_{t'=t} = x^2,\ x'^3|_{t'=t} = x^3 \tag{4.2}$$

解 (4.2) 得到

$$x'^1 = x^1 - su(x^2),\ x'^2 = x^2,\ x'^3 = x^3 - sw(x^2) \tag{4.3}$$

其中 $s = t - t'$．易见，在任一物质点 P 的轨线上 x^2 是常量，因而基向量的大小应该仅是 x^2 的函数．

根据式 (2.58) 决定右 Cauchy-Green 张量 $\mathbf{C}_t$ 的协变分量，我们有

$$C_{11} = g_{11},\ C_{12} = -s\frac{du}{dx^2}g_{11},\quad C_{13} = 0$$

$$C_{22}=g_{22}+s^2\left[g_{11}\left(\frac{du}{dx^2}\right)^2+g_{33}\left(\frac{dw}{dx^2}\right)^2\right] \tag{4.4}$$

$$C_{23}=-s\frac{dw}{dx^2}g_{33},\quad C_{33}=g_{33}$$

其中度规张量 g_{ii} 仅是 x^2 的函数.

$\mathbf{C}_t$ 的物理分量 $C_{(ij)}$ 用公式

$$C_{(ij)}=\frac{C_{ij}}{\sqrt{g_{ii}}\sqrt{g_{jj}}} \tag{4.5}$$

确定. 由于 g_{ii} 仅是 x^2 的函数，$g_{ii}(x'^2)=g_{ii}(x^2)$，从而 $\mathbf{C}_t$ 的物理分量可以写成

$$\mathbf{C}_t=\mathbf{I}-s\mathbf{A}_1+\frac{1}{2}s^2\mathbf{A}_2 \tag{4.6}$$

其中

$$\mathbf{A}_1=\begin{bmatrix}0 & l & 0\\ \cdot & 0 & m\\ \cdot & \cdot & 0\end{bmatrix},\quad \mathbf{A}_2=\begin{bmatrix}0 & 0 & 0\\ \cdot & 2(l^2+m^2) & 0\\ \cdot & \cdot & 0\end{bmatrix}$$

$$l=\sqrt{\frac{g_{11}}{g_{22}}}\frac{du}{dx^2},\qquad m=\sqrt{\frac{g_{33}}{g_{22}}}\frac{dw}{dx^2}$$

容易验证，$\mathbf{A}_1$ 和 $\mathbf{A}_2$ 的分量分别是一阶和二阶 Rivlin-Ericksen 张量的物理分量.

我们选取另一个正交坐标系，它的基向量 $\boldsymbol{e}_i$ 是

$$\begin{aligned}\boldsymbol{e}_1&=(l\boldsymbol{g}_{(1)}+m\boldsymbol{g}_{(3)})/k\\ \boldsymbol{e}_2&=\boldsymbol{g}_{(2)}\\ \boldsymbol{e}_3&=(-m\boldsymbol{g}_{(1)}+l\boldsymbol{g}_{(3)})/k\end{aligned} \tag{4.7}$$

其中 $\boldsymbol{g}_{(i)}=\boldsymbol{g}_i/\sqrt{g_{ii}}$ 是正交坐标系 $Ox^1x^2x^3$ 的归一基向量；

$$k=\sqrt{l^2+m^2}$$

式 (4.7) 可以改写为

$$[\boldsymbol{e}_1,\boldsymbol{e}_2,\boldsymbol{e}_3]=\mathbf{Q}[\boldsymbol{g}_{(1)},\boldsymbol{g}_{(2)},\boldsymbol{g}_{(3)}] \tag{4.8}$$

其中

$$\mathbf{Q}=\begin{bmatrix} l/k & 0 & m/k \\ 0 & 1 & 0 \\ -m/k & 0 & l/k \end{bmatrix}$$

参照基为 $\boldsymbol{e}_i$ 的新坐标系，用物理分量表出的右 Cauchy-Green 张量是

$$\begin{aligned}\bar{\mathbf{C}}_{(t)} &= \mathbf{Q}\mathbf{C}_{(t)}\mathbf{Q}^{+} \\ &= \mathbf{I} - s\bar{\mathbf{A}}_1 + \frac{1}{2}s^2\bar{\mathbf{A}}_2 \end{aligned} \tag{4.9}$$

其中

$$\bar{\mathbf{A}}_1=\begin{bmatrix} 0 & k & 0 \\ \cdot & 0 & 0 \\ \cdot & \cdot & 0 \end{bmatrix},\quad \mathbf{A}_2=\begin{bmatrix} 0 & 0 & 0 \\ \cdot & 2k^2 & 0 \\ \cdot & \cdot & 0 \end{bmatrix}$$

比较式 (4.9) 和 (2.67) 可见，上述的流动是剪切率为 k 的剪切流动.

上面定义的 $\mathbf{Q}$ 是正交的，因此变换 (4.8) 表示一个转动. 这意味着，以一个适当的转动，可以将速度场由式 (4.1) 表出的曲线流动变换为简单剪切流动. 而且，因为 k 仅是 x^2 的函数，所以沿一个物质点的轨线剪切率 k 是常量. 因此，根据定义曲线流动是一种测粘流动.

下面我们设已经做过适当的转动，右 Cauchy-Green 张量由式 (4.9) 表示出，并且为方便起见，将略去式 (4.9) 中符号上方的横道.

简单流体的偏应力张量表达式为

$$\mathbf{T} = \mathop{\mathscr{F}}_{s=0}^{\infty}[\mathbf{C}_t(s)] \tag{4.10}$$

$\mathscr{F}$ 是各向同性张量泛函；$\mathbf{C}_t$ 的物理分量由式 (4.9) 表示出.

因为 $\mathbf{A}_1$ 和 $\mathbf{A}_2$ 不依赖于 s，因此方程 (4.10) 可改写为

$$\mathbf{T} = \mathbf{F}(\mathbf{A}_1, \mathbf{A}_2) \tag{4.11}$$

$\mathbf{F}$ 是各向同性张量函数.

物质无关性原理要求等式

$$\mathbf{QTQ^+} = \mathbf{F}(\mathbf{QA_1Q^+},\ \mathbf{QA_2Q^+}) \tag{4.12}$$

对于任意的正交张量 $\mathbf{Q}$ 成立.

现在我们取

$$\mathbf{Q} = \begin{bmatrix} -1 & 0 & 0 \\ \cdot & -1 & 0 \\ \cdot & \cdot & 1 \end{bmatrix} \tag{4.13}$$

这是对 x^3 轴的反射.

进行张量相乘运算,得到

$$\mathbf{QTQ^+} = \begin{bmatrix} T_{(11)} & T_{(12)} & -T_{(13)} \\ \cdot & T_{(22)} & -T_{(23)} \\ \cdot & \cdot & T_{(33)} \end{bmatrix} \tag{4.14}$$

$$\mathbf{QA_1Q^+} = \mathbf{A_1},\ \mathbf{QA_2Q^+} = \mathbf{A_2}$$

因而方程 (4.12) 的右边保持不变. 比较方程 (4.12) 和 (4.11),对于式 (4.13) 给出的 $\mathbf{Q}$ 我们得到等式

$$\mathbf{QTQ^+} = \mathbf{T} \tag{4.15}$$

由式 (4.14) 可见,这表明

$$-T_{(13)} = T_{(13)} = 0,\ -T_{(23)} = T_{(23)} = 0 \tag{4.16}$$

于是,$\mathbf{T}$ 仅有四个非零分量 $T_{(11)}$, $T_{(22)}$, $T_{(33)}$ 和 $T_{(12)}$, 通常写为

$$T_{(12)} = \tau(k) = k\eta(k) \tag{4.17a}$$

$$T_{(11)} - T_{(22)} = \nu_1(k) = k^2N_1(k) \tag{4.17b}$$

$$T_{(22)} - T_{(33)} = \nu_2(k) = k^2N_2(k) \tag{4.17c}$$

$\tau(k)$ 是剪应力; ν_1 和 ν_2 分别是第一和第二法向应力差; $\eta(k)$ 是粘度函数(表观粘度); N_1 和 N_2 分别是第一和第二法向应力差系数(见第一章).

若我们考虑不可压缩流体,可以进一步施加条件

$$t_r\mathbf{T} = 0 \tag{4.18}$$

再取

$$\mathbf{Q} = \begin{bmatrix} 1 & 0 & 0 \\ \cdot & -1 & 0 \\ \cdot & \cdot & 1 \end{bmatrix} \tag{4.19}$$

则

$$\mathbf{QTQ}^{+} = \begin{bmatrix} T_{(11)} & -T_{(12)} & 0 \\ \cdot & T_{(22)} & 0 \\ \cdot & \cdot & T_{(33)} \end{bmatrix} \tag{4.20}$$

$$\mathbf{QA}_1\mathbf{Q}^{+} = \begin{bmatrix} 0 & -k & 0 \\ \cdot & 0 & 0 \\ \cdot & \cdot & 0 \end{bmatrix}$$

$$\mathbf{QA}_2\mathbf{Q}^{+} = \mathbf{A}_2$$

这表明，式(4.19)给出的 $\mathbf{Q}$ 的作用是使 $T_{(12)}$ 和 k 反向，而法向应力 $T_{(ii)}$ 的方向保持不变，因此我们得到

$$\tau(-k) = -\tau(k),\quad \nu_1(-k) = \nu_1(k),\quad \nu_2(-k) = \nu_2(k) \tag{4.21}$$

即 τ 是 k 的奇函数，ν_1 和 ν_2 都是 k 的偶函数. 物理上这是明显的，当剪切反向，剪应力将反向，而法向应力的方向保持不变.

三个函数 $\eta(k)$，$\nu_1(k)$ 和 $\nu_2(k)$ 称为测粘函数(物质函数)，曲线流动被这三个物质函数所表征. 我们也可以定义测粘流动就是这三个物质函数表征的流动.

从式(4.9)可见，非零的 Rivlin-Ericksen 张量只有一阶和二阶两个，据此，还可定义测粘流动就是当 $n \geqslant 3$ 时，$\mathbf{A}_n = \mathbf{O}$ 的流动.

§4.2 测粘函数的实验确定

(a) 通过圆管的流动

我们考察流体沿半径为 a 的长圆管的流动. 取柱坐标系 (r,

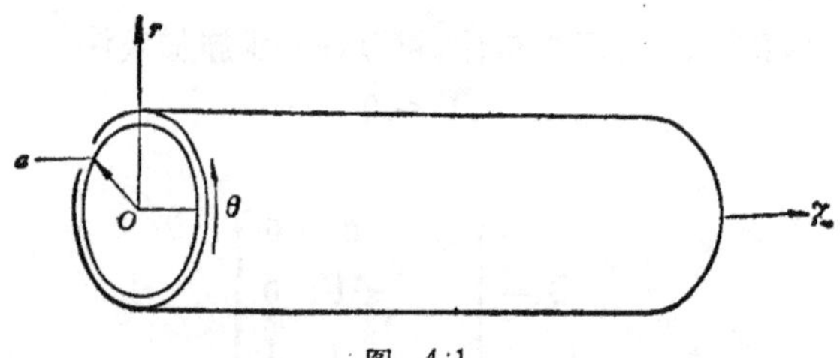

图 4.1

θ, z) 如图 4.1 所示，z 轴与管轴重合.

设速度分布为

$$v_{(r)}=0,\ v_{(\theta)}=0,\ v_{(z)}=u(r)^{1)} \tag{4.22}$$

剪切率 k 为(根据式 (4.7) 和 (4.6))

$$k=A_{(rz)}=\frac{du}{dr} \tag{4.23}$$

显然，k 仅是 r 的函数，因而 $\mathbf{T}$ 的物理分量也仅是 r 的函数. 运动方程组是

$$0=-\frac{\partial p}{\partial r}+\frac{1}{r}\frac{d}{dr}(rT_{(rr)})-\frac{1}{r}T_{(\theta\theta)} \tag{4.24a}$$

$$0=-\frac{\partial p}{\partial \theta} \tag{4.24b}$$

$$0=-\frac{\partial p}{\partial z}+\frac{1}{r}\frac{d}{dr}(rT_{(rz)}) \tag{4.24c}$$

边界条件为

$$u(a)=0,\ r\to 0\ \text{时},\ u\ \text{有界}. \tag{4.25}$$

在 $r=0$, $T_{(ij)}$ 连续.

从方程组 (4.24) 推出

$$p=-c_0z+f(r) \tag{4.26}$$

其中 $c_0=-\dfrac{\partial p}{\partial z}$ 为压力梯度，它是正的常量；$f(r)$ 是 r 的可定函数.

积分方程 (4.24) 并应用 $T_{(ij)}$ 有界的条件得到

$$T_{(rz)}=\tau(k)=-\frac{1}{2}c_0r \tag{4.27}$$

流量为

$$Q=2\pi\int_0^a ru(r)dr$$

---

1) 这个流动属于曲线流动 (4.1)，其中 $x^1=z$, $x^2=r$, $x^3=\theta$, $w=0$.

$$= -\pi\int_0^a r^2\frac{du}{dr}dr \tag{4.28}$$

这里已做分部积分并用了边界条件.

设 τ_w 是管壁处的剪应力,则根据式(4.27)有

$$\tau_w = -\frac{1}{2}c_0 a \tag{4.29}$$

因而 $c_0 = -2\tau_w/a$. 将 c_0 代入式(4.27),则

$$\tau(k) = r\tau_w/a = -r\bar{\tau}_w/a \tag{4.30}$$

其中 $\bar{\tau}_w = -\tau_w$ 是正的.

换自变量 r 为 τ,并应用式(4.23),则式(4.28)成为

$$Q = \frac{\pi a^3}{\bar{\tau}_w^3}\int_0^{-\bar{\tau}_w}\tau^2 k(\tau)d\tau \tag{4.31}$$

对 $\bar{\tau}_w$ 求导得到

$$\frac{dQ}{d\bar{\tau}_w} = -\frac{3Q}{\bar{\tau}_w} + \frac{\pi a^3}{\bar{\tau}_w}k(-\bar{\tau}_w) \tag{4.32}$$

因而

$$k(-\bar{\tau}_w) = \frac{Q}{\pi a^3}\left(3 + \frac{\bar{\tau}_w}{Q}\frac{dQ}{d\bar{\tau}_w}\right)$$

$$= \lambda\left[3 + \frac{d(\log\lambda)}{d(\log\bar{\tau}_w)}\right] \tag{4.33}$$

其中 $\lambda = Q/\pi a^3$, 它是正的.

实验测定流量 Q(因此 λ)和压力梯度 c_0(因此 τ_w)后, 剪切率 k 可以确定. 知道了剪切率,粘度函数 $\eta(k)$ 则为

$$\eta(k) = \tau/k \tag{4.34}$$

对于牛顿流体已知 λ 正比于 $\bar{\tau}_w$,即

$$\lambda = K_0\bar{\tau}_w \tag{4.35}$$

K_0 是正的常量(比较方程(1.7)).

将式(4.35)代入式(4.33)得到

$$k(-\bar{\tau}_w) = 4\lambda = 4K_0\bar{\tau}_w \tag{4.36}$$

回到变量 τ_w 并去掉下标 w, 则有

$$\tau = -\frac{1}{4K_0}k = \eta_0 k \tag{4.37}$$

其中 $\eta_0 = -1/4K_0$ 是流体的粘度.

应用式 (4.27) 和 (4.23), 则式 (4.37) 可以写成

$$\frac{du}{dr} = -\frac{c_0 r}{2\eta_0} \tag{4.38}$$

此方程满足边界条件 (4.25) 的解是

$$u = \frac{c_0}{4\eta_0}(a^2 - r^2) \tag{4.39}$$

实验表明,许多非牛顿流体的 $d(\log\lambda)/d(\log\bar{\tau}_w)$ 是常量,因而 λ 和 $\bar{\tau}_w$ 的关系可以写成

$$\lambda = K_1\bar{\tau}_w^m \tag{4.40}$$

其中 K_1 和 m 是常量(参见方程 (1.7) 后面的说明).

代式 (4.40) 到 (4.33) 中,得到

$$k(-\bar{\tau}_w) = \lambda(3 + m) = K_1\bar{\tau}_w^m(3 + m) \tag{4.41}$$

经过与牛顿流体情形同样的推导过程,式 (4.41) 可以写成

$$\tau = Kk^n \tag{4.42}$$

其中 $n = 1/m$, K 是常量. 方程 (4.42) 是幂律流体的本构方程,对大多数非牛顿流体 $n < 1(m > 1)$.

现在我们能够确定速度 $u(r)$. 应用式 (4.23) 和 (4.27) 得到方程

$$\frac{du}{dr} = \left(-\frac{c_0}{2K}\right)^{\frac{1}{n}} r^{\frac{1}{n}} \tag{4.43}$$

其满足条件 (4.25) 的解是

$$u = -\left(\frac{n}{n+1}\right)\left(-\frac{c_0}{2K}\right)^{\frac{1}{n}} a^{\frac{n+1}{n}}\left[1 - \left(\frac{r}{a}\right)^{\frac{n+1}{n}}\right] \tag{4.44}$$

这表明,对通常的 $n < 1$ 幂律流体,其速度剖面比 $n = 1$ 情形(牛顿流体)的速度剖面——抛物面平坦些.

从上面的结果我们看到,流量 Q 仅由粘度函数所确定,而不受法向应力差影响. 但是,若管截面不是圆的,由于第二法向应力差

的作用可能引起二次流动，式(4.22)表示的速度场不再有效．不过，通常二次流动较弱，对流量Q的影响比较小．

我们还从式(4.31)看到，Q/a^3仅是τ_w的函数，因而Q/a^3相对τ_w变化曲线的形状不依赖于a，这使得我们可以模拟放大实验数据．

在管出口处进行适当的测量可以确定法向应力差．改写方程(4.24)为

$$0=\frac{\partial S_{(rr)}}{\partial r}+\frac{1}{r}\left(S_{(rr)}-S_{(\theta\theta)}\right) \tag{4.45}$$

并对r积分，则有

$$S_{(rr)}(a,z)-S_{(rr)}(0,z)=-\int_0^a \frac{\nu_2}{r}dr \tag{4.46}$$

设管出口处为$z=l$，则

$$S_{(rr)}(a,l)-S_{(rr)}(0,l)=-\int_0^a \frac{\nu_2}{r}dr \tag{4.47}$$

根据对称性知，在$r=0$处剪切率为零，因此$T_{(rr)}(0,l)=0$，即

$$S_{(rr)}(0,l)=-p(0,l) \tag{4.48}$$

换变量r为τ(应用式(4.30))，式(4.47)成为

$$-p_{Lw}+p(0,l)=-\int_0^{\tau_w}\frac{\nu_2}{\tau}d\tau \tag{4.49}$$

其中$p_{Lw}=-S_{(rr)}(a,l)$是管壁上的压力．将式(4.49)对τ_w求导，则有

$$\nu_2|_w=\tau_w\frac{\partial}{\partial\tau_w}\left(p_{Lw}-p(0,l)\right) \tag{4.50}$$

其中ν_2是以管壁处的剪切率求得的第二法向应力差值．

设T_L是流体弹性引起的总推力减少量，则

$$T_L=2\pi\int_0^a rS_{(zz)}(r,l)dr \tag{4.51}$$

分部积分得到

$$T_L=2\pi\left\{\left[\frac{1}{2}r^2S_{(zz)}(r,l)\right]\Big|_0^a-\int_0^a\frac{1}{2}r^2\frac{\partial}{\partial r}S_{(zz)}dr\right\}. \tag{4.52}$$

应用方程 (4.45) 我们可以写

$$\frac{\partial S_{(zz)}}{\partial r}=\frac{\partial S_{(rr)}}{\partial r}+\frac{\partial}{\partial r}(S_{(zz)}-S_{(rr)})$$

$$=\frac{S_{(\theta\theta)}-S_{(rr)}}{r}+\frac{\partial}{\partial r}(S_{(zz)}-S_{(rr)}) \tag{4.53}$$

代入式 (4.52)，则有

$$T_L=\pi a^2 S_{(zz)}(a,l)-\pi\int_0^a r(S_{(\theta\theta)}-S_{(rr)})dr$$

$$-\pi\int_0^a r^2\frac{\partial}{\partial r}(S_{(zz)}-S_{(rr)})\,dr \tag{4.54}$$

分部积分第三项，则

$$T_L=\pi a^2 S_{(rr)}(a,l)+\pi\int_0^a r(2\nu_1+\nu_2)dr \tag{4.55}$$

换变量 r 为 τ 并对 τ_w 求导，就得到

$$\tau_w(2\nu_1+\nu_2)|_w=\frac{\partial}{\partial\tau_w}\left[\frac{\tau_w^2}{\pi a^2}(T_L+\pi a^2 p_{Lw})\right] \tag{4.56}$$

其中 ν_1 是以管壁处的剪切率求得的第一法向应力差值．

$\nu_2|_w$ 用式 (4.50) 确定，然后 $\nu_1|_w$ 用式 (4.56) 确定．为了确定 ν_1 和 ν_2，需要预先知道 $p(0,l)$，p_{Lw} 和 T_L．直接测量 $p(0,l)$ 是不可能的．p_{Lw} 可以用外插法插到 $z=l$ 确定．T_L 用直接测量出流作用于接受器的力或间接测量出流对管的反作用来确定．

在聚合物稀溶液的流动中，特别是 Reynolds 数相当高的情形，通常设 p_{Lw} 和 $p(0,l)$ 等于零，这意味着第二法向应力差为零．

实验发现，对于聚合物熔体，p_{Lw} 和 $p(0,l)$ 等于零(即大气压)的假设不适用．

Davies 等人[9]最近重新评价了上面确定法向应力差的方法，指出此方法没有以下 (b)，(c) 和 (d) 中叙述的方法可靠．

(b) 锥板流动

锥板型仪器或许是最常用的一种仪器．它由一个半径为 a 的圆板和一个圆锥组成，板通常不动，锥以角速度 Ω_1 绕自身的轴转

动，如图 4.2 所示. 锥和板间的夹角 θ_0 一般小于4°.

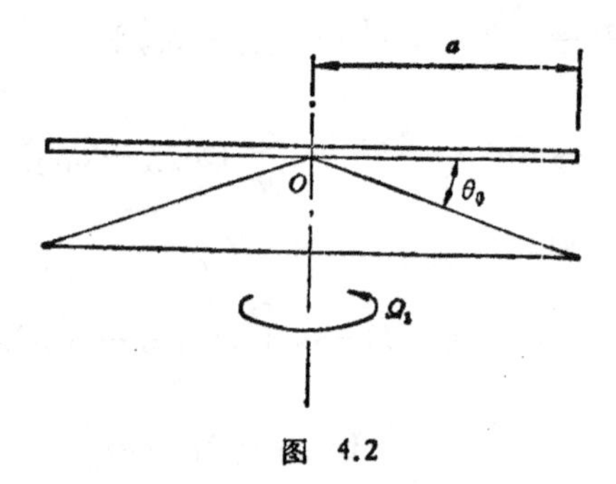

图 4.2

我们取球坐标系 (r, θ, ϕ) 并设速度分布为

$$v_{(r)}=0,\quad v_{(\theta)}=0,\quad v_{(\phi)}=r\sin\theta\Omega(\theta)^{1)} \tag{4.57}$$

剪切率 k 为(根据式 (4.6) 和 (4.7))

$$k=A_{(\theta\phi)}=\sin\theta\frac{d\Omega}{d\theta} \tag{4.58}$$

它仅是 θ 的函数. 因 $\mathbf{T}$ 仅是 k 的函数，所以 $\mathbb{T}$ 也仅是 θ 的函数. 运动方程组可以写为

$$-\rho r\sin^2\theta\Omega^2=-\frac{\partial p}{\partial r}+\frac{1}{r}(2T_{(rr)}-T_{(\theta\theta)}-T_{(\phi\phi)}) \tag{4.59a}$$

$$-\rho r\sin\theta\cos\theta\Omega^2=-\frac{1}{r}\frac{\partial p}{\partial\theta}+\frac{1}{r\sin\theta}\frac{\partial}{\partial\theta}(\sin\theta T_{(\theta\theta)})$$

$$-\frac{1}{r}\operatorname{ctg}\theta T_{(\phi\phi)} \tag{4.59b}$$

$$0=-\frac{1}{r\sin^2\theta}\frac{\partial}{\partial\theta}(\sin^2\theta T_{(\theta\phi)}) \tag{4.59c}$$

其中 ρ 是密度.

边界条件是

---

1) 速度分布为 (4.57) 的流动属于曲线流动 (4.1)，其中 $x^1=r$, $x^2=\theta$, $x^3=\phi$, $u=0$, $w=v^\phi=\Omega(\theta)$.

$$
\begin{aligned}
&\text{在不动的板处，}\Omega\left(\frac{\pi}{2}\right)=0,\\
&\text{在转动的锥处，}\Omega\left(\frac{\pi}{2}-\theta_0\right)=\Omega_1.
\end{aligned}
\tag{4.60}
$$

从方程(4.59a)和(4.59b)消去p得到

$$
2\rho r^2\sin^2\theta\Omega\frac{d\Omega}{d\theta}=\frac{d}{d\theta}(\nu_1(k)+2\nu_2(k))
\tag{4.61}
$$

$\nu_1=T_{(\phi\phi)}-T_{(\theta\theta)}$和$\nu_2=T_{(\theta\theta)}-T_{(rr)}$分别是第一和第二法向应力差.

式(4.61)的右边仅是θ的函数，而左边是r和θ的函数，因而式(4.61)不相容. 为使式(4.61)相容，需要忽略运动方程的惯性项，这要求限制Ω为小量(根据边界条件(4.60)可知，$d\Omega/d\theta\neq 0$).

若忽略惯性项，则式(4.61)成为

$$
\frac{d}{d\theta}(\nu_1(k)+2\nu_2(k))=0
\tag{4.62}
$$

即$\nu_1+2\nu_2$不是θ的函数(对简单流体成立)，这要求θ_0很小，即θ近似为$\frac{\pi}{2}$. 这时k近似地看作不随θ变化，因而$\mathbf{T}$也不随θ变化. k可以表示为

$$
k\approx\frac{\Omega_1}{\theta_0}
\tag{4.63}
$$

方程(4.59)成为

$$
T_{(\theta\phi)}=\tau(k)=A\ (\text{常量})
\tag{4.64}
$$

维持平板不动的扭矩是

$$
c=2\pi\int_0^a r^2T_{(\theta\phi)}dr=\frac{2}{3}\pi a^3k\eta(k)
\tag{4.65}
$$

其中 $k\eta(k)=\tau(k)$，$\eta(k)$ 是粘度函数.

根据式(4.63)可求出k，因为c可由实验测定，从而能够确定$\eta(k)$.

上面的狭缝近似(即设 θ_0 是小的) 意味着 Ω 是 θ 的线性函数，应用式 (4.58), (4.60) 和 (4.63) 可以证明

$$\Omega = \frac{\Omega_1}{\theta_0}\left(\theta - \frac{\pi}{2}\right) \tag{4.66}$$

设 $\bar{p}$ 是平板上的压力减去大气压的差，即

$$\bar{p} = -S_{(\theta\theta)} - p_a = p - T_{(\theta\theta)} - p_a \tag{4.67}$$

从方程 (4.59a) 和式 (4.67) 得到

$$\frac{\partial \bar{p}}{\partial r} = \frac{\partial p}{\partial r} = \frac{1}{r}\left[2T_{(rr)} - T_{(\theta\theta)} - T_{(\phi\phi)}\right]$$

$$= -\frac{1}{r}(\nu_1 + 2\nu_2) \tag{4.68}$$

此式可改写为

$$\frac{\partial \bar{p}}{\partial(\log r)} = -(\nu_1 + 2\nu_2), \tag{4.69}$$

从而，若能测出板上的压力分布 $\bar{p}$，则 $\bar{p}$ 相对 $\log r$ 变化曲线的斜率给出 $\nu_1 + 2\nu_2$.

假设在自由面 $r = a$ 处流体与大气接触，并且表面张力可以忽略，则

$$S_{(rr)}(a) = -p_a \tag{4.70a}$$

因而

$$S_{(\theta\theta)}(a) = \nu_2 - p_a \tag{4.70b}$$

$$\bar{p}(a) = -\nu_2 \tag{4.70c}$$

将式 (4.68) 对 r 积分并应用条件 (4.70c) 可以得到

$$\bar{p} = (\nu_1 + 2\nu_2)\log\frac{a}{r} - \nu_2. \tag{4.71}$$

设 F 是维持板不动需要的力，则

$$F = \int_0^a 2\pi r \bar{p}\, dr$$

$$= \left[\pi r^2 \bar{p}\right]\Big|_0^a - \pi\int_0^a r^2 \frac{d\bar{p}}{dr}\, dr \tag{4.72}$$

应用式(4.70)和(4.68),我们有

$$F = \frac{1}{2}\pi a^2 v_1 \tag{4.73}$$

用此式可以确定第一法向应力差.

使用锥-板型仪器能直接确定 η 和 v_1,无须做任何微商运算或测量压力. 上面叙述的理论结果仅当 θ_0 小而且惯性项可以忽略时有效,若这两个条件不满足,则速度分布(4.57)不再成立,存在二次流动. 二次流动引起附加应力,因而扭矩 c 和力 F 将变更,公式(4.65)和(4.73)不再有效.

粘弹性流体的二次流动可能显著地不同于牛顿流体[10](见第一章).

(c) Couette 流动(两圆筒间的流动)

考虑两个长圆筒之间的流动,取柱坐标系 (r, θ, z), z 轴与两筒的轴重合,如图 4.3 所示.

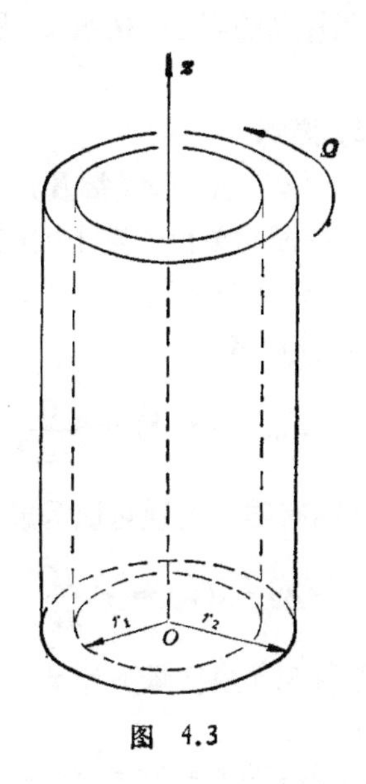

图 4.3

设速度分布为

$$v_{(r)}=0,\ v_{(\theta)}=r\Omega(r),\ v_{(z)}=0^{1)} \tag{4.74}$$

剪切率k为

$$k=A_{(r\theta)}=r\frac{d\Omega}{dr} \tag{4.75}$$

它仅是r的函数,因而$\mathbf{T}$也仅是r的函数.运动方程组是

$$-\rho r\Omega^2=-\frac{\partial p}{\partial r}+\frac{dT_{(rr)}}{dr}+\frac{1}{r}(T_{(rr)}-T_{(\theta\theta)}) \tag{4.76a}$$

$$0=\frac{1}{r^2}\frac{d}{dr}(r^2T_{(r\theta)}) \tag{4.76b}$$

$$0=-\frac{\partial p}{\partial z} \tag{4.76c}$$

其中ρ是密度.

边界条件是

$$\Omega(r_1)=\Omega_1,\ \Omega(r_2)=\Omega_2 \tag{4.77}$$

r_1和r_2分别是内筒和外筒的半径;Ω_1和Ω_2是常量,分别为内筒和外筒的角速度.

积分方程(4.76)得到

$$r^2T_{(r\theta)}=A(\text{常量}) \tag{4.78}$$

作用于任一半径为r柱面的单位长度上的扭矩C为

$$C=2\pi r^2T_{(r\theta)}=2\pi A \tag{4.79}$$

它不依赖于r.于是,我们有

$$T_{(r\theta)}=\tau(k)=\frac{C}{2\pi r^2} \tag{4.80}$$

$\tau(k)$是k的单值函数,有唯一的逆可以写成

$$k=\lambda(\tau)=r\frac{d\Omega}{dr} \tag{4.81}$$

积分上式,并应用式(4.80)换变量r为τ,则有

1) 这属于曲线流动(4.1),其中$x^1=\theta$,$x^2=r$,$x^3=z$,$u=v^\theta=\Omega(r)$,$w=0$.

$$\Omega_2 - \Omega_1 = \Delta\Omega = \frac{1}{2}\int_{\tau_2}^{\tau_1} \frac{\lambda(\tau)}{\tau} d\tau \tag{4.82}$$

其中 $\tau_1 = C/2\pi r_1^2$，$\tau_2 = C/2\pi r_2^2$

从式 (4.82) 难以求出剪切率函数 $\lambda(\tau)$，除非已给定 τ 和 k 间关系的形式．对于牛顿流体，$\tau = \eta_0 k$，于是

$$k = \lambda(\tau) = \frac{\tau}{\eta_0} \tag{4.83}$$

η_0 是未知的粘度常量．代此 $\lambda(\tau)$ 到式 (4.82)，则有

$$\Delta\Omega = \frac{\tau_1 - \tau_2}{2\eta_0}$$

因此

$$\eta_0 = \frac{\tau_1 - \tau_2}{2\Delta\Omega} \tag{4.84}$$

扭矩 C 可以测定，因而 τ_1 和 τ_2 是已知的．$\Delta\Omega$ 也已知，于是从式 (4.84) 就能确定 η_0．

对于牛顿流体还能精确地确定 $\Omega(r)$． 由式 (4.83)，(4.81) 和 (4.80) 得到方程

$$\eta_0 r \frac{d\Omega}{dr} = \frac{C}{2\pi r^2} \tag{4.85}$$

其满足条件 (4.77) 的解是

$$\Omega = \frac{r_1^2\Omega_1 - r_2^2\Omega_2}{r_1^2 - r_2^2} + \frac{\Delta\Omega r_1^2 r_2^2}{r_1^2 - r_2^2} \tag{4.86}$$

但是对于非牛顿流体，函数 $\tau(k)$ 的形式一般是不知道的，为了得到 $\lambda(\tau)$ 需要做某些假设．通常，由于两筒的间隙很小，可以设 $(r_2 - r_1)/r_1$ 是小量，这时应用平均值定理，式 (4.82) 成为

$$\Delta\Omega = \frac{1}{2}\frac{\lambda(\bar{\tau})}{\bar{\tau}}(\tau_1 - \tau_2) \tag{4.87}$$

其中 $\bar{\tau} = \frac{1}{2}(\tau_1 + \tau_2)$ 是 τ 的算术平均． 我们可用式 (4.87) 确定 $\lambda(\bar{\tau})$，从而粘度函数 $\eta(k)$ 按下式计算，

$$\eta(k) = \frac{\tau}{k} = \frac{\tau_1 - \tau_2}{2\Delta\Omega} \tag{4.88}$$

从式 (4.87) 可见，我们已经假设沿整个间隙剪切率是常量. 狭缝近似造成的误差能估计出，若 $r_1/r_2 = 0.98$，误差大约是 4%.

Whorlow 在文献 [11] 中导出几个公式，它们无须假设剪切率是常量. 在文献 [11] 中也得到了几个运用于宽缝情形的公式，但是宽缝情形较狭缝情形端缘效应更为重要，因而宁可用狭缝情形的公式.

理论上，使用上述共轴设备就能确定法向应力差，但是实际上并不这样做，原因之一是存在压力孔误差(见 § 4.3).

将方程 (4.76a) 对 r 积分得到

$$S_{(rr)}(r) - S_{(rr)}(r_1) = \int_{r_1}^{r}\left(-\rho r\Omega^2 + \frac{\nu_1}{r}\right)dr \tag{4.89}$$

$\nu_1 = S_{(\theta\theta)} - S_{(rr)}$ 是第一法向应力差. 知道了内筒和外筒上的法向推力(因此 $S_{(rr)}$) 后就可确定 ν_1.

第二法向应力差为

$$\nu_2 = S_{(rr)} - S_{(zz)}. \tag{4.90}$$

若考虑重力的作用，则由式 (4.90) 和 (4.89) 得到

$$S_{(zz)} = S_{(rr)} - \nu_2 = \rho g z - \nu_2 + S_{(rr)}(r_1) + \int_{r_1}^{r}\left(-\rho r\Omega^2 + \frac{\nu_1}{r}\right)dr + \text{常量} \tag{4.91}$$

其中 g 是重力加速度.

设自由面为 $z = z_0(r)$，它与大气接触，则忽略表面张力时就有

$$S_{(zz)}(z_0) = -p_a \tag{4.92}$$

p_a 是大气压.

从式 (4.91) 推出自由面为

$$z_0(r) = \frac{1}{\rho g}\left\{\nu_2 - S_{(rr)}(r_1) - p_a - \int_{r_1}^{r}\left(-\rho r\Omega^2 + \frac{\nu_1}{r}\right)dr\right.$$

$$+ 常量\}$$

$$= \frac{1}{\rho g}\left\{\nu_2 - \int_{r_1}^{r}\left(-\rho r\Omega^2 + \frac{\nu_1}{r}\right)dr + 常量\right\} \qquad (4.93)$$

这里已将 $-p_a - S_{(rr)}(r_1)$ 并入常量项．对于牛顿流体，$\nu_1 = \nu_2 = 0$，则

$$z_0(r) = \frac{1}{\rho g}\left\{\int_{r_1}^{r}\rho r\Omega^2 dr + 常量\right\} \qquad (4.94)$$

$z_0(r)$ 是 r 的单调递增函数，自由面的形状如图 1.2a 所示．对于粘弹性流体，因 ν_1 是正的，式 (4.93) 积分号内的项可能变更正负号，因此，自由面的形状可能如图 1.2b 所示，这种流体沿内筒爬升的现象称为 Weissenberg 效应(见第一章)．

(d) 扭转流动

这个流动中，流体在两个半径为 a 的平行圆板间被剪切．两板绕它们的共同轴转动，通常保持上板固定．

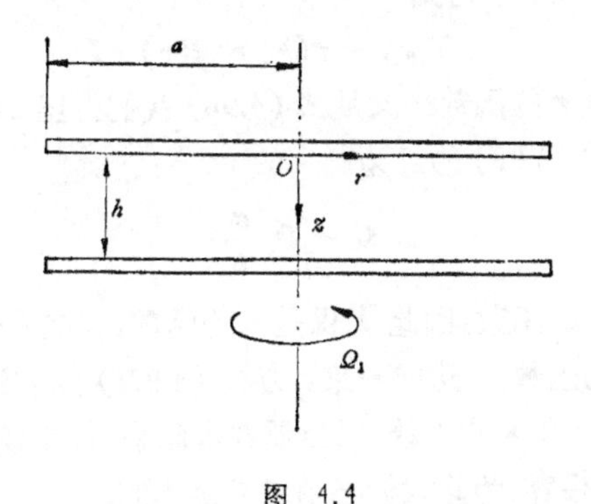

图 4.4

取柱坐标系 (r, θ, z) 如图 4.4 所示，原点在上板上，z 轴同板轴重合．设速度分布为

$$v_{(r)} = 0, \quad v_{(\theta)} = r\Omega(z), \quad v_{(z)} = 0^{1)} \qquad (4.95)$$

1) 这个流动也属于曲线流动 (4.1)，其中 $x^1 = \theta$，$x^2 = z$，$x^3 = r$，$v^\theta = u = \Omega(z)$，$w = 0$．

剪切率k为

$$k = A_{(\theta z)} = r\frac{d\Omega}{dz} \tag{4.96}$$

它是r和z的函数。

由于k是r和z的函数，因此$\mathbf{T}$也是r和z的函数。运动方程组为

$$-\rho r\Omega^2 = -\frac{\partial p}{\partial r} + \frac{1}{r}\frac{\partial}{\partial r}(rT_{(rr)}) - \frac{T_{(\theta\theta)}}{r} \tag{4.97a}$$

$$0 = r\frac{\partial T_{(\theta z)}}{\partial z} \tag{4.97b}$$

$$0 = -\frac{\partial p}{\partial z} + \frac{\partial T_{(zz)}}{\partial z} \tag{4.97c}$$

边界条件是

$$\begin{aligned}&\text{在上板处，}\Omega(0) = 0,\\ &\text{在下板处，}\Omega(h) = \Omega_1.\end{aligned} \tag{4.98}$$

由方程(4.97b)得到

$$T_{(\theta z)} = \tau(k) = f(r) \tag{4.99}$$

因此k只能是r的函数．又从式(4.96)我们得出$d\Omega/dz$是常量，于是满足条件(4.98)的Ω为

$$\Omega = \Omega_1\frac{z}{h} \tag{4.100}$$

k仅是r的函数，因此$\mathbf{T}$仅是r的函数，从方程(4.97c)可见p也仅是r的函数．这样一来，方程(4.97a)的右边仅是r的函数，但左边是r和z的函数，仅当惯性项忽略时(比较(b)情形)方程(4.97a)才相容，为此我们必须设Ω是小的。

保持上板不动的力矩C为

$$C = 2\pi\int_0^a r^2 T_{(\theta z)}dr = 2\pi\int_0^a r^2\tau(r)dr \tag{4.101}$$

换变量r为k($k = r\Omega_1/h$)，则

$$C = 2\pi\frac{a^3}{k_1^3}\int_0^{k_1} k^3\eta(k)dk \tag{4.102}$$

这里 $k_1 = a\Omega_1/h$，并已代入 $\tau = k\eta(k)$. 将式 (4.102) 对 k_1 求导，得到

$$\frac{dC}{dk_1} = 2\pi a^3\eta(k_1) - \frac{3C}{k_1}$$

因而

$$\eta(k_1) = \frac{1}{2\pi a^3}\left(\frac{3C}{k_1} + \frac{dC}{dk_1}\right) \tag{4.103}$$

为了确定 $\eta(k)$，需要将 C 对 k 求导.

设 $\bar{p}$ 是不动的上板上的压力减去大气压 p_a 的差，即

$$\bar{p} = -S_{(zz)} - p_a \tag{4.104}$$

则保持上板不动的力 F 为

$$F = 2\pi\int_0^a r\bar{p}(r)dr \tag{4.105}$$

对 r 求导式 (4.104)，有

$$\frac{\partial\bar{p}}{\partial r} = -\frac{dS_{(zz)}}{dr} \tag{4.106}$$

忽略惯性项时方程 (4.97a) 成为

$$\frac{dS_{(rr)}}{dr} = \frac{1}{r}(T_{(\theta\theta)} - T_{(rr)}) = \frac{1}{r}(\nu_1 + \nu_2) \tag{4.107}$$

其中 $\nu_1 = T_{(\theta\theta)} - T_{(zz)}$，$\nu_2 = T_{(zz)} - T_{(rr)}$ 分别是第一和第二法向应力差. 根据 ν_2 的定义并应用式 (4.107)，我们有

$$\frac{dS_{(zz)}}{dr} = \frac{d\nu_2}{dr} + \frac{dS_{(rr)}}{dr} = \frac{d\nu_2}{dr} + \frac{1}{r}(\nu_1 + \nu_2) \tag{4.108}$$

设在自由面 $r = a$ 流体与大气接触，并忽略表面张力，则

$$S_{(rr)}(a) = -p_a \tag{4.109}$$

而

$$S_{(zz)} = \nu_2 + S_{(rr)} \tag{4.110}$$

代入式 (4.104) 并应用式 (4.109)，则有

$$\bar{p}(a) = -\nu_2(a) \tag{4.111}$$

积分 (4.106) 式并应用条件 (4.111) 得到

$$\bar{p} = -\nu_2(a) - \int_a^r \frac{\nu_1 + \nu_2}{\xi} d\xi \qquad (4.112)$$

现在我们用法向应力差来表达 F. 分部积分 (4.105) 式并应用式 (4.111), (4.108) 和 (4.106), 得到

$$F = \pi \int_0^a r(\nu_1 - \nu_2) dr \qquad (4.113)$$

换变量 r 为 k, 则

$$F = \frac{\pi a^2}{k_1^2} \int_0^{k_1} k(\nu_1 - \nu_2) dk \qquad (4.114)$$

k_1 的定义与式 (4.102) 中的相同. 对 k_1 求导,得到

$$\nu_1(k_1) - \nu_2(k_1) = \frac{2F}{\pi a^2}\left(1 + \frac{k_1}{2F}\frac{dF}{dk_1}\right)$$
$$= \frac{2F}{\pi a^2}\left(1 + \frac{1}{2}\frac{d\log F}{d\log k_1}\right) \qquad (4.115)$$

由此式可求得 $\nu_1 - \nu_2$, 而不必测量压力.

于是,应用一个锥板型仪器和一个平行板型仪器,无须测量压力即可求得法向应力差 ν_1 和 ν_2.

最后我们指出,上述所有情形 (*a*)—(*d*) 中所设的速度分布自动满足连续性方程,这些流动都是单向流动,并且基向量 $\boldsymbol{e}_i$ 同 $\boldsymbol{g}_{(i)}$ 重合.

§4.3 误差

在测粘函数的实验确定中有几个误差来源.

上节的理论中,在某些情形假设了仪器有些部件是无穷长的,例如在 (c) 情形设圆筒无穷长. 但是,实际上任何仪器的所有部件长度都有限,在仪器边缘处速度场并非如同式 (4.22), (4.57), (4.74) 和 (4.95) 所定义,例如在 (a) 情形,流体必须流过称为入口长度的一段有限距离后,由 (4.22) 式表示的速度分布才形成. 因此,存在端缘效应误差.

流体承受剪切时粘性发热引起流体的温度上升. 因为测粘函数依赖于温度,因此实验中应注意使温度变化尽可能地小.

过去，在某些情形用测量仪器部件上的压力来确定法向应力差. 通常，在仪器壁上钻出小孔，然后通过细导管同压力计(或其它传感器)连接来测量压力，如图 4.5 所示. 已经知道，对于在层

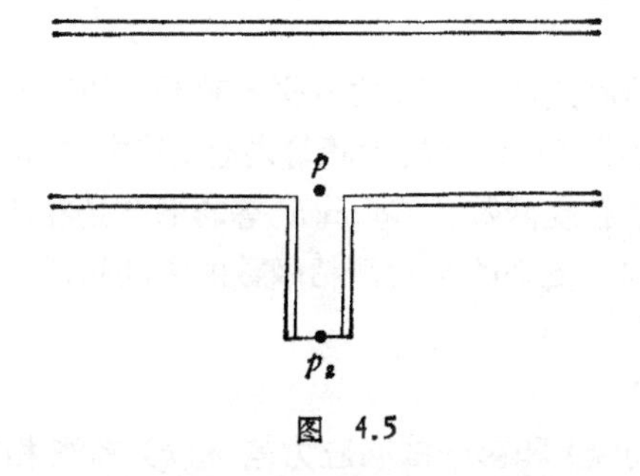

图 4.5

状流动条件下的牛顿流体，若孔十分小，则在壁处的压力 $\bar{p}$ 与连在导管底部的压力计测得的压力 p_g 几乎是相等的. 但是，对于粘弹性流体，$\bar{p} \neq p_g$. 已经发现，压孔误差 $p_n = p_g - \bar{p}$ 是负的.

Lodge 及其合作者于 1968 年前后指出压孔误差的存在. 他们发现，用测量压力方法和测总力方法求得的法向应力差之间存在着系统误差，当给出压孔误差修正后，两种方法得到的数据才一致.

现在有人建议应用压孔误差现象测量法向应力差. 但是，这方面的早期工作中曾做的一些假设，如流动是对称的，有必要作出改进[12,13].

近年来，在测压中采用了平贴的传感器，就可以避免压孔误差[14]. 显然，在平面上装贴传感器较在曲面上容易，因此实验中采用平板狭缝比用圆管好.

其它可能的误差来源有仪器各部分的安装误差，各部分尺寸测量的不准确以及管理使用不当等.

我们在上节的理论中要求流动处于层流状态，做实验时要注意保证这一点.

为了保证数据的可再现性，必须仔细准备实验样品，以确保纯

度和均匀性. 还需要熟悉实验材料的性质，例如某些实验材料会与氧气或者仪器构件所含的物质发生反应.

上节给出的某些公式要求求出实验数据的导数，因为实验数据通常是离散的，所以在某些情形需要首先对数据做平滑化处理，然后再求导.

涉及到实验确定测粘函数的一些专著[10, 11, 15, 16]都包括上述关于误差源、避免或修正误差的步骤等内容，其中 Van Wazer 等的书[16]主要讨论了粘度函数，Coleman 等的书[15]是在压孔误差现象被揭示之前写的. 更多的确定测粘函数的方法可阅上述专著.

§4.4 实验结果

粘度函数 $\eta(k)$ 和第一法向应力差 $\nu_1(k)$ 都能相当精确地确定，已测出许多非牛顿流体的 $\eta(k)$ 和 $\nu_1(k)$，结果足够精确. 然而，现今所知的第二法向应力差结果却无同样的精确度.

大多数非牛顿流体的 $\eta(k)$ 是 k 的递减函数. 当 $k\to 0$ 时，$\eta(k)\to\eta_0$，η_0 是常量，称为零剪切率粘度；当 $k\to\infty$ 时，$\eta(k)\to\eta_\infty$，η_∞ 也是常量. 通常 $\eta_0>\eta_\infty$. 粘度函数 $\eta(k)$ 随 k 的增大而减小的物质称为剪切变稀(或拟塑性)物质. 少数物质的行为相反，即 $\eta(k)$ 随 k 的增大而增大，这些物质称为剪切增稠(或胀流型)物质.

许多聚合物熔体的 η_∞ 无法确定，在 k 达到足够大以确定 η_∞ 之前已发生降解. 对聚合物溶液，某些情况下就取溶剂的粘度作为 η_∞.

第一法向应力差是正的. 第一法向应力差系数 N_1 是 k 的递减函数，当 $k\to 0$ 时趋向非零的常量. 因此，除在 $k\to 0$ 的极限情形，ν_1 并不正比于 k^2.

1962 年以前认为第二法向应力差 ν_2 是零 (Weissenberg 假设)，其原因可能是当时使用的仪器不能精确地确定 ν_2. 1962 年之后，一般相信 ν_2 是正的并且小于 ν_1，直到压孔误差现象被揭示. 对压孔误差做了修正以后才发现 ν_2 是负的，与用总力测量方法得到的

结果一致．现今已普遍认为ν_2是负的，并且$|\nu_2| \ll \nu_1$[1)]．

$\eta(k)$，$\nu_1(k)$和$\nu_2(k)$是物质函数，它们随物质而异，甚至不同物质的ν_1或ν_2的符号不同．但是根据定义，所有物质的$\eta(k)$必须是正的．

Pipkin 和 Tanner[18] 对许多作者给出的测粘函数结果做了综合评述．

图 4.6 画出 2% 浓度 B200/B1 溶液的测粘函数曲线．

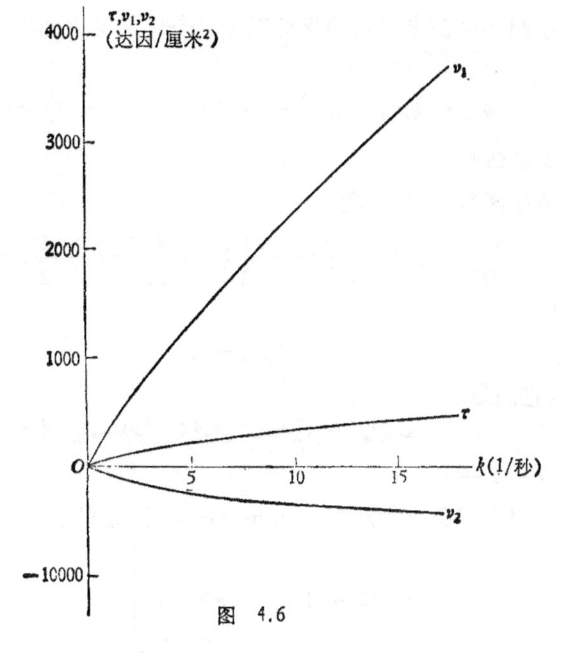

图 4.6

拉 伸 流 动

现在我们考虑另一类定常流动——拉伸流动，它明显地区别于测粘流动．在非牛顿流体力学中拉伸流动占据着日益重要的地位，这是因为在化纤和塑料工业的许多过程（象纺丝、吹塑和挤

1) Smith 和 Darby[17] 发现，聚乙烯熔体当剪切率低时，$|\nu_2|>\nu_1$，$\nu_2/\nu_1<0$；当剪切率高时，$|\nu_2|<\nu_1$，$\nu_2/\nu_1<0$．

压)中，流动的主要成分是拉伸流动. 人们相信，一种材料的可纺性依赖于它的拉伸粘性. 还认为收敛流动、发散流动、通过多孔介质的流动和润滑问题中的某些流动的主要成分都是拉伸流动.

§ 4.5 一般拉伸流动

通常研究的是三种拉伸流动:

(a) 单轴拉伸流动

参照一个笛卡尔直角坐标系 $Ox^1x^2x^3$，单轴拉伸流动的速度分布为

$$v_{(1)} = kx^1,\ v_{(2)} = -\frac{1}{2}kx^2,\ v_{(3)} = -\frac{1}{2}kx^3 \quad (4.116)$$

其中 k 是常量.

位移函数 x'^i 从方程

$$\frac{dx'^1}{dt'} = kx'^1,\ \frac{dx'^2}{dt'} = -\frac{1}{2}kx'^2,\ \frac{dx'^3}{dt'} = -\frac{1}{2}kx'^3 \quad (4.117)$$

和条件

$$x'^i|_{t'=t} = x^i \quad (4.118)$$

得到，它们是

$$x'^1 = x^1e^{-ks},\ x'^2 = x^2e^{\frac{1}{2}ks},\ x'^3 = x^3e^{\frac{1}{2}ks} \quad (4.119)$$

其中 $s = t - t'$.

应用上式算出相对右 Cauchy-Green 张量 $\mathbf{C}_t$ 为

$$\mathbf{C}_t = \begin{bmatrix} e^{-2ks} & 0 & 0 \\ \cdot & e^{ks} & 0 \\ \cdot & \cdot & e^{ks} \end{bmatrix} \quad (4.120)$$

简单流体的偏应力 $\mathbf{T}$ 表达式是

$$\mathbf{T} = \mathop{\mathscr{F}}_{s=0}^{\infty}[\mathbf{C}_t(s)] \quad (4.121)$$

物质无关性原理要求(比较 § 4.1)

$$\mathbf{QTQ}^+ = \mathop{\mathscr{F}}_{s=0}^{\infty}[\mathbf{QC}_t(s)\mathbf{Q}^+] \quad (4.122)$$

其中 $\mathbf{Q}$ 是正交张量.

取

$$\mathbf{Q}=\begin{bmatrix}-1 & 0 & 0\\ \cdot & -1 & 0\\ \cdot & \cdot & 1\end{bmatrix} \tag{4.123}$$

则

$$\mathbf{Q}\mathbf{C}_t(s)\mathbf{Q}^+=\mathbf{C}_t \tag{4.124}$$

由式(4.122),(4.124)和(4.14)我们导出

$$T_{(13)}=-T_{(13)}=0,\ T_{(23)}=-T_{(23)}=0 \tag{4.125}$$

再取

$$\mathbf{Q}=\begin{bmatrix}1 & 0 & 0\\ \cdot & 1 & 0\\ \cdot & \cdot & -1\end{bmatrix} \tag{4.126}$$

则得到

$$T_{(12)}=-T_{(12)}=0 \tag{4.127}$$

又取

$$\mathbf{Q}=\begin{bmatrix}1 & 0 & 0\\ \cdot & 0 & 1\\ \cdot & \cdot & 0\end{bmatrix} \tag{4.128}$$

并应用 $C_{(22)}=C_{(33)}$，则有

$$T_{(22)}=T_{(33)} \tag{4.129}$$

于是仅有两个不等的非零应力分量,我们写为

$$T_{(11)}-T_{(22)}=T_{(11)}-T_{(33)}=k\eta_E(k) \tag{4.130}$$

$\eta_E(k)$ 称为单轴拉伸粘度.

容易证明,对于牛顿流体,$\eta_E=3\eta_0$，其中 η_0 是以前定义过的零剪切粘度. η_E 又称为 Trouton 粘度,它与 η_0 的比 η_E/η_0 称为 Trouton 比. 牛顿流体的 Trouton 比等于 3.

(b) 双轴拉伸流动

参照一个笛卡尔直角坐标系 $Ox^1x^2x^3$，这种流动的速度分布是

$$v_{(1)}=\alpha x^1,\ v_{(2)}=\alpha x^2,\ v_{(3)}=-2\alpha x^3 \tag{4.131}$$

其中 α 是常量.

相对右 Cauchy-Green 张量 $\mathbf{C}_t$ 为

$$\mathbf{C}_t(s)=\begin{bmatrix} e^{-2\alpha s} & 0 & 0 \\ \cdot & e^{-2\alpha s} & 0 \\ \cdot & \cdot & e^{4\alpha s} \end{bmatrix} \tag{4.132}$$

应用物质无关性原理,我们可以推出

$$\begin{aligned} &\text{i}\ \ T_{(ij)}=0,\ i\neq j \\ &\text{ii}\ \ T_{(22)}=T_{(11)} \end{aligned} \tag{4.133}$$

从而,我们定义双轴拉伸粘度 η_{EB} 如下

$$T_{(33)}-T_{(11)}=T_{(33)}-T_{(22)}=-\alpha\eta_{EB}(\alpha) \tag{4.134}$$

对于牛顿流体, $\eta_{EB}=6\eta_0$.

(c) 二维拉伸流动

参照笛卡尔直角坐标系 $Ox^1x^2x^3$, 这种流动的速度分布为

$$v_{(1)}=\beta x^1,\ v_{(2)}=-\beta x^2,\ v_{(3)}=0 \tag{4.135}$$

其中 β 是常量.

容易推出,

$$\mathbf{C}_t(s)=\begin{bmatrix} e^{-\beta s} & 0 & 0 \\ \cdot & e^{\beta s} & 0 \\ \cdot & \cdot & 0 \end{bmatrix} \tag{4.136}$$

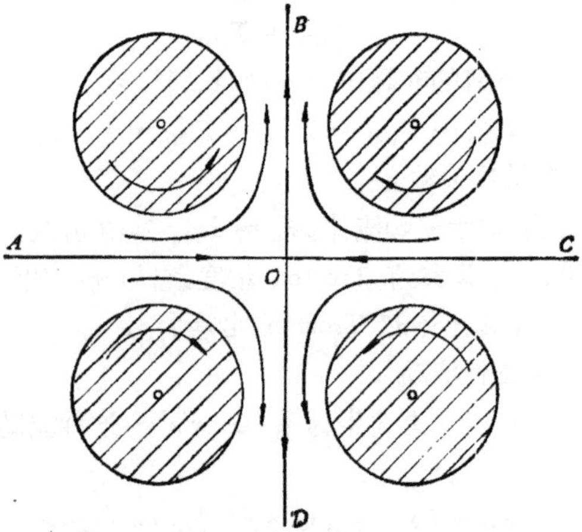

图 4.7

平面拉伸粘度 η_{EP} 定义为

$$T_{(11)} - T_{(22)} = \beta\eta_{EP}(\beta). \tag{4.137}$$

对于牛顿流体，$\eta_{EP} = 4\eta_0$.

流动 (c) 又称为纯剪切流动.

应用 Taylor 四滚筒机可以近似地实现纯剪切流动. 四个圆柱置于液槽中,并以同样的角速度转动,每个柱的转动方向与邻近两个柱相反, 如图 4.7 所示. 流体从 A 和 C 处流入,从 B 和 D 处流出. 对于牛顿流体,在 O 点的邻域内流线为等轴双曲线,流函数 ψ 可以表示为

$$\psi = Cx^1x^2, \tag{4.138}$$

其中 C 是常量. 但在各个圆柱的邻域,流线是圆,因而流场并非到处都是纯剪切流动.

对于粘弹性流体,这一流动可能十分复杂,并且可能引起三维流动. 在高拉伸率情形,甚至观察到流体不能从 A 和 C 处流入,以至形成一个围绕 O 点的空穴[19,20].

最后我们要说明的是,由式 (4.116), (4.131) 和 (4.135) 表出的流场自动地满足连续性方程. 而且，三种拉伸流动 (a), (b) 和 (c) 都是无旋的 (rot$\boldsymbol{v} = \boldsymbol{o}$).

实验测量和结果

拉伸流动中至今研究最广泛的是单轴流动 (a), 已可以比较精确地确定聚合物熔体的拉伸粘度 η_E. 为使重力引起的变形尽可能地小,通常让用于实验的试件浮在另一种流体的液床上. 试

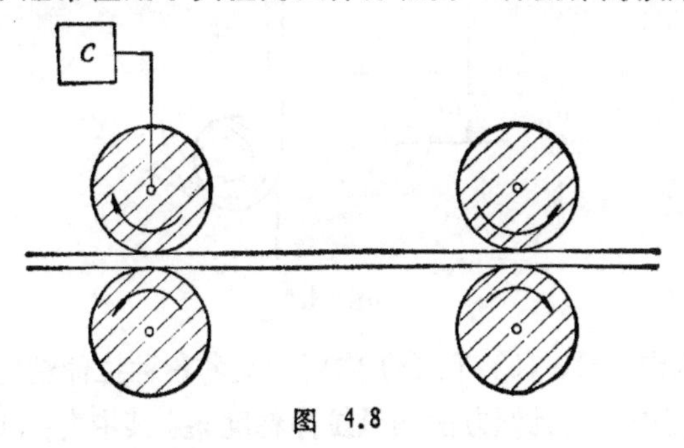

图 4.8

件的一端固定，另一端在常应力、或常速度、或常拉伸应变率 k 条件下被拉伸．单轴流动 (a) 是在常应变率 k 条件下拉伸．

Meissner[10] 设计了一种以常应变率 k 拉伸实验材料的方法．试件置于两对固定的滚筒之间，如图 4.8 所示．滚筒表面带有肋棍，当滚筒以常速度转动时，拉伸率不变，由于试件的长度也不变，因而拉伸应变率 k 是常量．试件中的张力可应用测力腔测量．测力腔 C 附着在支撑每一滚筒的弹簧上，如图 4.8 所示．

这一方法不适用于聚合物稀溶液．对于聚合物稀溶液，目前

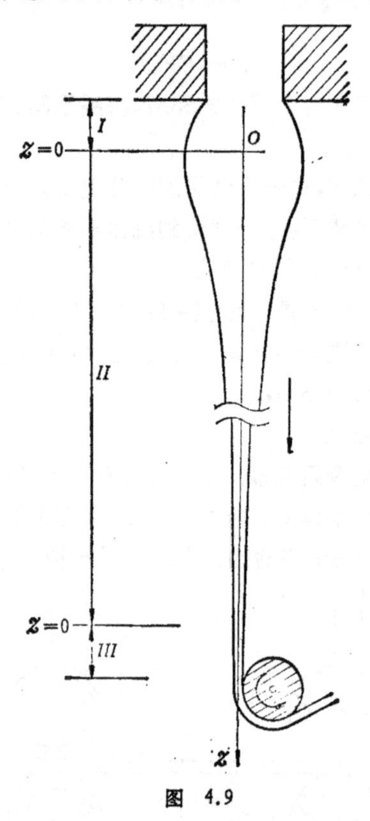

图 4.9

还没有确定 (a)，(b) 和 (c) 中所定义的各种拉伸粘度的精确方法．已应用一些近似方法测量拉伸粘度 η_E，其中有：i 无管虹吸

方法 (Fano 管，见第一章)；ii 纺丝头方法，这种方法使用一种纤维纺制改型设备，如图 4.9 所示；iii 收敛流动方法，收敛流动就是大容器中的流体通过陡直壁中心的小孔流出，这时存在一个锥形区域，其中的流体被拉伸，如图 4.10 所示. 所有这三种方法的实验中，流体并非以不变的 k 被拉伸，因而测得的拉伸粘度 η_E 仅是近似的[10].

与大多数材料的剪切粘度 $\eta(k)$ 的变化不同，拉伸粘度 $\eta_E(k)$

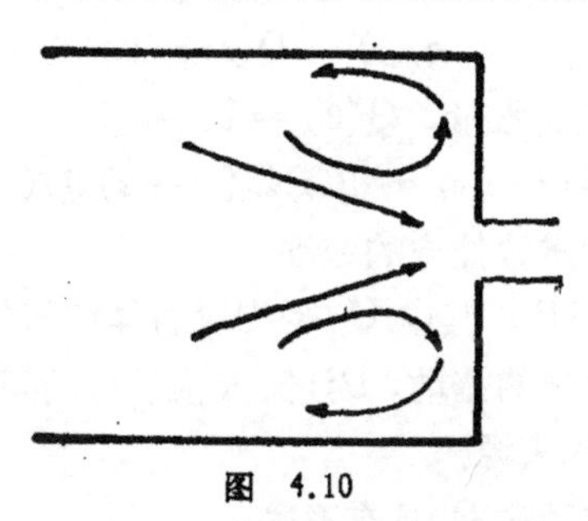

图 4.10

不一定是 k 的递减函数. 低密度聚乙烯熔体的拉伸粘度先随着 k 的增大而增大，达到最大值后再随着 k 的增大而减小[21]. 其它聚合物熔体的拉伸粘度几乎不依赖于 k. 还观察到，当 k 很大时，无法实现定常流动状态(见第六章). 一般都相信聚合物稀溶液的拉伸粘度是 k 的递增函数，对同样的 k 值，拉伸粘度 $\eta_E(k)$ 可能比剪切粘度 $\eta(k)$ 大几个数量级. Metzner 父子[20]发现，对同样的 k 值测量十分稀的聚合物溶液的 $\eta_E(k)$ 和 $\eta(k)$，比值 $\eta_E(k)/\eta(k)$ 可以高达 29000. Mac Sporran[22] 应用无管虹吸方法得到的比值 η_E/η，与 Metzner 父子所得结果具有同样的数量级，他的结果是对应变率张量 **D** 的第二不变量取相同值测量 η_E 和 η 的(见第五章 § 5.1).

§ 4.6 常拉伸史的运动

测粘流动和拉伸流动两者都属于一类称为常拉伸史的流动(又称为实质上驻定的流动或常永久史流动). 若一个流动中，相应每一物质点的右 Cauchy-Green 张量都不依赖于参考时刻 t，仅依赖于时间间隔 s ($=t-t'$)，则我们定义该流动为常拉伸史的流动.

设 $\mathbf{C}_t$ 和 $\mathbf{C}_0$ 分别是以时刻 t 和 0 的位形作为参考位形的右 Cauchy-Green 张量. 若两个时刻的基向量平行，并且

$$\mathbf{C}_t(t-s)=\mathbf{C}_0(0-s) \tag{4.139}$$

则相应的是常拉伸史的流动；若正交基向量在时刻 t 为 $\boldsymbol{g}_i(t)$，在时刻 0 为 $\boldsymbol{g}_i(0)$，$\boldsymbol{g}_i(t)$ 和 $\boldsymbol{g}_i(0)$ 的关系是

$$\boldsymbol{g}_i(t)=\mathbf{Q}(t)\boldsymbol{g}_i(0) \tag{4.140}$$

其中 $\mathbf{Q}(t)$ 为正交张量，$\mathbf{Q}(0)=\mathbf{I}$，并且

$$\mathbf{C}_t(t-s)=\mathbf{Q}(t)\mathbf{C}_0(0-s)\mathbf{Q}^+(t) \tag{4.141}$$

则它同样相应于常拉伸史的流动.

因为 $\mathbf{C}_t=\mathbf{U}_t^2$，其中 $\mathbf{U}_t$ 是相对右伸缩张量（见式 (2.17)），所以对于常拉伸史的流动，U_t^2 仅依赖于时间间隔，这就是“常拉伸史”这一名称的来源.

常拉伸史流动的 $\mathbf{C}_t$ 具有形式

$$\mathbf{C}_t(s)=e^{-sk\mathbf{N}^+}e^{-sk\mathbf{N}} \tag{4.142}$$

其中 k 是常量；$\mathbf{N}=\mathbf{Q}(t)\mathbf{N}_0\mathbf{Q}^+(t)$，$\mathbf{N}_0$ 是常张量，$\mathbf{Q}$ 是正交张量. 证明如下：

根据定义 (2.9)，

$$\mathbf{F}_t(t')=\frac{\partial \boldsymbol{x}'}{\partial \boldsymbol{x}},\ \mathbf{F}_0(t')=\frac{\partial \boldsymbol{x}'}{\partial \boldsymbol{x}_0} \tag{4.143}$$

易见

$$\mathbf{F}_t(t)=\mathbf{F}_0(0)=\mathbf{I} \tag{4.144}$$

由微分的链式法则，有

$$\mathbf{F}_0(t')=\frac{\partial \boldsymbol{x}'}{\partial \boldsymbol{x}}\cdot\frac{\partial \boldsymbol{x}}{\partial \boldsymbol{x}_0}=\mathbf{F}_t(t')\mathbf{F}_0(t) \tag{4.145}$$

从而

$$\begin{aligned}\mathbf{C}_0(t')&=\mathbf{F}_0^+(t')\mathbf{F}_0(t')=\mathbf{F}_0^+(t)\mathbf{F}_t^+(t')\mathbf{F}_t(t')\mathbf{F}_0(t)\\&=\mathbf{F}_0^+(t)\mathbf{C}_t(t')\mathbf{F}_0(t)\end{aligned} \tag{4.146}$$

应用式 (4.141)，则上式成为

$$\begin{aligned}\mathbf{C}_0(t-s)&=\mathbf{F}_0^+(t)\mathbf{Q}(t)\mathbf{C}_0(0-s)\mathbf{Q}^+(t)\mathbf{F}_0(t)\\&=\mathbf{M}^+(t)\mathbf{C}_0(0-s)\mathbf{M}(t)\end{aligned} \tag{4.147}$$

其中 $\mathbf{M}^+(t)=\mathbf{F}_0^+(t)\mathbf{Q}(t)$，易见 $\mathbf{M}^+(0)=\mathbf{I}$.

将式(4.147)对 t 求导,则有

$$\frac{d}{d(t-s)}\mathbf{C}_0(t-s)=\dot{\mathbf{M}}^+(t)\mathbf{C}_0(0-s)\mathbf{M}(t)+\mathbf{M}^+(t)\mathbf{C}_0(0-s)\dot{\mathbf{M}}(t) \tag{4.148}$$

取 $t=0$ 计算,得到

$$\dot{\mathbf{C}}_0(0-s)=k\mathbf{N}_0^+\mathbf{C}_0(0-s)+k\mathbf{C}_0(0-s)\mathbf{N}_0 \tag{4.149}$$

其中 $k\mathbf{N}_0^+=\dot{\mathbf{M}}^+(0)$（常张量),选取因子 k 使 $\mathbf{N}_0$ 的范数为 1.

方程(4.149)满足条件 $\mathbf{C}_0(0)=\mathbf{I}$ 的解是

$$\mathbf{C}_0(0-s)=e^{-sk\mathbf{N}_0^+}e^{-sk\mathbf{N}_0}\text{[1]} \tag{4.150}$$

由式(4.141)我们得到

$$\mathbf{C}_t(t-s)=\mathbf{Q}(t)e^{-sk\mathbf{N}_0^+}e^{-sk\mathbf{N}_0}\mathbf{Q}^+ \tag{4.151a}$$

$$=e^{-sk\mathbf{N}^+}e^{-sk\mathbf{N}} \tag{4.151b}$$

其中 $\mathbf{N}=\mathbf{Q}\mathbf{N}_0\mathbf{Q}^+$. 容易证明(4.151a)等于(4.151b),证明中用到

i $$\mathbf{N}^n=(\mathbf{Q}\mathbf{N}_0\mathbf{Q}^+)^n=\mathbf{Q}\mathbf{N}_0\mathbf{Q}^+\mathbf{Q}\mathbf{N}_0\mathbf{Q}^+\cdots\mathbf{Q}^+=\mathbf{Q}\mathbf{N}_0^n\mathbf{Q}^+$$

ii $$\begin{aligned}e^{-sk\mathbf{N}}&=\mathbf{I}-sk\mathbf{N}+\frac{1}{2!}s^2k^2\mathbf{N}^2-\cdots+(-1)^n\\&\quad\times\frac{1}{n!}s^nk^n\mathbf{N}^n+\cdots\\&=\mathbf{I}-sk\mathbf{Q}\mathbf{N}_0\mathbf{Q}^++\frac{1}{2!}s^2k^2\mathbf{Q}\mathbf{N}_0^2\mathbf{Q}^+-\cdots\\&\quad+\frac{(-1)^n}{n!}s^nk^n\mathbf{Q}\mathbf{N}_0^n\mathbf{Q}^++\cdots\\&=\mathbf{Q}\Big[\mathbf{I}-sk\mathbf{N}_0+\frac{1}{2!}s^2k^2\mathbf{N}_0^2-\cdots\end{aligned}$$

---

1) 我们定义矩阵 $e^{t\mathbf{A}}$ 的幂级数为

$$e^{t\mathbf{A}}=\mathbf{I}+t\mathbf{A}+\frac{1}{2!}t^2\mathbf{A}^2+\frac{1}{3!}t^3\mathbf{A}^3+\cdots$$

由此定义可以推出

$$\frac{d}{dt}e^{t\mathbf{A}}=\mathbf{A}e^{t\mathbf{A}}$$

$$+\frac{(-1)^n}{n!}s^nk^n\mathbf{N}_0^n+\cdots\Big]\mathbf{Q}^+$$

$$=\mathbf{Q}e^{-sk\mathbf{N}_0}\mathbf{Q}^+$$

至此我们已证明了,若式(4.141)成立,则式(4.142)也成立.

我们还可以证明,若式(4.141)成立,则高阶 Rivlin-Ericksen 张量的递推公式(2.32)可以简化成一个代数算式.将式(4.141)对 s 求导 n 次,并取 $s=0$ 计算,得到

$$\mathbf{A}_n(t)=\mathbf{Q}(t)\mathbf{A}_n(0)\mathbf{Q}^+(t) \tag{4.152}$$

其中 $\mathbf{A}_n(t)=(-1)^n\frac{\partial^n}{\partial s^n}\mathbf{C}_t(t-s)\big|_{s=0}$,特殊情形 $t=0$ 为

$$\mathbf{A}_n(0)=(-1)^n\frac{\partial^n}{\partial s^n}\mathbf{C}_0(0-s)$$

再将上式对 t 求导,则有

$$\dot{\mathbf{A}}_n(t)=\dot{\mathbf{Q}}(t)\mathbf{A}_n(0)\mathbf{Q}^+(t)+\mathbf{Q}(t)\mathbf{A}_n(0)\dot{\mathbf{Q}}^+(t) \tag{4.153}$$

改写式(4.150)为

$$\mathbf{F}_0^+(0-s)\mathbf{F}_0(0-s)=e^{-sk\mathbf{N}_0^+}e^{-sk\mathbf{N}_0} \tag{4.154}$$

因而

$$e^{sk\mathbf{N}_0^+}\mathbf{F}_0^+(0-s)\mathbf{F}_0(0-s)e^{sk\mathbf{N}_0}=\mathbf{I}$$

即

$$(\mathbf{F}_0(0-s)e^{sk\mathbf{N}_0})^+(\mathbf{F}_0(0-s)e^{sk\mathbf{N}_0})=\mathbf{I} \tag{4.155}$$

我们定义矩阵

$$\bar{\mathbf{Q}}(0-s)=\mathbf{F}_0(0-s)e^{sk\mathbf{N}_0}\text{[1]} \tag{4.156}$$

根据式(4.155),它是正交的.

现在我们证明 $\bar{\mathbf{Q}}$ 等于式(4.141)中的 $\mathbf{Q}$. 改写式(4.156)为

$$\mathbf{F}_0(0-s)=\bar{\mathbf{Q}}(0-s)e^{-sk\mathbf{N}_0} \tag{4.157}$$

由式(4.144)并注意到 $\bar{\mathbf{Q}}^{-1}=\bar{\mathbf{Q}}^+$,则有

$$\mathbf{F}_t(t')=\mathbf{F}_0(t')\mathbf{F}_0^{-1}(t)=\bar{\mathbf{Q}}(t')e^{t'k\mathbf{N}_0}e^{-tk\mathbf{N}_0}\bar{\mathbf{Q}}^+(t) \tag{4.158}$$

因而

---

1) 有些作者用式(4.156)作为常拉伸史流动的定义.

$$\mathbf{C}_t(t') = \overline{\mathbf{Q}}(t)e^{-tk\mathbf{N}_0^+}e^{t'k\mathbf{N}_0^+}\overline{\mathbf{Q}}^+(t')\overline{\mathbf{Q}}(t')e^{t'k\mathbf{N}_0}e^{-tk\mathbf{N}_0}\overline{\mathbf{Q}}(t)^+$$
$$= \overline{\mathbf{Q}}(t)e^{k\mathbf{N}_0^+(t'-t)}e^{k\mathbf{N}_0(t'-t)}\overline{\mathbf{Q}}(t)^+ \tag{4.159}$$

此式可改写为

$$\mathbf{C}_t(t-s) = \overline{\mathbf{Q}}(t)e^{-ks\mathbf{N}_0^+}e^{-ks\mathbf{N}_0}\overline{\mathbf{Q}}^+(t)$$
$$= \overline{\mathbf{Q}}(t)\mathbf{C}_0(0-s)\overline{\mathbf{Q}}^+(t) \tag{4.160}$$

比较式 (4.160) 和 (4.141) 可见，$\mathbf{Q} = \overline{\mathbf{Q}}$.

将式 (4.158) 对 t' 求导，则得到

$$\dot{\mathbf{F}}_t(t') = \dot{\mathbf{Q}}(t')e^{t'k\mathbf{N}_0}e^{-tk\mathbf{N}_0}\mathbf{Q}^+(t) + \mathbf{Q}(t')k\mathbf{N}_0e^{t'k\mathbf{N}_0}e^{-tk\mathbf{N}_0}\mathbf{Q}^+(t) \tag{4.161}$$

取 $t' = t$ 计算，得到

$$\dot{\mathbf{F}}_t(t) = \dot{\mathbf{Q}}(t)\mathbf{Q}^+(t) + k\mathbf{Q}(t)\mathbf{N}_0\mathbf{Q}^+(t) = \mathbf{W}_1 + \mathbf{D}_1 \tag{4.162}$$

其中 $\mathbf{W}_1 = \dot{\mathbf{Q}}\mathbf{Q}^+$，$\mathbf{D}_1 = k\mathbf{Q}\mathbf{N}_0\mathbf{Q}^+$. 由于 $\mathbf{Q}$ 是正交的，易见 $\mathbf{W}_1$ 是反对称的，因而

$$\begin{aligned}\dot{\mathbf{Q}} &= \mathbf{W}_1\mathbf{Q}\\ \dot{\mathbf{Q}}^+ &= \mathbf{Q}^+\mathbf{W}_1^+ = -\mathbf{Q}^+\mathbf{W}_1\end{aligned} \tag{4.163}$$

代入式 (4.153)，得到

$$\dot{\mathbf{A}}_n(t) = \mathbf{W}_1\mathbf{Q}\mathbf{A}_n(0)\mathbf{Q}^+ - \mathbf{Q}\mathbf{A}_n(0)\mathbf{Q}^+\mathbf{W}_1$$
$$= \mathbf{W}_1\mathbf{A}_n(t) - \mathbf{A}_n(t)\mathbf{W}_1 \tag{4.164}$$

这里已用到式 (4.152).

应用式 (4.164), (4.162) 和 (2.27)，计算高阶 Rivlin-Ericksen 张量的递推公式(见式 (2.32)) 就可以写成

$$\begin{aligned}\mathbf{A}_{n+1} &= \dot{\mathbf{A}}_n + \mathbf{L}_1^+\mathbf{A}_n + \mathbf{A}_n\mathbf{L}_1\\ &= \mathbf{W}_1\mathbf{A}_n - \mathbf{A}_n\mathbf{W}_1 + (-\mathbf{W}_1 + \mathbf{D}_1^+)\mathbf{A}_n\\ &\qquad + \mathbf{A}_n(\mathbf{W}_1 + \mathbf{D}_1)\\ &= \mathbf{D}_1^+\mathbf{A}_n + \mathbf{A}_n\mathbf{D}_1\end{aligned} \tag{4.165}$$

我们从上式看到，对于常拉伸史的流动，高阶 Rivlin-Ericksen 张量中空间导数项的阶数并不比 $\mathbf{A}_1$ 的高. 而且，与公式 (2.32) 不一样，公式 (4.165) 是一个代数式. 然而，在解决具体流动问题时，通常先设一个速度分布，因此应用公式 (2.32) 计算 $\mathbf{A}_n$ 一般较应

用公式 (4.165) 还是容易些. 要注意，$\mathbf{D}_1$ 并不一定是应变率张量 $\mathbf{D}$.

测粘流动的 $\mathbf{C}_t$ 由式 (4.9) 表出. 容易验证，测粘流动相应于

$$\mathbf{N}=\begin{bmatrix} 0 & 1 & 0 \\ 0 & 0 & 0 \\ 0 & 0 & 0 \end{bmatrix} \tag{4.166}$$

而 k 就是剪切率.

单轴拉伸流动的 $\mathbf{C}_t$ 由式 (4.120) 表出，相应的 $\mathbf{N}$ 是

$$\mathbf{N}=\begin{bmatrix} 1 & 0 & 0 \\ \cdot & -\frac{1}{2} & 0 \\ \cdot & \cdot & -\frac{1}{2} \end{bmatrix} \tag{4.167}$$

对于测粘流动，$\mathbf{N}\neq 0$, $\mathbf{N}^2=0$; 对于拉伸流动，$\mathbf{N}^m\neq 0$(m 是任意的正整数).

§4.7 近测粘流动和近拉伸流动

前面描述的测粘流动和拉伸流动都是理想化的流动. 实际上，由于设备的尺寸有限等原因，我们不可能精确地产生这样的流动. 但是，许多流动可以看作是这些流动加上微小的扰动.

Pipkin 和 Owen[23] 讨论了简单流体的近测粘流动. 他们对测粘流动施加一个小扰动，并且仅保留扰动量的线性项进行分析，发现为了表征简单流体的近测粘流动，一般需要13个物质函数(见第六章).

对于近拉伸流动也有类似的分析，表征简单流体的近拉伸流动所需要的物质函数可以少到仅有 3 个[24].

第五章　近似的本构方程

在第四章里，我们研究了简单流体的测粘流动和拉伸流动，并叙述了确定测粘函数 $\tau(k)$，$\nu_1(k)$ 和 $\nu_2(k)$的方法．但是除当 $k\to 0$ 的极限情形之外，还不能预示拉伸粘度 $\eta_E(k)$，也远不能够确定第三章方程(3.32) 所定义的泛函 $\mathscr{F}$．

实际工作中，我们希望能用实验方法确定物质的各种参数(或函数)，然后再利用这些已确定的物质参数去预示其它流动里的流动特性．例如对于牛顿流体，我们可以用粘度计测定常粘度 η_0；知道粘度 η_0 后，就可以预示这种流体在不同流动条件下的流动特性．因此为了描述多种多样的非牛顿流体特性，简单流体 (3.32) 有足够的概括性，但用它来解决复杂的流动问题就显得并不那么简单，通常研究的流动愈复杂，相应的本构方程应取得愈简单，这样才能够求解，可见引进近似的本构方程是必要的.

§ 5.1　由简单流体导出的近似方程

(a) 微分型

我们引进一个特征粘度 η_0，其量纲为 M/LT (M 为特征质量，L 为特征长度，T 为特征时间)，和特征时间 τ_0，其量纲为 T，则简单流体本构方程的无量纲形式可写为

$$\mathbf{T}=\eta_0/\tau_0\mathop{\mathscr{F}}_{\bar{s}=0}^{\infty}(\mathbf{C}_t(\bar{s}))\tag{5.1}$$

式中 $\bar{s}=s/\tau_0$。

现在我们假定 $\mathscr{F}$ 是一个健忘的泛函，即

$$\mathop{\mathscr{F}}_{\bar{s}=0}^{\infty}(\mathbf{C}_t(\bar{s}))=\mathop{\mathscr{H}}_{\bar{s}=0}^{c}(\mathbf{C}_t(\bar{s}))\tag{5.2}$$

对于所有的 $\bar{s}<c$ 成立，式中 c 是一个有限数，$\mathscr{H}$ 是一个各向同性的泛函．方程 (5.2) 意味着应力的现在状态只依赖于 $\mathbf{C}_t$ 有限

的过去的历史，而不是依赖于无限过去的历史，在 $\bar{s}=0$ 处将 $\mathbf{C}_t(\bar{s})$ 展为 Taylor 级数，则

$$\mathbf{C}_t(\bar{s})=\mathbf{I}+\sum_{m=1}^{n}(-1)^m(\bar{s}\tau_0)^m\mathbf{A}_m+\mathbf{R}_{n+1} \tag{5.3}$$

式中 $\mathbf{R}_{n+1}$ 表示余项并且是 $O(\bar{s}\tau_0)^{n+1}$ 阶，$\mathbf{A}_m$ 是第二章公式(2.31)所定义的 m 阶 Rivlin-Ericken 张量[1]。

假定 (5.2) 式成立且 τ_0 很小，因而 $(\bar{s}\tau_0)^{n+1}$ 阶的项可以略去，则我们有

$$\begin{aligned}\mathbf{T}&=\frac{\eta_0}{\tau_0}\overset{c}{\underset{\bar{s}=0}{\mathscr{H}}}\left[\sum_{m=1}^{n}(-1)^m(\bar{s}\tau_0)^m\mathbf{A}_m\right]\\&=\frac{\eta_0}{\tau_0}\mathbf{F}(\tau_0\mathbf{A}_1,\ \tau_0^2\mathbf{A}_2,\ \cdots,\ \tau_0^m\mathbf{A}_m)\end{aligned} \tag{5.4}$$

式中 $\mathbf{F}$ 是一个各向同性的函数．在方程 (5.4) 里我们能够用一个函数来代替泛函，这是因为 $\mathbf{A}_1,\cdots,\mathbf{A}_m$ 不依赖于 s．由于 $\mathbf{T}$ 是偏应力，故式中不包含 $\mathbf{I}$．

现在我们按 τ_0 的幂次将 $\mathbf{F}$ 展开，得到保留 τ_0 的各次幂的表达式分别为

$$\tau_0:\qquad \mathbf{T}=\eta_0\mathbf{A}_1 \tag{5.5a}$$

$$\tau_0^2:\qquad \mathbf{T}=\eta_0\mathbf{A}_1+\beta_1\mathbf{A}_1^2+\beta_2\mathbf{A}_2 \tag{5.5b}$$

$$\begin{aligned}\tau_0^3:\qquad \mathbf{T}=&\ \eta_0\mathbf{A}_1+\beta_1\mathbf{A}_1^2+\beta_2\mathbf{A}_2+\mu_1(\mathrm{tr}\mathbf{A}_2)\mathbf{A}_1\\&+\mu_2(\mathbf{A}_1\mathbf{A}_2+\mathbf{A}_2\mathbf{A}_1)+\mu_3\mathbf{A}_3\end{aligned} \tag{5.5c}$$

式中 η_0，$\beta_i(i=1,2)$，$\mu_i(i=1,2,3)$ 为物质常量．

方程 (5.5a)，(5.5b)，(5.5c) 分别是牛顿流体、二阶流体和三阶流体的本构方程，更高阶流体的本构方程亦可写出，并且当我们考虑更高阶流体时，物质常量的个数将增多[7]．

表 5.1 里给出了二阶和三阶流体的测粘函数和拉伸粘度．

由实验得知 $N_1>0$，$|N_2|<N_1$，故从表 1 里 N_1 与 N_2 的表

---

1) 注意 $\dfrac{\partial}{\partial t'}=-\dfrac{\partial}{\partial s}$ 和 $\dfrac{\partial}{\partial s}=\dfrac{1}{\tau_0}\dfrac{\partial}{\partial \bar{s}}$．

达式可看出，必须 $\beta_2<0$ 和 $\beta_1>0$. 此外，对于大多数流体，拉伸粘度随着 k 的增大而增加，故 $\beta_1+\beta_2>0$. 对于大多数非牛顿流体，粘度函数 $\eta(k)$ 是 k 的递减函数，故 $\mu_2+\mu_1<0$. 因为对于测粘流 $\mathbf{A}_3=\mathbf{0}$, 不可能从测粘流来确定 μ_3. 因此二阶流体所描述的流体是这样一种流体，它具有常粘度 η_0, 并且第一与第二法向应力差正比于剪切率平方. 三阶流体的粘度是剪切率的函数，但其第一与第二法向应力差与二阶流体的相同.

二阶流体有很多缺点(后面将讨论)，但由于它比较简单，在复合定常流动的初步研究里，常常用它来描述稍微具有粘弹性的流体运动.

下面证明在二维定常蠕变流里，二阶流体的速度剖面与牛顿流体的相同. 我们取笛卡尔直角坐标系 Ox^1x^2, 并假定速度分布为

$$v^1=v^1(x^1,x^2),\quad v^2=v^2(x^1,x^2) \tag{5.6}$$

运动方程为

$$\rho\left(v^i\frac{\partial v^1}{\partial x^i}\right)=-\frac{\partial P}{\partial x^1}+\frac{\partial T_{11}}{\partial x^1}+\frac{\partial T_{12}}{\partial x^2} \tag{5.7a}$$

$$\rho\left(v^i\frac{\partial v^2}{\partial x^i}\right)=-\frac{\partial P}{\partial x^2}+\frac{\partial T_{12}}{\partial x^1}+\frac{\partial T_{22}}{\partial x^2} \tag{5.7b}$$

式中 ρ 为密度.

连续性方程为

$$\frac{\partial v^1}{\partial x^1}+\frac{\partial v^2}{\partial x^2}=0 \tag{5.8}$$

引入流函数 ψ, 定义

$$v^1=\frac{\partial\psi}{\partial x^2}=\psi_2,\quad v^2=-\frac{\partial\psi}{\partial x^1}=-\psi_1 \tag{5.9}$$

式中 ψ_i 表示 $\partial\psi/\partial x^i$.

从(5.7)的两式里消去 P, 可得

$$\rho[\psi_2(\psi_{122}+\psi_{111})-\psi_1(\psi_{222}+\psi_{211})]$$
$$=\frac{\partial^2}{\partial x^1\partial x^2}(T_{11}-T_{22})+\left(\frac{\partial^2}{(\partial x^2)^2}-\frac{\partial^2}{(\partial x^1)^2}\right)T_{12} \tag{5.10}$$

根据方程 (5.5b) 可求得应力分布为

$$T_{11} = 2\eta_0\psi_{12} + \beta_1[4\psi_{12}^2 + (\psi_{11} - \psi_{22})^2] + \beta_2[2\psi_2\psi_{112} - 2\psi_1\psi_{122} + 4\psi_{12}^2 - 2\psi_{11}(\psi_{22} - \psi_{11})] \tag{5.11a}$$

$$T_{22} = -2\eta_0\psi_{12} + \beta_1[4\psi_{12}^2 + (\psi_{22} - \psi_{11})^2] + \beta_2[-2\psi_2\psi_{112} + 2\psi_1\psi_{122} + 4\psi_{12}^2 + 2\psi_{22}(\psi_{22} - \psi_{11})] \tag{5.11b}$$

$$T_{12} = \eta_0(\psi_{22} - \psi_{11}) + \beta_2\left[\left(\psi_2\frac{\partial}{\partial x^1} - \psi_2\frac{\partial}{\partial x^2}\right) \times (\psi_{22} - \psi_{11}) + 2\psi_{12}(\psi_{11} + \psi_{22})\right] \tag{5.11c}$$

从上述方程可以看到参数 β_1(交叉粘度项)在 T_{12} 与 $T_{11} - T_{22}$ 的表达式里不出现，因此在方程 (5.10) 里 β_1 也不会出现. 方程 (5.10) 是确定 ψ 的方程，故知 ψ(从而速度)不依赖于 β_1，但是单个的法向应力 T_{11} 和 T_{22} 确实是依赖于 β_1 的. 因而在确定速度时，我们不必考虑 β_1.

既然讨论的是蠕变流动，所以可以忽略惯性. 将式 (5.11) 代入式 (5.10)，可得

$$0 = \eta_0\nabla^4\psi + \beta_2\left(\psi_2\frac{\partial}{\partial x^1} - \psi_1\frac{\partial}{\partial x^2}\right)\nabla^4\psi \tag{5.12}$$

对于牛顿流体，ψ 必须满足双调和方程 $\nabla^4\psi = 0$. 因此，如果 ψ 满足双调和方程，即 ψ 是牛顿流体的解，那么 ψ 将同样满足式 (5.12)，即也是二阶流体的解. 故知如果对于牛顿流体和二阶流体，边界条件相同的话，则它们的速度分布亦相同.

我们注意到当 $\beta_2 \neq 0$ 时，方程 (5.12) 是一个非线性的五阶偏微分方程，比牛顿流体满足的方程高一阶，因此双调和解不可能是唯一的解.

可将式 (5.12) 重新写作

$$\left(v^1\frac{\partial}{\partial x^1} + v^2\frac{\partial}{\partial x^2}\right)\nabla^4\psi + \frac{\eta_0}{\beta_2}\nabla^4\psi = 0$$

即

$$(\mathbf{v}\cdot\text{grad})\nabla^4\psi + r\nabla^4\psi = 0 \tag{5.13}$$

式中 $r = \eta_0/\beta_2$.

我们能将式 (5.13) 表示为

$$\text{div}(\mathbf{v}\nabla^4\psi + r\text{grad}(\nabla^2\psi)) = 0^{1)} \tag{5.14}$$

将式 (5.14)“积分”一次可得

$$\mathbf{v}\nabla^4\psi + r\text{grad}(\nabla^2\psi) = \boldsymbol{\alpha}(x^1, x^2) \tag{5.15}$$

式中 $\boldsymbol{\alpha}$ 是一个任意的无散向量 ($\text{div}\boldsymbol{\alpha} = 0$).

用 $\boldsymbol{v}$ 点乘式 (5.15), 可得

$$\nabla^4\psi = (\boldsymbol{\alpha}\cdot\boldsymbol{v} - r\boldsymbol{v}\cdot\text{grad}(\nabla^2\psi))/q^2 = f \tag{5.16}$$

式中 $q^2 = \boldsymbol{v}\cdot\boldsymbol{v}$.

因此如果 $f = 0$, 则方程 (5.12) 除了双调和解之外不会有另外的解.

应用式 (5.16), 方程 (5.13) 能够写成

$$\mathbf{v}\cdot\text{grad}f + rf = 0 \tag{5.17}$$

现在若将坐标系改换成本征坐标系 (s, ψ), 其中 s 是沿流线 ψ 测量的距离,则式 (5.17) 变成

$$q\frac{\partial f}{\partial s} + rf = 0 \tag{5.18}$$

式中 $q = \sqrt{\boldsymbol{v}\cdot\boldsymbol{v}} = \dot{s}$.

将式 (5.18) 积分可得

$$f = f(0,\psi)\cdot\exp\left(-r\int_0^s\frac{ds}{q}\right) \tag{5.19}$$

由于 $\eta_0 > 0$, $\beta_2 < 0$, 则 $r < 0$, 从式 (5.19) 可推知 f 是沿着流线的流动方向以指数律增长的. 故知在一个无限流动里, 当 $s \to \infty$ 时, 对于任何保持有限值(或零)的 q, $f \to \infty$, 这在物理上是不可能的. 因此必须 $f = 0$. 所以在平面蠕变流动中,二阶流体的流函数(进而速度剖面)与牛顿流体的相同. 上述结论是 Tanner 导出的,并且称为 Tanner 定理[25].

---

1) 应用展开公式 $\text{div}(\mathbf{v}\nabla^4\psi) = (\mathbf{v}\cdot\text{grad})\nabla^4\psi + \nabla^4\psi\text{div}\boldsymbol{v}$, 由于流体不可压缩,有 $\text{div}\mathbf{v} = 0$, 而 $\text{divgrad} \equiv \nabla^2$.

下面证明二阶流体显示出物理上不允许的不稳定性．如图 5.1 所示，考虑包含在两平行壁板之间的二阶流体．我们再次研究二维问题，并取坐标系 Ox^1x^2．两壁板的坐标是 $x^2 = \pm h$，并假定流体静止．现在流体上叠加一个小扰动，并假定速度分布是

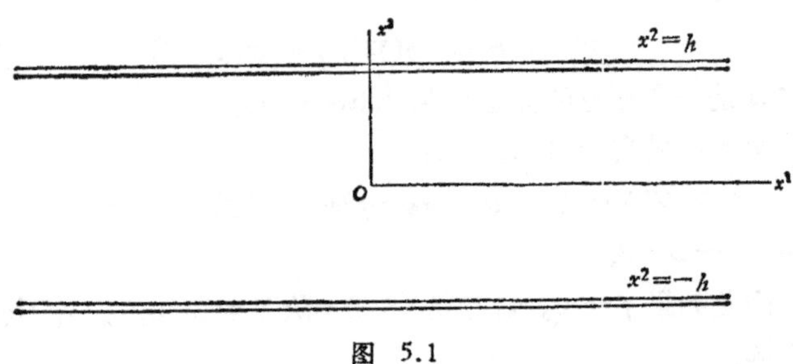

图 5.1

$$
\begin{aligned}
v^1 &= u(x^2)\exp(ikx^1 + \sigma t) \\
v^2 &= v(x^2)\exp(ikx^2 + \sigma t)
\end{aligned} \tag{5.20}
$$

式中 k 是一个常数(波数)，$\sigma(=\sigma_r + i\sigma_i)$ 为一复量．

如果 $\sigma_r > 0$，则 $\boldsymbol{v}$ 将随时间以指数律增长，因而有不稳定性．如果 $\sigma_r < 0$，$\boldsymbol{v}$ 将衰减于零，因而是稳定的．

假定 u, v 为小量，这些量的二次或更高阶幂可以略去．因为在 $\boldsymbol{v}$ 中仅保留线性项，二阶流体的本构方程可以写作

$$
\mathbf{T} = \eta_0\mathbf{A}_1 + \beta_2\frac{\partial \mathbf{A}_1}{\partial t} \tag{5.21}
$$

运动方程为

$$
\rho\frac{\partial \boldsymbol{v}}{\partial t} = -\mathrm{grad}p + \mathrm{div}\mathbf{T} \tag{5.22}
$$

从上式消去 P 并利用式 (5.21) 可得

$$
\rho\sigma(u' - ikv) = (\eta_0 + \sigma\beta_2)(u''' - ikv'' - k^2u' - ikv) \tag{5.23}
$$

式中的撇(′)表示对 x^2 求导．

连续性方程为

$$
v' + iku = 0 \tag{5.24}
$$

因此我们能写

$$u = \phi', \ v = -ik\phi \tag{5.25}$$

引入无量纲量

$$y = x^2/h, \ \alpha = kh, \ \bar{\sigma} = \rho h^2\sigma/\eta_0, \ \bar{\beta} = \beta_2/\rho h^2 \tag{5.26}$$

利用式(5.25)和式(5.26)，式(5.23)变成

$$(D^2 - \alpha^2)(D^2 + \lambda^2)\phi = 0 \tag{5.27}$$

式中 $\lambda^2 = -(\alpha^2 + \bar{\sigma}/(1 + \bar{\beta}\bar{\sigma}))$，$D^2 = d^2/dy^2$

边界条件为

$$\phi = D\phi = 0, \quad 当\ y = \pm 1 \tag{5.28}$$

因此式(5.27)和(5.28)构成一个本征值问题.

方程(5.27)的解可写作

$$\phi = C_1\mathrm{ch}\alpha y + C_2\mathrm{sh}\alpha y + C_3\cos\lambda y + C_4\sin\lambda y \tag{5.29}$$

式中 $C_i(i = 1, 2, 3, 4)$ 是任意常量.

由于这个本征值问题是对称的，我们可将其解分解成偶部和奇部,偶部解 ϕ_e 是

$$\phi_e = C_1\mathrm{ch}\alpha y + C_3\cos\lambda y \tag{5.30}$$

边界条件(5.28)为

$$\begin{aligned} C_1\mathrm{ch}\alpha + C_3\cos\lambda = 0 \\ C_1\alpha\mathrm{sh}\alpha - \lambda C_3\sin\lambda = 0 \end{aligned} \tag{5.31}$$

方程组(5.31)有非平凡解,必须

$$\begin{vmatrix} \mathrm{ch}\alpha & \cos\lambda \\ \alpha\mathrm{sh}\alpha & -\lambda\sin\lambda \end{vmatrix} = 0 \tag{5.32}$$

展开式(5.32)可得

$$\lambda\,\mathrm{tg}\,\lambda = -\alpha\mathrm{th}\alpha \tag{5.33}$$

对于奇部解,类似地可以得到

$$\lambda\mathrm{ctg}\lambda = \alpha\mathrm{cth}\alpha \tag{5.34}$$

从 λ^2 的定义,可得

$$\bar{\sigma} = \frac{-(\lambda^2 + \alpha^2)}{1 + \bar{\beta}(\lambda^2 + \alpha^2)} \tag{5.35}$$

方程(5.33),(5.34)的根为实根,因此 λ^2, α^2 为正值. 因为 $\bar{\beta} < 0$,如果 $|\bar{\beta}|(\lambda^2 + \alpha^2) > 1$,则从式(5.35)可以看到 $\bar{\sigma}$ 将是正

的，因此流体的状态将是不稳定的，这在物理上是不能接受的，它意味着把二阶流体装在两壁板之间，流体将不能保持静止.

对于牛顿流体 $\bar{\beta}=0$，从式(5.35)可以看到 $\bar{\sigma}<0$，即是稳定的，这正是物理上所预料的.

如果我们将二阶流体的本构方程看作是一个近似的本构方程，上述的不稳定现象是不奇怪的. 假设 τ_0 为小量，对于稍微有些粘弹性的流体可能是适当的，但是展开 $\mathbf{C}_t$ 成 Taylor 级数并略去余项可能不是有效的. 考虑一个依赖于时间的流动，其频率为 ω. 那末 $\mathbf{R}_{n+1}$ 将是 $(\bar{s}\tau_0\omega)^{n+1}$ 阶的，并且按照式(5.2)的假设，我们能够假定 $\mathbf{R}_{n+1}$ 是 $(c\tau_0\omega)^{n+1}$ 阶的. 量 $c\tau_0$ 可能比1小，因而 $(c\tau_0)^{n+1}$ 比起 $(c\tau_0)^n$ 是可以忽略的，但是对于大的 ω(高频)，量 $c\tau_0\omega$ 可能比1大，因此上述近似法不再是有效的. 类似地，三阶和更高阶流体可能也不是有效的近似本构方程.

上述稳定性问题是 Craik[26] 研究的. Ting[27] 应用 Laplace 变换的方法解二阶流体的某些依赖于时间的流动问题，他发现不存在有界的解，其原因与上述相同，象 $(1+\tau_0P)^{-1}$ 那样的项按 τ_0P 的幂次展成二项式级数，虽然 τ_0 是小量，τ_0P 可能比1大，因此展开可能是无效的.

在方程(5.12)中，我们已看到，当 $\beta_2\neq0$ 时，方程升高了一阶，即二阶流体的运动方程的阶数比牛顿流体的高一阶[1). 但这两类流体的边界条件的个数是相同的，因此有必要对二阶流体再附加一个边界条件. 为克服边界条件不足这个困难，一些作者将速度按弹性参数 β_2 的幂次展开(弹性参数 β_2 是最高阶导数的系数). 从而二阶流体的运动方程可以写作

$$\beta_2L_2\phi+L_1\phi=0 \tag{5.36}$$

式中 L_2，L_1 是微分算符，L_2 可能比 L_1 高一阶. 牛顿流体的运动方程(5.36)变为

1) 这是因为在确定 $\mathbf{A}_2$ 时，我们必须对 $\mathbf{A}_1$ 求导(参看第二章方程(2.32))，但并不能一般地说二阶流体运动方程的阶数一定比牛顿流体运动方程的阶数高. 从式(4.165)可看到，在那种情形下，$\mathbf{A}_{n+1}$ 与 $\mathbf{A}_n$ 的阶数相同.

$$L_1\phi = 0 \tag{5.37}$$

展开 ϕ 可得

$$\phi = \sum_{s=0}^{\infty} \beta_2^s \phi_s \tag{5.38}$$

故知零阶方程为

$$L_1\phi_0 = 0 \tag{5.39a}$$

一阶方程为

$$L_1\phi_1 = -L_2\phi_0 \tag{5.39b}$$

从式（5.39a）可以确定 ϕ_0，并且边界条件的数目是足够的．由于算符 L_2 的作用，式（5.39b）里的非齐次部分包含着最高阶导数．未知函数 ϕ_1 只受算符 L_1 作用，因此确定 ϕ_1 的边界条件数目是足够的．从而利用展开式（5.38），可以求解式（5.36）．

一些作者曾以 β_2 是最高阶导数的系数为理由反对上述展开法．但是须注意在导出二阶流体本身时，已经应用过这种展开．如果说式（5.38）那样的展开式不合适，那么二阶流体模型本身对于所讨论的流体也将是不合适的．

与二阶流体相联系的解的不稳定性和无界性归因于 β_2 的符号（$\beta_2 < 0$）．Dunn 和 Fodsick[28] 认为 β_2 是正的，并且二阶流体应当作为一个精确方程来对待，有和牛顿流体相同地位，而不是用上述所讨论的当作一个近似方程．如果我们假定 β_2 是正的，则第一法向应力差将是负的，实验上没有观察到这类现象．但是这两位作者却相信，实验工作者至今尚未发现一类存在负的第一法向应力差的流体，并不意味着这类流体不存在．

(b) 积分型

我们考虑由第三章方程（3.36）直接给出的本构方程，即

$$\mathbf{T} = \mathop{\mathscr{T}}_{s=0}^{\infty}(\mathbf{G}_t(s)) \tag{5.40}$$

并且 $\mathop{\mathscr{T}}_{s=0}^{\infty}(\mathbf{0}) = \mathbf{O}$

我们假定流体有一个衰减的记忆，即最近的位形对现在时刻

应力状态的影响，比遥远的过去的位形对现在时刻应力状态的影响要大许多[7]．引入一个影响函数 $h(s)$，它具有如下特性：

i $h(s)$ 的定义域为 $0 \leqslant s < +\infty$； (5.41a)

ii $h(s)$ 是正的； (5.41b)

iii 当 $s \to +\infty$ 时，$h(s) \to 0$． (5.41c)

在 $\mathbf{G}_t(s)$ 所张成的空间里，我们定义一个范数为

$$\|\mathbf{G}_t(s)\| = \left[\int_0^{\infty} h^2(s)(\mathrm{tr}\mathbf{G}_t(s))^2 ds\right]^{1/2} \tag{5.42}$$

假定 $\mathscr{T}$ 在 $\mathbf{O}$ 有 Fréchet 导数1)，因此可写作

$$\mathbf{T} = \sum_{m=1}^{n} \delta^m \left[\underset{s=0}{\overset{\infty}{\mathscr{F}}}(\mathbf{G}_t(s))\right] + \mathbf{O}(\|\mathbf{G}_t(s)\|^{n+1}) \tag{5.43}$$

式中 $\delta^m\mathscr{F}$ 是第 m 阶 Fréchet 导数．

如果我们假定 $\|\mathbf{G}_t(s)\|^2$ 可以忽略，则

$$\mathbf{T} = \delta\left[\underset{s=0}{\overset{\infty}{\mathscr{F}}}(\mathbf{G}_t(s))\right] \tag{5.44}$$

式中 $\delta\mathscr{F}$ 是 $\mathbf{G}_t(s)$ 里的一个线性泛函，因此可用一个积分来表示．于是 T_{ij} 的笛卡尔分量可写作

$$T_{ij} = \int_0^{\infty} M_{ijkl}(s) G_{kl}(s) ds \tag{5.45}$$

式中 M_{ijkl} 是一个四阶各向同性张量．

由于 M_{ijkl} 各向同性，可写成

$$M_{ijkl}(s) = \lambda(s)\delta_{ij}\delta_{kl} + \mu(s)(\delta_{il}\delta_{jk} + \delta_{ik}\delta_{jl}) \tag{5.46}$$

将式 (5.46) 代入式 (5.45)，得到

$$T_{ij} = \int_0^{\infty} [\lambda(s)(G_{kk}(s))\delta_{ij} + \mu(s)(G_{ji} + G_{ij})] ds \tag{5.47}$$

由于 T_{ij} 是偏张量，并且 $G_{lk} = G_{kl}$，则式 (5.47) 能够写作

$$T_{ij} = \int_0^{\infty} M_1(s) G_{ij}(s) ds \tag{5.48}$$

式中 $M_1(s) = 2\mu(s)$．

因此第一阶方程 (5.48) 能够写成

---

1) 有关 Fréchet 导数请参见附录四．

$$\mathbf{T}=\int_0^\infty M_1(s)\mathbf{G}_t(s)ds \tag{5.49}$$

类似地,第二阶方程能够写成

$$\mathbf{T}=\int_0^\infty M_1(s)\mathbf{G}_t(s)ds+\int_0^\infty\int_0^\infty M_2(s_1,s_2)\mathbf{G}_t(s_1)\mathbf{G}_t(s_2)ds_1ds_2 \tag{5.50}$$

类似地还可得到更高阶的方程[7]. 方程 (5.49) 还被称作有限的线性粘弹性流体的本构方程，并在线性粘弹性理论中广泛应用[29].

用分部积分的方法积分式 (5.49)，得到

$$\mathbf{T}=[\overline{M}_1(s)\mathbf{G}_t(s)]_0^\infty-\int_0^\infty \overline{M}_1(s)\dot{\mathbf{G}}_t(s)ds \tag{5.51}$$

式中 $\overline{M}_1$ 是 M_1 的积分.

从第二章方程 (2.29)，有

$$\dot{\mathbf{C}}_t(t')=\mathbf{F}_t^+(s)\mathbf{A}_1(s)\mathbf{F}_t(s)=-\dot{\mathbf{G}}_t(s)\ ^{1)} \tag{5.52}$$

将式 (5.52) 代入式 (5.51)，并假定当 $s\to\infty$时 ,$\overline{M}_1\to 0$，则方程 (5.51) 变为

$$\mathbf{T}=\int_0^\infty \overline{M}_1(s)\mathbf{F}_t^+(s)\mathbf{A}_1(s)\mathbf{F}_t(s)ds \tag{5.53}$$

表 5.1 里给出了方程 (5.49) 所描述的流体的测粘函数和拉伸粘度,从表中可以看到，这样流体的粘度是常量，并且它的第一法向应力差与第二法向应力差大小相等、符号相反. 所以法向应力部分与实验结果不吻合. 但是方程 (5.49) 没有显示出在上述二阶流体中所描述流动解的不稳定性和无界性[26].

我们可以建立在这一节 (a) 中给出的参数 η_0，β_1，β_2 与 $M_1(s)$，$M_2(s_1,s_2)$ 之间的关系式. 如果将 $\mathbf{G}_t(s)$ 在 $s=0$ 展成 Taylor 级数,则可得

$$\eta_0=-\int_0^\infty sM_1(s)ds$$

1) 注意 $\dfrac{\partial}{\partial t'}=-\dfrac{\partial}{\partial s}$.

$$\beta_2 = \frac{1}{2}\int_0^\infty\int_0^\infty s^2 M_1(s)ds \tag{5.54}$$

$$\beta_1 = \int_0^\infty\int_0^\infty s_1 s_2 M_2(s_1, s_2)ds_1 ds_2$$

比较上述 (a), (b) 两部分的推导，我们发现在这两种情形里，都曾假定流体只稍微有些粘弹性，都是在无限过去的变形比最近的变形影响较少的意义下而言的. 在 (a) 中，我们曾假定 $\mathbf{G}_t$ 能够展成 Taylor 级数并仅需要保留头几项，这就意味着要假定流动是缓慢的，并且其变化也是缓慢的. 因此在流动变化剧烈的地方，(a) 中给出的那些方程不适用. 在 (b) 中，我们曾假定 $\|\mathbf{G}_t\|$ 是小量，即变形必须是小的，因此 (b) 中给出的那些方程只对小振幅振动流动适用.

§ 5.2 线性粘弹性

关于线性粘弹性的问题，物理化学家们已经研究了几十年，其理论仅当应变率为小量时成立[29]. 在线性粘弹性问题里，可以应用叠加原理.

可以用一只弹簧来表示物质的弹性特性，用一只阻尼筒（粘壶）来表示物质的粘性特性. 如图 5.2 所示，将一只弹簧和一只阻尼筒串联起来，得到一个 Maxwell 模型. 其本构方程可写为

$$\mathbf{T} + \lambda_1 \frac{\partial \mathbf{T}}{\partial t} = \eta_0 \mathbf{A}_1 \tag{5.55}$$

式中 λ_1 是一个常量（松弛时间），η_0 也是一个常量（粘度）.

如果在时刻 $t = 0$，让 $\mathbf{A}_1$ 突然地变为零，则应力 $\mathbf{T}$ 不会立刻减小到零，而是以下式给出的指数律逐渐衰减到零

$$\mathbf{T} = \mathbf{T}_0 e^{-t/\lambda_1} \tag{5.56}$$

式中 $\mathbf{T}_0 = \lim\limits_{t\to 0}\mathbf{T}$. 故知 λ_1 是 $\mathbf{T}$ 松弛到它的初始值的 e^{-1} 倍所需的时间.

将式 (5.55) 积分，可以得到

$$\mathbf{T} = \eta_0/\lambda_1 \int_{-\infty}^{t} e^{-(t-t')/\lambda_1}\mathbf{A}_1(t')dt' \tag{5.57}$$

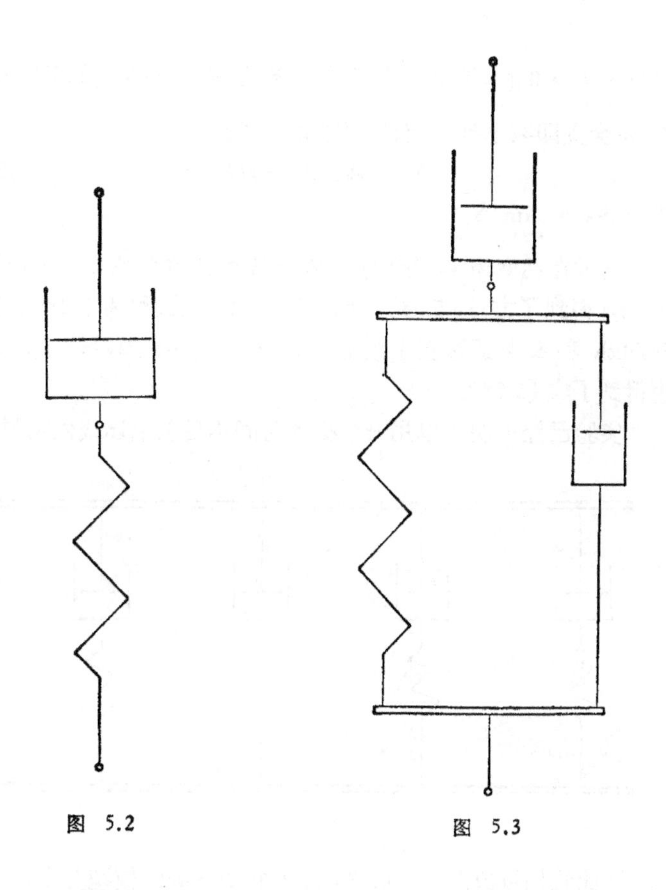

图 5.2　　　　图 5.3

积分过程中,已经假定 $t' \to -\infty$ 时, $\mathbf{T} \to \mathbf{0}$,也就是说在无限的过去时刻 $\mathbf{T} = \mathbf{0}$.

将一只阻尼筒与一只弹簧并连起来,得到 Kelvin-Voigt 模型. 如果我们象图 5.3 所示那样, 将一个 Kelvin-Voigt 模型与一只阻尼筒串联起来, 就得到一个三常量模型, 其本构方程可以写作

$$\mathbf{T} + \lambda_1 \frac{\partial \mathbf{T}}{\partial t} = \eta_0 \left(\mathbf{A}_1 + \lambda_2 \frac{\partial \mathbf{A}_1}{\partial t} \right) \tag{5.58}$$

式中 λ_1, η_0 已在式 (5.55) 里定义, λ_2 为一常量(推迟时间). 如果

在时刻 $t=0$ 时，$\mathbf{T}$ 和 $\frac{\partial \mathbf{T}}{\partial t}$ 都等于零，从式(5.58)我们可以看到，$\mathbf{A}_1$ 不会立即减小到零，而是以下述公式衰减

$$\mathbf{A}_1=\mathbf{A}_0\exp(-t/\lambda_2) \tag{5.59}$$

式中 $\mathbf{A}_0=\lim\limits_{t\to 0^-}\mathbf{A}_1$。

通过在粘度为 η_0 的牛顿流体里悬浮着许多椭球体的研究，Jeffreys 得到了方程(5.58)，因此式(5.58)也被称为 Jeffreys 模型. Fröhlich 和 Sack 通过在牛顿流体里悬浮着许多弹性球体的研究，也得到了式(5.58).

实验已经证明，单用一个松弛时间不足以描述线性粘弹性流

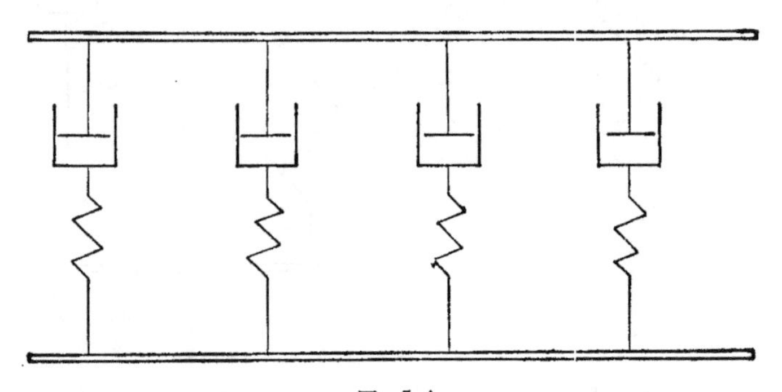

图 5.4

体，因此我们可象图 5.4 那样，将 n 个 Maxwell 模型并联在一起，每个 Maxwell 模型都有各自的粘度和各自的松弛时间. 因此根据叠加原理，可得

$$\mathbf{T}=\sum_{i=1}^{n}\mathbf{T}_i=\sum_{i=1}^{n}\eta_{0i}/\lambda_{1i}\int_{-\infty}^{t}e^{-(t-t')/\lambda_{1i}}\mathbf{A}_1(t')dt' \tag{5.60}$$

式中 η_{0i} 和 λ_{1i} 是第 i 个模型的粘度和松弛时间.

当 $n\to\infty$ 时，可将式(5.60)写成

$$\mathbf{T}=\int_{-\infty}^{t}\phi(t-t')\mathbf{A}_1(t')dt' \tag{5.61}$$

式中 $\phi(t-t')$ 被称为松弛函数. 上述式(5.60)给出的当 $n\to\infty$

时，模型的松弛函数 $\phi(t-t')$ 可以写作

$$\phi(t-t')=\int_0^{\infty}\frac{N(\lambda)}{\lambda}e^{-(t-t')/\lambda}d\lambda \tag{5.62}$$

式中 $N(\lambda)$ 是松弛时间的分布函数，松弛时间在 λ 和 $\lambda+\delta\lambda$ 之间的所有的 Maxwell 模型的粘度，用 $N(\lambda)\delta\lambda$ 给出.

可将方程 (5.58) 推广，写作

$$\mathbf{T}+\lambda_1\frac{\partial \mathbf{T}}{\partial t}+\cdots+\lambda_n\frac{\partial^n\mathbf{T}}{\partial t^n}=\eta_0\left(\mathbf{A}_1+\mu_1\frac{\partial \mathbf{A}_1}{\partial t}+\cdots+\mu_n\frac{\partial^m\mathbf{A}_1}{\partial t^m}\right) \tag{5.63}$$

式中 $\lambda_i(i=1,2,\cdots,n)$，$\mu_i(i=1,2,\cdots,m)$ 为常量.

方程 (5.63) 与 (5.61) 完全同类，对它们取 Laplace 变换可以证明这一点.

我们定义 $y(t)$ 的 Laplace 变换为

$$\bar{y}(\alpha)=\mathscr{L}(y)=\int_0^{\infty}y(t)\exp(-\alpha t)dt \tag{5.64}$$

式中 $\alpha>0$。应用褶积定理，式 (5.61) 的 Laplace 变换是

$$\bar{\mathbf{T}}=\bar{\phi}\bar{\mathbf{A}}_1 \tag{5.65}$$

式 (5.63) 的 Laplace 变换是

$$\bar{\mathbf{T}}(1+\alpha\lambda_1+\cdots+\alpha^n\lambda_n)=\eta_0\bar{\mathbf{A}}_1(1+\alpha\mu_1+\cdots+\alpha^m\mu_m) \tag{5.66}$$

比较式 (5.65) 与式 (5.66)，可知

$$\bar{\phi}=\eta_0\frac{(1+\alpha\mu_1+\cdots+\alpha^m\mu_m)}{(1+\alpha\lambda_1+\cdots+\alpha^n\lambda_n)} \tag{5.67}$$

因此有

$$\phi=\eta_0\mathscr{L}^{-1}\left\{\frac{1+\alpha\mu_1+\cdots+\alpha^m\mu_m}{1+\alpha\lambda_1+\cdots+\alpha^n\lambda_n}\right\} \tag{5.68}$$

现在我们就可以确定上述各类模型的 ϕ 了.

对于牛顿流体，我们有

$$\phi(t)=\eta_0\mathscr{L}^{-1}\{1\}=\eta_0\delta(t) \tag{5.69}$$

式中 δ 是广义的 Dirac 函数.

对于 Maxwell 流体和三常量流体，我们分别有

$$\psi(t)=\eta_0\mathscr{L}^{-1}\left\{\frac{1}{1+\alpha_1\lambda_1}\right\}=\frac{\eta_0}{\lambda_1}\cdot\exp(-t/\lambda_1) \tag{5.70a}$$

$$\psi(t)=\eta_0\mathscr{L}^{-1}\left\{\frac{1+\alpha\mu_1}{1+\alpha\lambda_1}\right\}=\frac{\eta_0}{\lambda_1}[(1-\mu_1/\lambda_1)\exp(-t/\lambda_1)+\mu_1\delta(t)] \tag{5.70b}$$

因此，对于牛顿流体、Maxwell 流体和三常量流体，松弛函数 $\psi(t-t')$ 分别是

$$\psi(t-t')=\eta_0\delta(t-t') \tag{5.71a}$$

$$\psi(t-t')=\frac{\eta_0}{\lambda_1}\cdot\exp(-(t-t')/\lambda_1) \tag{5.71b}$$

和

$$\psi(t-t')=\frac{\eta_0}{\lambda_1}[(1-\frac{\mu_1}{\lambda_1})\exp(-(t-t')/\lambda_1)+\mu_1\delta(t-t')]^{1)}$$

可见各种各样的模型将产生各种各样的松弛函数 $\psi(t-t')$.

§5.3 非线性本构方程

第二节里讨论的本构方程，仅当应变率和应力很小，且它们的平方项和乘积可以忽略时，方才有效. 为使这些方程在应变率和应力不很小时也是客观的和有效的，有许多推广这些方程的方法. Oldroyd[8] 建议将第二节里的那些方程放在一个随动坐标系里来考虑. 在第三章第三至第五节里描述过这种随动坐标系，并可利用第三章第四节里给出的变换定律将这些方程从随动坐标系变换到一个固定坐标系. Maxwell 模型的本构方程式 (5.55) 变为

$$\mathbf{T}+\lambda_1\frac{\delta\mathbf{T}}{\delta t}=\eta_0\mathbf{A}_1 \tag{5.72}$$

式中 $\delta/\delta t$ 是 Oldroyd 导数. 在式 (5.55) 中，量 $\dfrac{\partial\mathbf{T}}{\partial t}$ 不是客观的，

1) 注意方程 (5.58) 中的 λ_2，在这里用 μ_1 代换了.

但是量 $\frac{\delta \mathbf{T}}{\delta t}$ 是客观的，因此方程(5.72)也是客观的. 由于升降指标的运算与 $\frac{\delta}{\delta t}$ 算符的运算不能交换，我们需要区分协变和逆变形式.

方程(5.72)的协变和逆变形式分别是

$$T_{ij} + \lambda_1 \frac{\delta}{\delta t} T_{ij} = \eta_0 A_{ij} \tag{5.73a}$$

$$T^{ij} + \lambda_1 \frac{\delta}{\delta t} T^{ij} = \eta_0 A^{ij} \tag{5.73b}$$

上面的两个公式都是客观的，并且当非线性项可以忽略时，上述两式都可导出方程(5.55). 因此为了确定两方程中选用哪一个，必须考虑非线性效应显著的那些实验资料.

现考虑一个简单的剪切流动，相应于笛卡尔直角坐标系 $Ox^1x^2x^3$，其速度分布为

$$v_{(1)} = kx^2,\ v_{(2)} = 0,\ v_{(3)} = 0 \tag{5.74}$$

式中 k 为一常数.

方程(5.73a)可以写作

$$T_{ij} + \lambda_1 \left(\frac{\partial T_{ij}}{\partial t} + v^s \frac{\partial T_{ij}}{\partial x^s} + \frac{\partial v^s}{\partial x^i} T_{sj} + \frac{\partial v^s}{\partial x^j} T_{is} \right) = \eta_0 A_{ij} \tag{5.75}$$

由于考虑的是定常流动，因而 $\frac{\partial}{\partial t} T_{ij} = 0$，利用式(5.74). 并注意到 $v_{(1)}$ 仅仅是 x^2 的函数，因此式(5.75)可以写成

$$T_{ij} + \lambda_1 \left(\frac{\partial v^1}{\partial x^i} T_{1j} + \frac{\partial v^1}{\partial x^j} T_{i1} \right) = \eta_0 A_{ij} \tag{5.76}$$

从式(5.76)容易导出

$$\begin{aligned} &T_{(11)} = 0,\ T_{(22)} = -2\lambda\eta_0 k^2,\ T_{(33)} = 0 \\ &T_{(12)} = \eta_0 k,\ T_{(23)} = 0,\qquad T_{(13)} = 0 \end{aligned} \tag{5.77}$$

因此第一和第二法向应力差分别为

$$\nu_1 = T_{(11)} - T_{(22)} = 2\lambda\eta_0 k^2,\ \nu_2 = T_{(22)} - T_{(33)} = -2\lambda\eta_0 k^2 \tag{5.78}$$

可知 $\nu_1 = |\nu_2|$，这个结果与大多数实验资料不一致.

类似地，如果我们应用方程(5.73b)，则可得

$$T_{(11)} = 2\lambda_1\eta_0 k^2,\quad T_{(22)} = T_{(33)} = 0,\quad T_{(12)} = \eta_0 k$$
$$T_{(13)} = T_{(31)} = 0 \tag{5.79}$$

可知

$$\nu_1 = 2\lambda_1\eta_0 k^2,\quad \nu_2 = 0 \tag{5.80}$$

这种法向应力分布与大多数实验资料要更符合一些. 因此，当第二法向应力差不重要时，常选用式(5.73b)来描述粘弹性物质的特性.

类似地可将式(5.61)推广，并可得到

$$T^{ij} = \int_{-\infty}^{t} \phi(t-t')A^{mn}(t')\frac{\partial x^i}{\partial x'^m}\frac{\partial x^j}{\partial x'^n}\,dt' \tag{5.81a}$$

$$T_{ij} = \int_{-\infty}^{t} \phi(t-t')A_{mn}(t')\frac{\partial x'^m}{\partial x^i}\frac{\partial x'^n}{\partial x^j}\,dt' \tag{5.81b}$$

我们可以确定简单剪切流动里的应力分布，当其速度分布由式(5.74)给出，位移函数为

$$x'^1 = x^1 - ksx^2,\quad x'^2 = x^2,\quad x'^3 = x^3 \tag{5.82}$$

式中 $s = t - t'$ (参看第二章方程(2.65)).

注意到 A_{ij} 仅有的非零分量是

$$A^{12} = A_{12} = A^{21} = A_{21} = k \tag{5.83}$$

则方程(5.81a)和(5.81b)分别变为

$$T^{ij} = \int_{-\infty}^{t} k\phi(t-t')\left\{\frac{\partial x^i}{\partial x'^1}\frac{\partial x^j}{\partial x'^2} + \frac{\partial x^i}{\partial x'^2}\frac{\partial x^j}{\partial x'^1}\right\}dt' \tag{5.84a}$$

$$T_{ij} = \int_{-\infty}^{t} k\phi(t-t')\left\{\frac{\partial x'^1}{\partial x^i}\frac{\partial x'^2}{\partial x^j} + \frac{\partial x'^2}{\partial x^i}\frac{\partial x'^1}{\partial x^j}\right\}dt' \tag{5.84b}$$

由式(5.84a)并应用式(5.82)，可得到

$$T^{12} = \tau(k) = k\int_0^{\infty} \phi(s)ds \tag{5.85a}$$

$$T^{11} - T^{22} = \nu_1(k) = 2k^2\int_0^{\infty} s\phi(s)ds \tag{5.85b}$$

$$T^{22} - T^{33} = \nu_2(k) = 0 \tag{5.85c}$$

由式 (5.84b) 并应用式 (5.82)，可得到

$$T_{12} = \tau(k) = k\int_0^\infty \psi(s)ds \tag{5.86a}$$

$$T_{11} - T_{22} = \nu_1(k) = 2k^2\int_0^\infty s\psi(s)ds \tag{5.86b}$$

$$T_{22} - T_{33} = \nu_2(k) = 2k^2\int_0^\infty (-s\psi(s))ds \tag{5.86c}$$

从式 (5.85) 与式 (5.86) 给出的法向应力差的比较中，我们发现式 (5.81a) 是比式 (5.81b) 更加适用的本构方程，特别是当第二法向应力差可以忽略时． 由于所有的四个流动方程 (5.73a), (5.73b), (5.81a) 和 (5.81b) 都预示粘度为一个常量，因此在法向应力不能忽略的流动问题里，仅知道粘度还不足以去选取适合的方程．

方程 (5.73b) 和 (5.81a) 曾在解许多流动问题里被选作合适的模型．比较方程 (5.53) 和 (5.81b)，我们发现当 $\overline{M}(s) = \psi(s)$ 时，它们是相等的．

推广在第 2 节里给出的线性方程的另外的方法是将它们参照一个共转坐标系来考虑，如第三章第六节讨论的那样． 方程 (5.55)，当参照一个固定坐标系时变为

$$\mathbf{T} + \lambda_1 \frac{\mathscr{D}\mathbf{T}}{\mathscr{D}t} = \eta_0 \mathbf{A}_1 \tag{5.87}$$

式中 $\mathscr{D}/\mathscr{D}t$ 是第三章方程 (3.83) 所定义的 Jaumann 导数．

我们再考虑其速度分布由式 (5.74) 所给出的简单剪切流动，W_{ij} 仅有的非零分量是

$$W_{12} = -k/2, \quad W_{21} = k/2 \tag{5.88}$$

应用式 (5.88)，方程 (5.87) 变成

$$T_{mn} - \lambda_1(W_{1m}T_{1n} + W_{2m}T_{2n} + W_{1n}T_{1m} + W_{2n}T_{m2}) = \eta_0 A_{mn} \tag{5.89}$$

A_{mn} 仅有的非零分量是

$$A_{12} = k \tag{5.90}$$

因此，应力分布是

$$T_{11}=\frac{\eta_0\lambda_1 k^2}{1+\lambda_1^2k^2},\quad T_{22}=-\frac{\eta_0\lambda_1 k^2}{1+\lambda_1^2k^2} \tag{5.91}$$

$$T_{12}=\frac{\eta_0 k}{1+\lambda_1^2k^2}$$

于是法向应力差是

$$\nu_1=T_{11}-T_{22}=\frac{2\eta_0\lambda_1 k^2}{1+\lambda_1^2k^2},\quad \nu_2=T_{22}-T_{33}=-\frac{\eta_0\lambda_1 k^2}{1+\lambda_1^2k^2} \tag{5.92}$$

粘度函数 $\eta(k)$ 为

$$\eta(k)=\frac{\eta_0}{1+\lambda_1^2k^2} \tag{5.93}$$

可见粘度函数随 k 增大而减小，这在定性上与实验资料相符，但是当 $k\to\infty$ 时，预示出 $\eta(k)\to 0$，这与实验资料不相符，同样地，法向应力差之比 $|\nu_2/\nu_1|=1/2$ 也与实验资料不相符.

Oldroyd[30] 曾推广方程 (5.58)，使其包含一些非线性项，他建议用下面的本构方程：

$$\mathbf{T}+\lambda_1\frac{\mathscr{D}\mathbf{T}}{\mathscr{D}t}+\frac{\mu_0}{2}(t_r\mathbf{T})\mathbf{A}_1-\frac{\mu_1}{2}(\mathbf{T}\mathbf{A}_1+\mathbf{A}_1\mathbf{T})$$

$$+\frac{\nu_1}{2}(\mathrm{tr}\mathbf{T}\mathbf{A}_1)\mathbf{I}$$

$$=\eta_0\left(\mathbf{A}_1+\lambda_2\frac{\mathscr{D}\mathbf{A}_1}{\mathscr{D}t}-\mu_2\mathbf{A}_1^2+\frac{\nu_2}{2}(\mathrm{tr}\mathbf{A}_1^2)\mathbf{I}\right) \tag{5.94}$$

式中八个系数 λ_1，λ_2，μ_0，μ_1，μ_2，η_0，ν_1 和 ν_2 都是常量. 不能随意选取这八个常量，它们必须满足下述条件：

(1) 对于大多数非牛顿流体，粘度函数 $\eta(k)$ 是随 k 的增加而减少的，这就意味着

$$\sigma_1>\sigma_2>0$$

式中 $\sigma_i=\lambda_1\lambda_i+\mu_0(\mu_i-(3/2)\nu_i)-\mu_1(\mu_i-\nu_i) \qquad i=1,2$

(2) 剪切应力 τ 是 k 的单值函数，并且 τ 随着 k 的增大而增大，因此要求

$$\sigma_2 \geqslant \frac{1}{9}\sigma_1$$

(3) 在小振幅振动流动里，动力粘度 η' 是随频率的增大而减小的(参看第六章 § 6.4)，因而有

$$\lambda_1 > \lambda_2 > 0$$

(4) 如果将剪切粘度 $\eta(k)$ 与动力粘度 $\eta'(w)$ 曲线画在同一张图上(参看第六章 § 6.4)，对于较小的 (k, w) 值，$\eta(k)$ 的曲线位于 $\eta'(w)$ 曲线的上方，因而要求

$$\lambda_1(\lambda_1 - \lambda_2) > \sigma_1 - \sigma_2$$

上面的条件 (1)—(4) 都是以不等式的形式给出的，因此在选择八个常量时仍然有一定的任意性.

一些作者采用 Oldroyd 随动导数 $\frac{\delta}{\delta t}$，而不用 Jaumann 导数. 根据上面两个导数的定义(第三章方程 (3.57) 和 (3.84))，可以得到

$$\frac{\mathscr{D} b^{ij}}{\mathscr{D} t} = \frac{\delta b^{ij}}{\delta t} + \frac{1}{2}(A_s^i b^{sj} + A_s^j b^{is}) \tag{5.95}$$

(参看第三章方程 (3.87)).

将式 (5.95) 代入式 (5.94)，得到

$$\begin{aligned} T^{ij} &+ \lambda_1 \frac{\delta T^{ij}}{\delta t} + \frac{1}{2}(\lambda_1 - \mu_1)(A_s^i T^{sj} + A_s^j T^{si}) \\ &+ \frac{\mu_0}{2}(T_s^s)A^{ij} + \frac{\nu_1}{2}(T_s^l A_l^s)g^{ij} \\ = \eta_0 &\left[A^{ij} + \lambda_2 \frac{\delta A^{ij}}{\delta t} + (\lambda_2 - \mu_2)A_s^i A^{sj} \right. \\ &\left. + \nu_2(A_s^l A_l^s)g^{ij}\right] \end{aligned} \tag{5.96}$$

通常选择更简单一些的模型，实际上几乎没有问题可利用全部八个常量来求解的，而是让其中一些等于零.

方程 (5.73b) 就是让 $\lambda_1 = \mu_1$, $\nu_1 = \nu_2 = \mu_0 = \mu_2 = \lambda_2 = 0$ 而得到的. 许多作者选用的其它一些模型是

i　$\lambda_1 = \mu_1$, $\lambda_2 = \mu_2$, $\nu_1 = \nu_2 = 0$

ii　$\lambda_1 = \mu_1$, $\nu_1 = \nu_2 = \mu_0 = \lambda_2 = 0$

表 1 里给出了 Oldroyd 八个常量模型（方程（5.94）或（5.96））的各测粘函数和拉伸粘度函数，可以看出，粘度函数 $\eta(k)$ 与实验资料定性地符合，$\eta(k)$ 是随 k 的增加而减小的，并且当 $k\to\infty$ 时，趋于一个非零的极限值.

Goddard 和 Miller[31] 曾积分过方程（5.87），并证明方程（5.87）的积分形式是

$$\mathbf{T} = \int_{-\infty}^{t} \phi(t-t')\boldsymbol{\Omega}(t')\mathbf{A}_1(t')\boldsymbol{\Omega}^{+}(t')\,dt' \tag{5.97}$$

式中 $\boldsymbol{\Omega}(t')$ 是第三章式（3.86）所定义的正交张量.

方程（5.97）还可以看作是方程（5.61）的推广，所谓推广，正如上面所讨论的那样，我们认为方程（5.61）是参照共转坐标系的，而当共转坐标系变换成固定坐标系时，就得到方程（5.97）.

为了得到 $\boldsymbol{\Omega}$，我们必须解方程[5]

$$\dot{\boldsymbol{\Omega}} = \frac{1}{2}\boldsymbol{\Omega}\mathbf{W} \tag{5.98}$$

式中 $\mathbf{W}$ 是旋度. 从满足条件

$$\boldsymbol{\Omega}(t) = \mathbf{I} \tag{5.99}$$

直接求解方程（5.98）是困难的，而应用物理分析常可较容易得到 $\boldsymbol{\Omega}$.

我们将举例说明通过考虑一个简单剪切流动得到 $\boldsymbol{\Omega}$ 的方法. 假定速度分布如方程（5.74）所给出，则角速度 $\boldsymbol{\omega}$ 为

$$\boldsymbol{\omega} = \frac{1}{2}\,\mathrm{rot}\boldsymbol{v} = \frac{1}{2}(0,\ 0,\ k)^{1)} \tag{5.100}$$

因此我们可将这种流动看成是以常角速度 $\frac{1}{2}k$ 绕 x^3 轴旋转的流动. 在现在时刻 t，两组坐标轴将是重合的，在时刻 t'，基向量 $\boldsymbol{g}_1$ 和 $\boldsymbol{g}_1^*$ 间的角度将是 $\frac{1}{2}k(t-t')$，如图 5.5 所示. 因而 $\boldsymbol{\Omega}(t')$ 为

1）参看第二章第七节.

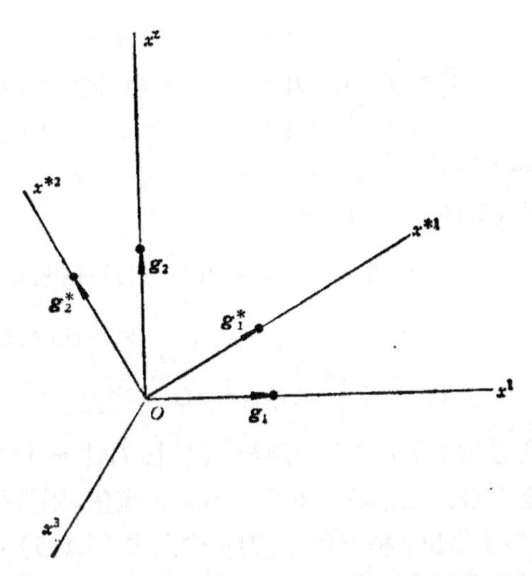

图 5.5

$$\boldsymbol{\Omega}(t') = \begin{bmatrix} \cos\frac{k}{2}(t-t') & \sin\frac{k}{2}(t-t') & 0 \\ -\sin\frac{k}{2}(t-t') & \cos\frac{k}{2}(t-t') & 0 \\ 0 & 0 & 0 \end{bmatrix} \tag{5.101}$$

旋度 $\mathbf{W}$ 由式(5.88)给出,即

$$\mathbf{W} = \begin{bmatrix} 0 & -k/2 & 0 \\ k/2 & 0 & 0 \\ 0 & 0 & 0 \end{bmatrix} \tag{5.102}$$

通过微分式(5.101)和应用式(5.102),可以容易地证明由式(5.101)所定义的 $\boldsymbol{\Omega}(t')$ 满足式(5.98)与式(5.99).

张量 $\mathbf{A}_1(t')$ 为

$$\mathbf{A}_1 = \begin{bmatrix} 0 & k & 0 \\ \cdot & 0 & 0 \\ \cdot & \cdot & 0 \end{bmatrix} \tag{5.103}$$

应用方程(5.101)和(5.103),则方程(5.97)变成

$$\mathbf{T} = k\int_0^\infty \psi(s)\begin{bmatrix} \sin ks & \cos ks & 0 \\ \cdot & -\sin ks & 0 \\ \cdot & \cdot & 0 \end{bmatrix} ds \tag{5.104}$$

式中 $s = t - t'$.

从式(5.104)可以推得

$$\begin{aligned} \nu_1 &= T_{11} - T_{22} = 2k\int_0^\infty \psi(s)\sin ks ds \\ \nu_2 &= T_{22} - T_{33} = -k\int_0^\infty \psi(s)\sin ks ds \\ T_{12} &= k\int_0^\infty \psi(s)\cos ks ds \end{aligned} \tag{5.105}$$

因此粘度函数 $\eta(k)$ 是 k 的函数，但 $|\nu_2/\nu_1| = 1/2$，这与实验资料不完全吻合．如果我们选用 Maxwell 流体，则松弛函数 $\psi(s)$ 由方程(5.71)给出，将方程(5.71)代入式(5.105)中并积分之，如同所预料的那样，得到了式(5.91).

在共转坐标系里给出的积分型的本构方程(方程(5.97))不如在随动坐标系里给出的积分型的本构方程(方程(5.81))那样应用得广泛.

从上面的讨论中，我们已经看到 Oldroyd 推广了方程(5.58)，把一些非线性项包括进去，但是对任何 (3×3) 阶张量 $\mathbf{A}$，不必去考虑 $\mathbf{A}^3$ 或更高次幂，因为根据 Cayley-Hamilton 定理(参看附录一)，可用 $\mathbf{I}$, $\mathbf{A}$ 和 $\mathbf{A}^2$ 以及 $\mathbf{A}$ 的不变量来表示 $\mathbf{A}^3$ 和更高次幂．因此我们可以用将各系数看作 $\mathbf{A}_1$ (或 $\mathbf{T}$，或出现在本构方程里一些其它张量)的各不变量的函数而不看成常量的方法推广上述各本构方程．比如在方程(5.5)里，我们可将系数 η_0，β_i，μ_i 看作 $\mathbf{A}_1$、$\mathbf{A}_2$ 等的各不变量的函数而不看作常量． $\mathbf{A}_1$ 的不变量有 $\mathrm{tr}\mathbf{A}_1$、$\mathrm{tr}\mathbf{A}_1^2$、$\mathrm{tr}\mathbf{A}_1^3$ (或 $\det\mathbf{A}_1$)(参看附录一)，并且 $\mathbf{A}_1$ 的最常用的不变量是

$$\mathrm{II} = \left[\frac{1}{2}\mathrm{tr}\mathbf{A}_1^2\right]^{1/2} \tag{5.106}$$

例如对于测粘流 $\mathrm{II} = k$，对于单轴拉伸流 $\mathrm{II} = \sqrt{3}k$.

如上所述，能够推广二阶流体的本构方程(方程(5.5b))，得到广义二阶流体的本构方程，写作

$$\mathbf{T} = \eta_0(\mathrm{II})\mathbf{A}_1 + \beta_1(\mathrm{II})\mathbf{A}_1^2 + \beta_2(\mathrm{II})\mathbf{A}_2 \tag{5.107}$$

在测粘流里，$\mathrm{II} = k$，因此

$$\eta_0(\mathrm{II}) = \eta_0(k) = \eta(k) \tag{5.108a}$$

$$\beta_1(\mathrm{II}) = \beta_1(k) = (N_1 + N_2) \tag{5.108b}$$

$$\beta_2(\mathrm{II}) = \beta_2(k) = -N_1/2 \tag{5.108c}$$

从而可知，当知道粘度函数 $\eta(k)$ 和第一、第二法向应力差系数 N_1，N_2，我们就可确定 η_0，β_1 和 β_2.

由于测粘流完全由 $\mathbf{A}_1$ 和 $\mathbf{A}_2$ 确定，如果我们写出

$$\mathbf{T} = \eta(k)\mathbf{A}_1 + (N_1 + N_2)\mathbf{A}_1^2 - \frac{1}{2} N_1\mathbf{A}_2 \tag{5.109}$$

则各偏应力分量亦将完全确定. 方程 (5.109) 称为 Criminale-Ericksen-Filbey 方程.

方程 (5.107)，(5.108) 和 (5.109) 对于测粘流是“精确的”，只是在这种意义上而言的，即如果 $\eta(k)$，$N_1(k)$ 和 $N_2(k)$ 对所有的 k 值已知，则对于相同的 k 域，可以精确地计算 $\mathbf{T}$，但这并不能担保对于非测粘流时，这些方程也是精确的，不过可希望在接近于测粘流的流动里，这些方程是合适的.

在所谓 Reiner-Rivlin 流体中，应力依赖于 $\mathbf{A}_1$，且它的本构方程是方程 (5.107) 当 $\beta_2 = 0$ 的特殊情形. 容易看到，对于在测粘流动里的这类流体，第一法向应力差 ν_1 是零，而第二法向应力差不是零，至今尚未发现哪种真实流体的法向应力差与 Reiner-Rivlin 流体所预示的结果相符合. 因此近年来，很少有人再选用 Reiner-Rivlin 模型来描述非牛顿流体.

同样可将方程 (5.73) 中的系数 λ_1 和 η_0 看成 II 的函数，这样方程 (5.73b) 变成

$$T^{ij} + \lambda_1(\mathrm{II})\frac{\delta T^{ij}}{\delta t} = \eta_0(\mathrm{II})A^{ij} \tag{5.110}$$

如果已知粘度函数 $\eta(k)$ 和第一法向应力系数 $N_1(k)$，则可求出 $\eta_0(\mathrm{II})$ 和 $\lambda_1(\mathrm{II})$. 然而方程 (5.110) 却预示第二法向应力差为零.

对于积分型方程(如方程 (5.48), (5.81)), 可认为函数 $M(s)$ (或 $\psi(s)$) 不仅是 s 的函数, 而且也是 II 的函数或 $\mathrm{tr}\mathbf{G}(=I_1)$ 的函数.

若假定 M_1 是 II 或 I_1 的函数, 则粘度不再是一个常量,这与实验资料相吻合,但其法向应力分布 ($N_1 = |N_2|$) 与实验资料不符合. 一个修正方程 (5.48) 的方法是引入 Finger 应变张量(第三章方程 (3.74)), 修正过的方程可写为

$$\mathbf{T} = \int_0^\infty \{M_1(s,\mathrm{II})\mathbf{C}_t(s) + M_2(s,\mathrm{II})\mathbf{C}_t^{-1}(s)\}ds \qquad (5.111)$$

式中 $\mathbf{C}_t^{-1}(s)$ 是 Finger 应变张量, 并且我们用 $\mathbf{C}_t(s)$ 而不用 $\mathbf{G}_t(s)$.

对于简单的剪切流动, 应用第二章里的方程 (2.65), 可以确定 $\mathbf{C}_t^{-1}$:

$$\mathbf{C}_t^{-1} = \begin{bmatrix} 1+s^2k^2 & sk & 0 \\ \cdot & 1 & 0 \\ \cdot & \cdot & 1 \end{bmatrix} \qquad (5.112)$$

将式 (5.112) 和 $\mathbf{C}_t(s)$ 代入式 (5.111), 可得应力分布为

$$\begin{aligned} T_{11} &= \int_0^\infty \{M_1(s,\mathrm{II}) + M_2(s,\mathrm{II})(1+s^2k^2)\}ds \\ T_{22} &= \int_0^\infty \{M_1(s,\mathrm{II})(1+s^2k^2) + M_2(s,\mathrm{II})\}ds \\ T_{33} &= \int_0^\infty \{M_1(s,\mathrm{II}) + M_2(s,\mathrm{II})\}ds \\ T_{12} &= \int_0^\infty \{M_1(s,\mathrm{II})(-sk) + M_2(s,\mathrm{II})(sk)\}ds \end{aligned} \qquad (5.113)$$

其余的 $T_{ij} = 0$.

从而法向应力差为

$$\begin{aligned} \nu_1 &= T_{11} - T_{22} = \int_0^\infty s^2k^2(M_2 - M_1)ds \\ \nu_2 &= T_{22} - T_{33} = \int_0^\infty s^2k^2(M_1)ds \end{aligned} \qquad (5.114)$$

粘度函数为

$$\eta = \int_0^\infty s(M_2 - M_1)ds \qquad (5.115)$$

通常 M_1 与 M_2 为线性关系，故写

$$M_1 = -\frac{1}{2}\varepsilon M, \quad M_2 = \left(1 + \frac{1}{2}\varepsilon\right)M \tag{5.116}$$

式中 ε 是一常数.

将式 (5.116) 代入式 (5.114) 与式 (5.115)，得到

$$\nu_1 = \int_0^\infty k^2 s^2 (1 + \varepsilon) M ds$$

$$\nu_2 = \int_0^\infty -\frac{1}{2}\varepsilon k^2 s^2 M ds$$

$$\eta = \int_0^\infty s(1 + \varepsilon) M ds \tag{5.117}$$

选取参数 ε，以使其符合 $|\nu_2/\nu_1|$ 的比值. 曾经建议过 M 的各种各样的形式，其中一些是

i
$$M = \sum_{p=1}^\infty \frac{\eta_p \exp(-s/\lambda_{2p})}{1 + \lambda_{1p}^2 \mathrm{II}^2} \tag{5.118}$$

式中

$$\eta_p = \eta_0 \lambda_{1p} \Big/ \sum_p \lambda_{1p}, \quad \lambda_{1p} = \lambda_1 \left(\frac{1 + n_1}{p + n_1}\right)^{\alpha_1}$$

$$\lambda_{2p} = \lambda_2 \left(\frac{1 + n_2}{p + n_2}\right)^{\alpha_2},$$

$\eta_0, \lambda_1, n_1, n_2, \alpha_1, \alpha_2$ 为常量，而且通常取 $n_1 = n_2 = 1$.

ii
$$M = \sum_{p=1}^\infty \eta_p f_p \exp\left\{-\int_{t'}^t (\lambda_{2p} g_p)^{-1} dt''\right\} \tag{5.119}$$

式中 η_p, λ_{2p} 如 (i) 中所定义，并且

$$f_p = \frac{1 + \{\lambda_{1p}^2 \mathrm{II}\}^{\alpha_2/\alpha_1}}{\{1 + \lambda_{2p}^2 \mathrm{II}\}^{2\beta}}, \quad g_p = \frac{\{1 + \lambda_{2p}^2 \mathrm{II}\}^\beta}{1 + \{\lambda_{1p}^2 \mathrm{II}\}^{\alpha_2/\alpha_1}}$$

β 是一任意常数.

选取式 (5.118) 和式 (5.119) 里的各参数，以便符合于测粘流的资料，并且毫不奇怪，由于这些方程的复杂性，它们会适当地描述某些测粘流动. 但是由于这些方程太复杂，以至于不能用它们来解复杂的流动问题.

B. K. Z 模型[1]用 (5.111) 方程的形式写出，由于 M_1 和 M_2 是应变能函数的导数，因此这种流体的本构方程可写作

$$\mathbf{T}=\int_0^\infty\{M_1(s, I_1, I_{-1})\mathbf{C}_t(s)+M_2(s, I_1, I_{-1})\mathbf{C}_t^{-1}(s)\}ds \quad (5.120)$$

式中 I_{-1} 是 $\mathbf{C}_t^{-1}$ 的第一不变量 $\mathrm{tr}(\mathbf{C}_t^{-1})$，

$$M_1=-\frac{\partial u(s, I_1, I_{-1})}{\partial I_1}, \quad M_2=\frac{\partial u(s, I_1, I_{-1})}{\partial I_{-1}}$$

而 u 是应变能函数，这个应变能函数是与变形相连系的能量，如在弹性理论里所讨论的那样. 建议 u 的一种形式为

$$u=\frac{1}{2}\alpha'(s)(I_{-1}-3)^2+\frac{9}{2}\beta'(s)\ln\left(\frac{I_1+I_{-1}+3}{9}\right)$$
$$+24\{\beta'(s)-\gamma'(s)\}\ln\left\{\frac{I_{-1}+15}{I_1+15}\right\}+\gamma'(s)(I_{-1}-3), \quad (5.121)$$

式中 α', β', γ' 是 s 函数的导数.

用加上 $\mathbf{G}_t^2$ 的方法可改进积分方程 (5.48)，写出

$$\mathbf{T}=\int_0^\infty\{M_1(s, I_1, I_2)\mathbf{G}_t(s)+M_2(s, I_1, I_2)\mathbf{G}_t^2(s)\}ds \quad (5.122)$$

式中 $I_2=\mathrm{tr}\mathbf{G}_t^2$.

在简单剪切流里，容易看到

$$\nu_1=T_{11}-T_{22}=-\int_0^\infty\{s^2k^2M_1(s, I_1, I_2)+s^4k^4M_2(s, I_1, I_2)\}ds$$
$$\nu_2=T_{22}-T_{33}=\int_0^\infty\{s^2k^2M_1+(s^2k^2+s^4k^4)M_2\}ds \quad (5.123)$$
$$T_{12}=-\int_0^\infty\{skM_1+s^3k^3M_2\}ds$$

当然，我们也希望通过考虑两重积分方程 (5.50)，并允许 M_1 和 M_2 为 I_1 和 I_2 的函数，以改进方程 (5.121). 最近 Carreau 和 Kee[32] 已对各式各样的积分方程作过综述.

对于 Rivlin 和 Ericksen 流体类似于上述第一节 (a) 部分的讨

[1] B. K. Z 是 Bernstein, Kearsley 和 Zapas 的缩写.

论．他们假定一个流体现在的应力状态依赖于前 n 个速度梯度 $\mathbf{L}_1, \mathbf{L}_2, \cdots, \mathbf{L}_n$．应用物质无关性原理，他们证明应力是前 n 个 Rivlin-Ericksen 张量的函数，因此

$$\mathbf{T}=\mathbf{F}(\mathbf{A}_1, \mathbf{A}_2, \cdots, \mathbf{A}_n) \tag{5.124}$$

式中 $\mathbf{F}$ 是一个各向同性张量函数．与式 (5.4) 不同，在式 (5.124) 中，没有规定 $\mathbf{A}_1, \mathbf{A}_2, \cdots, \mathbf{A}_n$ 的量级．如果现在我们限于注意前两个 Rivlin-Ericksen 张量并且展开之，则得到

$$\begin{aligned}\mathbf{T}= & \alpha_1\mathbf{A}_1+\alpha_2\mathbf{A}_1^2+\alpha_3\mathbf{A}_2+\alpha_4\mathbf{A}_2^2+\alpha_5(\mathbf{A}_1\mathbf{A}_2+\mathbf{A}_2\mathbf{A}_1) \\ & +\alpha_6(\mathbf{A}_1^2\mathbf{A}_2+\mathbf{A}_2\mathbf{A}_1^2)+\alpha_7(\mathbf{A}_1\mathbf{A}_2^2+\mathbf{A}_2^2\mathbf{A}_1) \\ & +\alpha_8(\mathbf{A}_1^2\mathbf{A}_2^2+\mathbf{A}_2^2\mathbf{A}_1^2)\end{aligned} \tag{5.125}$$

式中 $\alpha_i(i=1, \cdots, 8)$ 是 $\mathbf{A}_1$, $\mathbf{A}_2$ 和它们乘积的不变量的函数[7]．我们指出，如果象在第一节 (a) 部分那样，假定 $\mathbf{A}_1$ 是 τ_0 阶的，$\mathbf{A}_2$ 是 τ_0^2 阶的，并且仅保留 τ_0^2 阶，则方程 (5.125) 就可导成式 (5.5b) 了．

§5.4 非弹性流体和 Bingham 流体

有许多流动(比如管流)工业上很重要，而在处理时可以看作是测粘流，并且我们感兴趣的是剪切应力 τ 与剪切率 k 之间的关系．图 5.6 中画出了一些典型的 τ 对于 k 的曲线．图中曲线 A 表示牛顿流体，它是一条直线段，其斜率就是常粘度 η_0．曲线 B 表示剪切变稀的物质，其粘度是随 k 的增大而减小的．当 k 较小时，曲线 B 几乎是一条直线段，而当 k 较大时，曲线又是一条直线段．曲线 C 表示胀流型流体，它的粘度是随 k 的增大而增加的．曲线 A, B, C 都通过坐标原点．曲线 D 表示一类存在屈服应力现象的物质．当 τ 小于某一个确定的 τ_0 值时，这物质不流动，而当 $\tau>\tau_0$ 时，这物质将象牛顿流体那样流动．称这类物质为 Bingham 流体(或 Bingham 塑料)．这类物质的特性可用下式表征

$$\begin{aligned}\tau-\tau_0=\eta_c k, \quad & |\tau|>\tau_0 \\ k=0, \quad & |\tau|\leqslant\tau_0\end{aligned} \tag{5.126}$$

如果我们对物质的弹性不感兴趣，或者说认为物质是没有弹

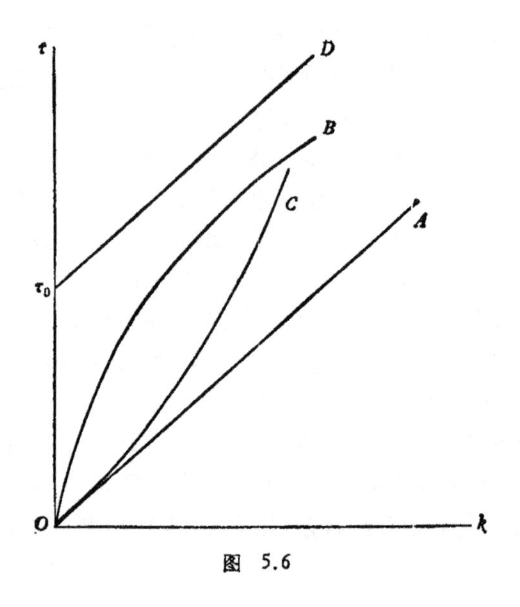

图 5.6

性的，我们可以写出

$$T_{ij} = \eta(\mathrm{II})A_{ij} \tag{5.127}$$

式中 $\mathrm{II} = \left[\frac{1}{2}\operatorname{tr}\mathbf{A}_1^2\right]^{1/2}$ 如同在式 (5.106) 一样． 称方程 (5.129) 为广义牛顿流体的本构方程或非弹性流体的本构方程．下面研究有关 $\eta(\mathrm{II})$ 的几个公式．

i 幂律流体

幂律流体可用两个参数 κ 和 n 来描述，可写成

$$\eta(\mathrm{II}) = \kappa|\mathrm{II}|^{n-1} \text{[1)]} \tag{5.128}$$

式中 κ 和 n 都是常数(参看第四章方程 (4.42))．如果流体是剪切变稀的，则 $n < 1$，如果流体是胀流型的，则 $n > 1$，如果流体是牛顿流体，则 $n = 1$，可见式 (5.128) 能够用来描述图 5.6 中四条曲线中的三条．

公式 (5.128) 不是对 II 的全部值域都是可用的．我们已经看

1) 仅当 $n = 1$ 时，κ 具有粘度的量纲．

到，在测粘流里当 $k \to 0$时，$\eta(k) \to \eta_0$，当 $k \to \infty$时，$\eta(k) \to \eta_\infty$，并且 η_0 和 η_∞ 都是非零的且有限的，然而方程 (5.128) 却不具有上述特性，显然当 II 较小或较大时，方程(5.128)不能描述流体的特性，只是对于 II 的中等值域，方程 (5.128) 才是合适的. 幂律流广泛地应用来解决工程中的流动问题.

ii Oldroyd 模型

在这种情况下有

$$\eta(\mathrm{II}) = \eta_0\left(\frac{1 + a_1\mathrm{II}^2}{1 + a_2\mathrm{II}^2}\right) \tag{5.129}$$

式中 η_0，a_1，a_2 是正的常量.

在测粘流中，应用这个模型，可得当 $k \to 0$ 时，$\eta(k) \to \eta_0$，当 $k \to \infty$ 时，$\eta(k) \to \eta_0 a_1/a_2$. 因而如果流体是剪切变稀的，则 $a_1 < a_2$，如果流体是胀流型的，则 $a_2 > a_1$，如果流体是牛顿流体，则 $a_1 = a_2 = 0$.

公式 (5.129) 类似于 Oldroyd 八常数模型(方程 (5.94)) 所预示的粘度函数. 公式 (5.129) 比式 (5.128) 更复杂，这是由于在确定 $\eta(\mathrm{II})$ 时，现在需要三个常量，而用式 (5.128) 只需两个常量.

iii Carreau 模型

对于这个模型，$\eta(\mathrm{II})$ 可写成

$$\eta(\mathrm{II}) = \eta_\infty + (\eta_0 - \eta_\infty)[1 + \lambda^2\mathrm{II}^2]^{(n-1)/2} \tag{5.130}$$

式中 η_∞，η_0，λ 和 n 都是常量.

对于大多数流体，我们感兴趣的是剪切变稀，因此 $\eta_0 > \eta_\infty$ 和 $n < 1$. 在测粘流里当 $k \to 0$ 时，$\eta \to \eta_0$，当 $k \to \infty$ 时，$\eta \to \eta_\infty$，所以当 $\mathrm{II} \to 0$ 或 $\mathrm{II} \to \infty$ 时，$\eta(\mathrm{II})$ 将趋向于一个有限的、非零的极限，并且在 II 的中等值域时，$\eta(\mathrm{II})$ 将具有幂律流的特性. 在这个模型里，$\eta(\mathrm{II})$ 是用四个常量表征的.

现在我们将 Bingham 物质(方程 (5.126)) 的本构方程推广到三维情形. 选取 von Mises 屈服条件:

$$\frac{1}{2}\mathrm{tr}\mathbf{T}^2 = \tau_0^2 \tag{5.131}$$

可以看到，如果 $\mathbf{T}$ 的仅有的非零分量是 τ，则由式 (5.131) 化简为屈服条件式 (5.126)．因此式 (5.126) 的一般形式可写作

$$\begin{aligned}\mathbf{T} = \eta_1\mathbf{A}_1 \quad &\text{若}\ \frac{1}{2}\mathrm{tr}\mathbf{T}^2 > \tau_0^2 \\ \mathbf{A}_1 = \mathbf{O} \quad &\text{若}\ \frac{1}{2}\mathrm{tr}\mathbf{T}^2 \leqslant 0\end{aligned} \tag{5.132}$$

方程 (5.132) 的写法是不大恰当的，因为我们希望有当 $\mathbf{A}_1 = \mathbf{O}$ 时，$\mathrm{tr}\mathbf{T}$ 不必为零这个条件．我们需要的条件是，只要 $\frac{1}{2}\mathrm{tr}\mathbf{T}^2 \leqslant 0$，就有 $\mathbf{A}_1 = \mathbf{O}$，但是式 (5.132) 意味着，如果 $\mathbf{A}_1 = \mathbf{O}$，就有 $\mathrm{tr}\mathbf{T} = 0$。

我们可将式 (5.132) 再写成

$$\mathbf{T} = \mathbf{R} + \eta_2\mathbf{A}_1 \tag{5.133}$$

式中 $\mathbf{R}$ 是一个张量，使得 $\frac{1}{2}\mathrm{tr}\mathbf{R}^2 = \tau_0^2$，并且 η_1 是 $\mathbf{A}_1$ 的一个标量函数.

所以由式 (5.132) 和式 (5.133) 可以导得

$$\mathbf{R} = (\eta_1 - \eta_2)\mathbf{A}_1 \tag{5.134}$$

因而

$$\frac{1}{2}\mathrm{tr}\mathbf{R}^2 = \frac{1}{2}(\eta_1 - \eta_2)^2\mathrm{tr}\mathbf{A}_1^2 = (\eta_1 - \eta_2)^2\mathrm{II}^2 = \tau_0^2 \tag{5.135}$$

以至于

$$\eta_1 = \eta_2 + \tau_0/|\mathrm{II}| \tag{5.136}$$

将式 (5.136) 代入式 (5.132) 可得

$$\begin{aligned}\mathbf{T} = (\eta_2 + \tau_0/|\mathrm{II}|)\mathbf{A}_1 \quad &\text{若}\ \frac{1}{2}\mathrm{tr}\mathbf{T}^2 > \tau_0^2 \\ \mathbf{A}_1 = \mathbf{O} \quad &\text{若}\ \frac{1}{2}\mathrm{tr}\mathbf{T}^2 \leqslant \tau_0^2\end{aligned} \tag{5.137}$$

方程 (5.137) 是 Bingham 流体的本构方程．如果 $\tau_0 = 0$，则不存在屈服应力，从而式 (5.137) 成为具有粘度 η_2 的牛顿流体的本构方程．如果 $\eta_2 = 0$，$\tau_0 \neq 0$，则式 (5.137) 就成为刚塑性物质的本

构方程.

如果 $\mathbf{T}$ 仅有的非零分量是剪切应力 τ（这意味着 $\mathbf{A}_1$ 仅有的非零分量是剪切率 k），则由方程 (5.137) 简化为式 (5.126)，反之在类似的条件下，式 (5.132) 却不能简化为式 (5.126)，而且如果 $\mathbf{A}_1 \neq \mathbf{O}$，这并不意味着 $\operatorname{tr}\mathbf{T}^2 = 0$，$\operatorname{tr}\mathbf{T}^2$ 可能等于 $2\tau_0^2$. 当 $\frac{1}{2}\operatorname{tr}\mathbf{T}^2 \leqslant \tau_0^2$ 时，应力 $\mathbf{T}$ 是不确定的.

在 Bingham 流体的流动里，流动状态可分成两部分：(i) 粘性流动，(ii)固体流动，且认为流体是各向同性的. 下面用两同轴圆筒之间的流动为例说明之.

取柱坐标系 (r, θ, z)，并假定速度分布是

$$v_{(r)} = 0,\ v_{(\theta)} = r\Omega(r),\ v_{(z)} = 0 \tag{5.138}$$

[1]

则剪切率 k 为

$$k = A_{(r\theta)} = r\frac{d\Omega}{dr} \tag{5.139}$$

并且是 $\mathbf{A}_1$ 的仅有的非零分量.

运动方程就是第四章里的方程 (4.76)，并且在这里要用到的方程是(4.76b). 从式(4.76b)可以导出式 (4.79)，它是

$$2\pi r^2 T_{(r\theta)} = 2\pi r^2 \tau = c \tag{5.140}$$

式中 c 是在半径为 r 的圆筒上每单位长度的力偶.

$\mathbf{T}$ 的唯一的非零分量是 $T_{(r\theta)}$，故有

$$\frac{1}{2}\operatorname{tr}\mathbf{T}^2 = \tau^2 = \frac{c^2}{4\pi^2 r^4} \tag{5.141}$$

必须考虑三种情形：

i $\frac{c^2}{4\pi^2 r_2^4} > \tau_0^2$，在这种情形下，两圆筒之间的整个狭缝里有粘性流动.

ii $\frac{c^2}{4\pi^2 r_1^4} > \tau_0^2 > \frac{c^2}{4\pi^2 r_2^4}$，此时存在一个粘性流动区域和一个塞

1) 这里的分析与第四章第二节 (c) 里的分析类似.

流区.

iii　$\tau_0^2 > \frac{c^2}{4\pi^2 r_1^4}$，此时没有流动.

在上述各表达式里，r_1 和 r_2 分别是内、外圆筒的半径.

情形 i　在这种流动里，方程(5.137)变成

$$T_{(r\theta)} = \eta_2 r \frac{d\Omega}{dr} + \tau_0 \tag{5.142}$$

利用式(5.140)，方程式(5.142)可以写成

$$\int_{\Omega_1}^{\Omega_2} d\Omega = \frac{1}{\eta_2}\int_{r_1}^{r_2}\left\{\frac{c}{2\pi r^3} - \frac{\tau_0}{r}\right\}dr \tag{5.143}$$

式中 Ω_1，Ω_2 分别是内、外圆筒的角速度.

积分式(5.143)得到

$$\Omega_2 - \Omega_1 = \frac{1}{\eta_2}\left[\frac{c}{4\pi}\left(\frac{1}{r_1^2} - \frac{1}{r_2^2}\right) - \tau_0 \ln \frac{r_2}{r_1}\right] \tag{5.144}$$

情形 ii　在这种情形，我们必须考虑两个区域 (r_1, r_0) 和 (r_0, r_2). r_0 由下式给出

$$\tau_0^2 = c^2/4\pi^2 r_0^4 \tag{5.145}$$

在区域 (r_1, r_0) 中有如情形(i)里的粘性流，在区域 (r_0, r_2) 中有塞流，此区域里的物质将变成固体那样. 因此，如果 Ω_0 是在 $r = r_0$ 处物质的角速度，则在遍及 (r_0, r_2) 的整个区域里都将有相同的角速度.

所以，如果在界限 r_1 和 $r_0(=\sqrt{c/2\pi\tau_0})$ 之间积分式(5.143)，则可得

$$\begin{aligned}\Omega_0 - \Omega_1 &= \frac{1}{\eta_2}\left[\frac{c}{4\pi}\left(\frac{1}{r_1^2} - \frac{1}{r_0^2}\right) - \tau_0 \ln \frac{r_0}{r_1}\right] \\ &= \frac{1}{\eta_2}\left[\frac{c}{4\pi r_1^2} - \frac{\tau_0}{2} - \frac{1}{2}\tau_0 \ln \frac{c}{2\pi\tau_0 r_1^2}\right]\end{aligned} \tag{5.146}$$

情形 iii　因为 $\tau_0^2 > c^2/4\pi^2 r_1^4$，所以没有流动.

综上所述，当力偶 c 小于 $c_1(=2\pi r_1^2\tau_0)$ 时没有流动；增大 c，将会出现两个区域，在靠近内筒的区域出现粘性流动，而在靠近外

筒的区域里，物质如同固体一样．当 c 大于 $c_2(=2\pi r_2^2\tau_0)$ 时，在整个环形区域内将是粘性流动．

在许多实验里，内筒固定，故 $\Omega_1=0$．根据方程 (5.144)，当我们画出 Ω_2 对于 c 的曲线后，即可由这条曲线的斜率来确定 η_2，由其截距来确定 τ_0，如图 5.7 所示．当 c 处在 c_1 与 c_2 之间时，外筒的角速度 Ω 用 Ω_0 给出，并且 Ω_0 由方程 (5.146) 给出．实际上，式 (5.146) 并不精确地描述 c_1 和 c_2 之间的那段曲线，原因在于没有精确决定 τ_0 的方法．

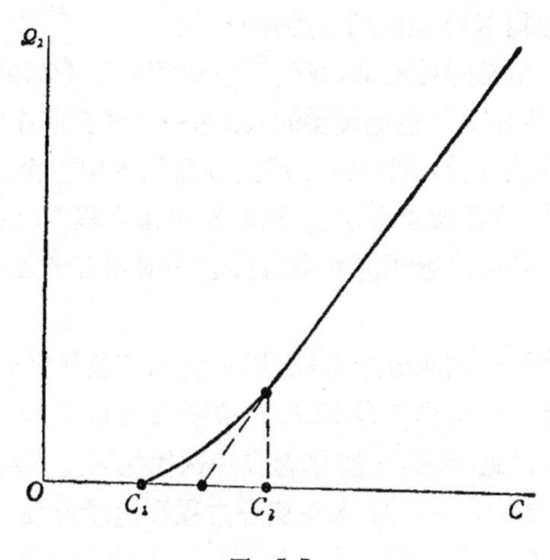

图 5.7

许多物质，比如印刷油墨、粘土泥浆和油漆，只要剪切率不太大时，都能用方程 (5.137) 来恰当地描述．但是那些存在着屈服应力的物质是很复杂的，在屈服应力之上，物质已不是线性的了，可能存在着粘弹性，所以图 5.7 里的曲线，当 $c>c_2$ 时，已不是直线．

方程 (5.126) 的一个可能的修正是，认为物质在屈服应力之上可用幂律流体来描述．因而可写出

$$\tau-\tau_0=\eta_0 k^n \qquad |\tau|>\tau_0$$
$$k=0 \qquad |\tau|\leqslant\tau_0$$

式中 $n<1$，当物质是剪切变稀时，和 $n>1$，当物质是剪切增稠

时.

§5.5 评论

这一章研究了几种本构方程，但不是已经建议过的所有的本构方程．我们可将本构方程分成三类:

(i) 微分型,比如方程(5.5).

(ii) 积分型,比如方程(5.50).

(iii) 混合型，比如方程(5.94)．在混合型本构方程里，与微分型本构方程不同,出现了应力的导数.

对于定常粘弹性流动,我们可以应用方程(5.107)．如果流动是缓慢的,并且变化也是缓慢的,比如一个球在非牛顿流体的广阔区域里缓慢地旋转，则可以应用微分型的本构方程．对于依赖于时间的流动,并且若变形较小,则能够应用方程(5.50)．如果流动是复杂的，则可以选用混合型方程之一或第三节里给出的积分型方程.

如果我们选用积分型方程,则不能确定位移函数 $\boldsymbol{x}'$ 或 $\boldsymbol{\Omega}(t')$,即不能解第二章里的方程(2.13),第三章里的方程(3.43)或本章方程(5.98)．近年来,一些作者应用迭代法联立求解关于 $\boldsymbol{x}'$ 的方程(第三章方程(3.43)),本构积分方程和运动方程．求解这组方程是很复杂的并要花费很多计算时间．在应用混合型方程时会碰到类似的困难．我们不能对应力形式的本构方程求解，即不能够借助各运动学变量(速度梯度等等)来明显地表示应力．可再用迭代法试试，并且必须确定应力的初始条件和边界条件．过去一些作者曾经对 $\boldsymbol{x}'$ 求解,他们是用将 $(\boldsymbol{x}'-\boldsymbol{x})$ 展成 $(t-t')$ 的幂级数,并假定 $(t-t')$ 很小，因而仅保留前几项．当应用混合型本构方程时,比如方程(5.94),有时通过 λ_1 的幂级数去找解，并假定 λ_1 很小．上述两种情况,展开的方法与第一节(a)中的讨论类似,实际上是选用了微分型本构方程.

选取什么样的本构方程完全是人为的，至今还没有一个本构方程可以描述非牛顿流体在所有流动条件下的特性，选取本构方程时，必须考虑到流动的复杂性与求解问题的目的．比如对非圆形管里的定常流动，如果只要计算其体积流率，我们就可选用第四节里给出的非弹性公式之一(参看第四章第 2 节里 (a) 部分)．虽然流体里可能存在法向应力差，这也无关紧要．另一方面，如果我们希望确定二次流动的存在，则第四节里没有哪一方程是适用的，因为它们都不能预示法向应力差，而二次流动的存在是依赖于第二法向应力差的．

列本构方程有几条途径可用．简单流体的本构方程就是从连续体的途径列出的，但它只是一种本构形式，因为在实验上决定泛函不是容易的事．从第一节里的简单流体导出了各种各样的近似的本构方程，我们预料选取更高阶的方程，可以得到更好的近似，但这就需要假定展开式成立．但是如果级数不收敛，不管我们取多少项，仍然远离真实流体的近似特性．所以，说“选取的阶次越高越能更好地描述流体的特性”，这种论断不总是正确的，只是对于低速流和流动变化缓慢的流动才正确．

在第三章里曾考虑过几个经验的方程，其中一些是线性方程的推广并采用了各种各样修正，这些修正是建立在实验资料和(或)“分子”理论基础上的．这些方程的系数进行过调整，以便与实验资料相符．这里所用“分子”理论不是很严格意义的．分子理论包括 (i) 珠-弹簧模型，(ii) 网格理论和 (iii) 悬浮流变学．在分子理论的最初步的水平上，利用 (i) 和 (ii) 可以得到类似于 (5.81a) 的方程．在第 2 节里已经涉及到悬浮流变学，Jeffreys 与 Fröhlich 以及 Sack 都是考虑悬浮液得到方程(5.58)的．在他们的分析里，假定了剪切率很小，因此这方程仅适用于线性区域．近年来，考虑悬浮颗粒的惯性，在这种情形下，物质无关性原理不再有效了[33]．

有些作者[34], [35]考虑了分子理论各种精致化，得到的本构方程变得更加复杂．从“分子”理论导出的绝大多数本构方程是同上面给出的那些方程类似的．所以“分子”方法和连续体方法能够导出同样的本构方程，并且两种途径可以互相补充．

表 5.1

本构方程	$\eta(k)$	$N_1(k)$	$N_2(k)$	$\eta_E(k)$	$\eta_{EP}(\beta)$
(5.5b)	η_0	$-2\beta_2$	$2\beta_2+\beta_1$	$3\eta_0+3k(\beta_1+\beta_2)$	$4\eta_0$
(5.5c)	$\eta_0+2k^2(\mu_2+\mu_1)$	$-2\beta_2$	$2\beta_2+\beta_1$	$3\eta_0+3k(\beta_1+\beta_2)+9k^2(2\mu_2+2\mu_1+\mu_3)$	$4\eta_0+16\beta^2(2\mu_2+2\mu_1+\mu_3)$
(5.48)	$-\int_0^\infty sM_1(s)ds$	$-\int_0^\infty s^2M_1(s)ds$	$\int_0^\infty s^2M_1(s)ds$	$\frac{1}{k}\int_0^\infty M_1(s)[e^{-2ks}-e^{ks}]ds$	$\frac{1}{\beta}\int_0^\infty M_1(s)[e^{-2\beta s}-e^{2\beta s}]ds$
(5.72)	η_0	$2\lambda_1\eta_0$	0	$\frac{3\eta_0}{(1+\lambda_1 k)(1-2\lambda_1 k)}$	$\frac{4\eta_0}{1-4\lambda_1^2\beta^2}$
(5.87)	$\frac{\eta_0}{1+\lambda_1^2k^2}$	$\frac{2\lambda_1\eta_0}{1+\lambda_1^2k^2}$	$-\frac{\lambda_1\eta_0}{1+\lambda_1^2k^2}$	$3\eta_0$	$4\eta_0$
(5.94)	$\frac{\eta_0(1+\sigma_2k^2)}{(1+\sigma_1k^4)}$	$2\lambda_1\eta(k)-2\lambda_2\eta_0$	$(\mu_1-\lambda_1)\eta(k)+(\lambda_2-\mu_2)\eta_0$	$3\eta_0 f_2/f_1$	$4\eta_0 g_2/g_1$ 1)
(5.111)	$\int_0^\infty s(M_2-M_1)ds$	$\int_0^\infty s^2(M_2-M_1)ds$	$\int_0^\infty s^2M_1(s)ds$	$\frac{1}{k}\int_0^\infty\{M_1(e^{-2ks}-e^{ks})+M_2(e^{2ks}-e^{ks})\}ds$	$\frac{1}{\beta}\int_0^\infty\{M_1(e^{-2\beta s}-e^{2\beta s})+M_2(e^{2\beta s}-e^{-2\beta s})\}ds$

1) 拉伸流动是无旋流动，因此$\frac{\mathscr{D}}{\mathscr{D}}\equiv\frac{d}{dt}$，并且在这种流动中 $\frac{d}{dt}=0$.

σ_1, σ_2 的定义由第102页式子给出；$f_i=1-\mu_i k+k^2(3\nu_i-2\mu_i)\left(\mu_1-\frac{3}{2}\mu_0\right)$,

$g_i=1+4\beta^2\left\{\mu_0\left(\mu_i-\frac{3}{2}\nu_i\right)-\mu_1(\mu_i-\nu_i)\right\},\ i=1,2.$

第六章 不定常流动

§6.1 小振幅振动流动

现在研究小振幅振动流动，在笛卡尔直角坐标系 $Ox^1x^2x^3$ 里，速度分布可写成为

$$v_{(1)} = \mathrm{Re}(\varepsilon\omega f(x^2,x^3)e^{i\omega t}),\quad v_{(2)} = 0,\quad v_{(3)} = 0 \tag{6.1}$$

式中 ε 表示振幅，并假定它很小，ω 表示频率，Re 是取复数实部的记号[1]。

为了得到位移函数$\boldsymbol{x}'$，必须在条件

$$x'^1|_{t'=t} = x^1,\quad x'^2|_{t'=t} = x^2,\quad x'^3|_{t'=t} = x^3 \tag{6.2}$$

之下求解

$$\frac{dx'^1}{dt'} = \varepsilon\omega f(x'^2, x'^3)e^{i\omega t'},\ \frac{dx'^2}{dt'} = 0,\ \frac{dx'^3}{dt'} = 0 \tag{6.3}$$

解得的结果是

$$\begin{aligned} x'^1 &= x^1 + i\varepsilon(e^{i\omega t} - e^{i\omega t'})f(x^2,x^3) \\ x'^2 &= x^2 \\ x'^3 &= x^3 \end{aligned} \tag{6.4}$$

从式(6.4)可求得相应的右 Cauchy-Green 张量

$$\mathbf{C}_t = \begin{bmatrix} 1 & i\varepsilon e^{i\omega t}(1 - e^{-i\omega s})\dfrac{\partial f}{\partial x^2} & 0 \\ \cdot & 1 - \varepsilon^2 e^{2i\omega t}(1 - e^{-i\omega s})^2\left(\dfrac{\partial f}{\partial x^2}\right)^2 & 0 \\ \cdot & \cdot & 1 \end{bmatrix} \tag{6.5}$$

由于是小振幅运动，因此可以忽略 ε^2 阶的项及 ε 更高阶的项. 因此这种简单流体可以用第五章方程(5.48)来逼近，从而应力分布

---

1) 为方便起见，从此以后无论什么地方用一个复数表示某个物理量，其含义就是指这个复数的实部.

为

$$\mathbf{T}=\int_0^\infty M_1(s)\begin{bmatrix}0 & i\varepsilon e^{i\omega t}(1-e^{-i\omega s})\dfrac{\partial f}{\partial x^2} & 0\\ \cdot & 0 & 0\\ \cdot & \cdot & 0\end{bmatrix}ds \tag{6.6}$$

故知剪切应力为

$$T_{(12)}=\frac{\partial f}{\partial x^2}i\varepsilon e^{i\omega t}\int_0^\infty M_1(s)(1-e^{-i\omega s})ds \tag{6.7}$$

应用方程 (6.1) 可得剪切率 $A_{(12)}$ 为

$$A_{(12)}=\varepsilon\omega e^{i\omega t}\frac{\partial f}{\partial x^2} \tag{6.8}$$

因而可将式 (6.7) 写作

$$T_{(ij)}=\eta^* A_{(ij)} \tag{6.9}$$

式中 $\eta^*=\dfrac{i}{\omega}\int_0^\infty M_1(s)(1-e^{-i\omega s})ds$ 为复粘度，它是 ω 的函数(参看绪论第 7 页).

所以在小振幅振动流动里，线性粘弹性流动的本构方程可以写成为方程(6.9)，方程(6.9)与牛顿流体的本构方程相类似，只是现在用复粘度 η^* 替代原牛顿流体本构方程里的常粘度 η_0 而已.

可以将复粘度分成实部和虚部

$$\eta^*=\eta'-i\eta'' \tag{6.10}$$

式中 η' 称做动态粘度，而 $\omega\eta''$ 称做动态刚度.

将式 (6.10) 代入式 (6.9) 中，可得

$$\begin{aligned}T_{(12)}&=\varepsilon\omega(\eta'-i\eta'')(\cos\omega t+i\sin\omega t)\frac{\partial f}{\partial x^2}\\&=\varepsilon\omega(\eta'\cos\omega t+\eta''\sin\omega t)\frac{\partial f}{\partial x^2}\\&=\varepsilon\omega\eta_0\cos(\omega t-\delta)\frac{\partial f}{\partial x^2}\end{aligned} \tag{6.11}$$

式中 $\eta_0\cos\delta=\eta'$，$\eta_0\sin\delta=\eta''$.

比较式 (6.11) 与式 (6.1)，我们发现 $T_{(12)}$ 与 $V_{(1)}$的位相不

同，它们的位相差为 δ. 对于牛顿流体，$T_{(12)}$ 与 $v_{(1)}$ 有相同的位相，因而 $\delta = 0$，所以 $\eta' = \eta_0$，$\eta'' = 0$.

复模量 G^* 的定义为

$$G^* = i\omega\eta^* = G' + iG'' \tag{6.12}$$

式中 G' 为储存模量，G'' 为耗损模量.

复柔量 J^* 定义为

$$J^* = \frac{1}{G^*} = J' - iJ'' \tag{6.13}$$

式中 J' 为储存柔量，J'' 为耗损柔量.

从式 (6.10)、(6.12) 和 (6.13) 得到

$$G'' = \omega\eta', G' = \omega\eta'', J' = G'/|G^*|^2, J'' = G''/|G^*|^2 \tag{6.14}$$

物质的粘性部分由 $\eta'(G'', J'')$ 表征，物质的弹性部分由 $\eta''(G', J')$ 表征. 粘性部分和弹性部分的相对重要性由耗损正切

$$\operatorname{tg}\delta_1 = \frac{G''}{G'} = \frac{\eta'}{\eta''} \tag{6.15}$$

给出.

一些作者从弹性的角度处理线性粘弹性问题，在这种情形下，他们大多应用复模量 G^*，另一些作者则应用两者的组合，定义 η^* 为

$$\eta^* = \eta' - iG'/\omega \tag{6.16}$$

我们将只限于应用式 (6.10) 所给出的定义.

现在我们来确定 η^* 与第四章里所定义的各测粘函数之间的关系式.

当 ω 为小量时，可将 $e^{-i\omega s}$ 按 ω 的幂次展开，因此从式 (6.9) 有

$$\eta^* \to \frac{i}{\omega}\int_0^\infty M_1(s)\left(i\omega s + \frac{\omega^2 s^2}{2} + \cdots\right)ds \tag{6.17}$$

当 $\omega \to 0$ 时，由式 (6.17) 与式 (6.10) 可推得

$$\eta' \to -\int_0^\infty sM_1(s)ds, \quad \frac{\eta''}{\omega} \to -\frac{1}{2}\int_0^\infty s^2 M_1(s)ds \tag{6.18}$$

在剪切率 $k \to 0$ 的极限过程里，简单流体的本构方程可以用

第四章里的方程 (4.48) 来逼近，因此，从第五章表 1 可以发现，当 $k \to 0$ 时，

$$\begin{aligned} \eta(k) &\to \eta_0 = -\int_0^\infty sM_1(s)ds \\ N_1(k) &\to N_1(0) = -\int_0^\infty s^2M_1(s)ds \end{aligned} \tag{6.19}$$

比较式 (6.18) 与式 (6.19) 得到

$$\lim_{\omega\to 0}\eta'(\omega) = \lim_{k\to 0}\eta(k)$$

$$\lim_{\omega\to 0}\frac{\eta''(\omega)}{\omega} = \frac{1}{2}\lim_{k\to 0}N_1(k) \tag{6.20}$$

仅当 k 和 ω 为小量时，方程 (6.20) 才有效. 曾经提出过复粘度和各测粘函数间的各式各样的经验公式，最常引用的是 Cox-Merz 公式

$$\eta(k) = |\eta^*(\omega)| = \sqrt{(\eta')^2 + (\eta'')^2}, \quad \omega = k \tag{6.21}$$

公式 (6.21) 是线性粘弹性粘度 $\eta^*(\omega)$ 和非线性粘弹性粘度 $\eta(k)$ 之间的关系式，因此不能指望它是广泛有效的[36]. 对某些聚合物溶液，当 k 和 ω 不是太大时，$\eta(k)$ 与 η^* 是满足公式 (6.21) 的. 在第四章里，我们曾经看到，当 k 大时，求 $\eta(k)$ 是不容易的，当 ω 大时，求 $\eta^*(\omega)$ 较为容易，因此如果能够建立起 $\eta(k)$ 和 $\eta^*(\omega)$ 之间的关系式，则可用确定 $\eta^*(\omega)$ 来得到 $\eta(k)$.

可以用确定 $\eta^*(\omega)$ 的办法来表征线性粘弹性流体. 所以，如果选定了一个第五章第二节所给出的本构方程，则可以借助在这个本构方程里出现的各参数来确定 η^*. 知道 η^* 后，我们就能确定各参数. 因而如果选取 Maxwell 模型（第五章方程 (5.55)），并将剪切应力分量 $T_{(12)}$ 写成 τ，应用式 (6.8)，我们有

$$\tau + \lambda_1\frac{\partial\tau}{\partial t} = \eta_0\varepsilon\omega e^{i\omega t}\frac{\partial f}{\partial x^2} \tag{6.22}$$

求式 (6.22) 的积分可得

$$\tau = \eta_0\frac{\varepsilon\omega e^{i\omega t}}{(1 + i\omega\lambda_1)}\frac{\partial f}{\partial x^2} \tag{6.23}$$

因此

$$\eta^* = \frac{\eta_0(1 - i\omega\lambda_1)}{(1 + \omega^2\lambda_1^2)} \tag{6.24}$$

将 η^* 分成实部与虚部，可得

$$\eta' = \frac{\eta_0}{(1 + \omega^2\lambda_1^2)}, \quad \eta'' = \frac{\eta_0\omega\lambda_1}{(1 + \omega^2\lambda_1^2)} \tag{6.25}$$

在第五章里，我们曾经看到过可以将线性的 Maxwell 模型（方程 5.55)）推广，给出两个可能的非线性本构方程(5.73)和(5.87)。能够容易地证明由方程 (6.25) 给出的 η'、η'' 在所有情形下都满足方程 (6.20) 给出的关系式，但是不满足 Cox-Merz 公式．由随动的 Maxwell 模型(第五章方程 (5.73)) 所预示的粘度函数 $\eta(k)$ 是一个常量，而 $|\eta^*|$ 却是 ω 的函数．从式 (6.24) 可得

$$|\eta^*| = \frac{\eta_0}{1 + \lambda_1^2\omega^2} \tag{6.26}$$

从第五章的表 1 我们发现共旋的 Maxwell 模型(方程(5.87))的粘度函数为

$$\eta(k) = \frac{\eta_0}{1 + \lambda_1^2k^2} \tag{6.27}$$

比较式 (6.26) 与式 (6.27)，可以发现对于这种特殊模型(共旋的 Maxwell 模型)，Cox-Merz 公式是满足的.

前已说过，我们并不指望所有的本构方程都满足 Cox-Merz 公式.

物理-化学家感兴趣的是求 η^*，研究了粘弹性物质的复粘度，就有可能研究这种物质的分子结构[29].

可将确定 η^* 的方法分成两组："通常的"和"新型的"

§6.2 确定 η^* 的常用方法

可用第四章第二节所述设备确定 η^*.

(a) 平行圆板

这个设备如第四章第二节 d 中所述，由两个半径为 a 的圆板组成，两圆板对于它们的公共轴转振．如图 6.1 所示，取这个公

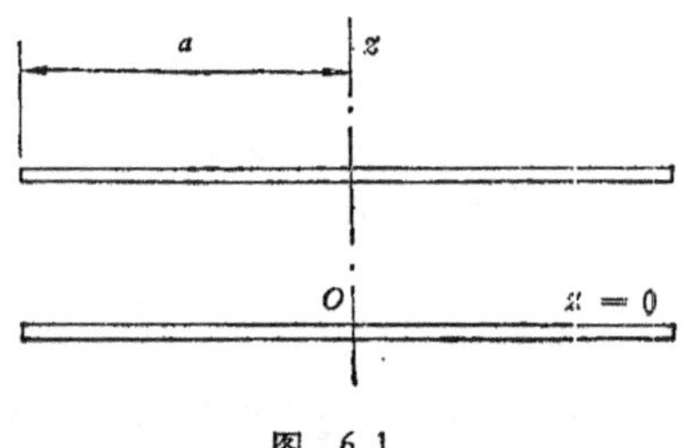

图 6.1

共轴为柱坐标系的 z 轴.两圆板的振动频率相同,但它们的振幅不同.假定下面的圆板($z=0$)以振幅 ε_1 振动,而上面的圆板($z=h$)以振幅 ε_2 振动.通常下面的圆板产生振动,而将上面的圆板用一根扭丝缚住,从而可确定上面圆板所受力矩.

假定速度分布为

$$v_{(r)}=0,\ v_{(\theta)}=rf(z)e^{i\omega t},\ v_{(z)}=0 \tag{6.28}$$

可知 $\mathbf{A}_1$ 仅有的非零分量是 $A_{(\theta z)}$,且

$$A_{(\theta z)}=r\frac{df}{dz}e^{i\omega t} \tag{6.29}$$

将式(6.29)代入方程(6.9)得到

$$T_{(\theta z)}=\eta^* r\frac{df}{dz}e^{i\omega t},\ \text{其余的}\ T_{(ij)}=0 \tag{6.30}$$

由于 $T_{(\theta z)}$ 是 $T_{(ij)}$ 仅有的非零分量,则仅有的相应的运动方程为

$$\rho\frac{\partial v_{(\theta)}}{\partial t}=\frac{\partial T_{(\theta z)}}{\partial z} \tag{6.31}$$

式中 ρ 为密度.

将式(6.28)和式(6.30)代入式(6.31)中得到

$$\frac{d^2f}{dz^2}+\alpha^2f=0 \tag{6.32}$$

式中 $\alpha^2=-i\omega\rho/\eta^*$.

根据式(6.28)可知,连续性方程自动满足.

由于上板以振幅 ε_2 振动,下板以振幅 ε_1 振动,且两板的位相

不需要相同，则

$$\theta(h) = \varepsilon_2 e^{i\omega t}, \quad \theta(0) = \varepsilon_1 e^{i\omega t} \cdot e^{ic} \tag{6.33}$$

根据式 (6.28)，

$$\dot{\theta} = f(z) e^{i\omega t} \tag{6.34}$$

从而边界条件为

$$f(h) = i\omega\varepsilon_2, \quad f(0) = i\omega\varepsilon_1 e^{ic} \tag{6.35}$$

方程 (6.32) 在边界条件 (6.35) 下的解为

$$f = A\sin\alpha z + B\cos\alpha z \tag{6.36}$$

式中 $A = i\omega(\varepsilon_2 - \varepsilon_1 e^{ic}\cos\alpha h)/\sin\alpha h$，$B = i\omega\varepsilon_1 e^{ic}$.

作用在上板上的力矩C为

$$C = -2\pi\int_0^a r^2 T_{(\theta z)}|_{z=h} dr \tag{6.37}$$

应用式 (6.36)，式 (6.30) 并完成上式积分，则方程 (6.37) 变为

$$C = \frac{-\pi i a^4 \alpha\omega\eta^*}{2}[\varepsilon_2 \text{ctg}\alpha h - \varepsilon_1 e^{ic}\csc\alpha h] e^{i\omega t} \tag{6.38}$$

上板的运动方程为

$$C = (K - I\omega^2)\varepsilon_2 e^{i\omega t} \tag{6.39}$$

式中K是扭丝的恢复常数，I是上板对于它的轴的惯性矩.

比较式 (6.38) 与式 (6.39) 可得到

$$\frac{e^{ic}}{\delta} = \cos\alpha h - \frac{is}{\eta^*}\frac{\sin\alpha h}{\alpha} \tag{6.40}$$

式中 $\delta = \varepsilon_2/\varepsilon_1$，$s = \dfrac{2(K - I\omega^2)}{\pi a^4\omega}$

由于α里包含有η^*，因此从方程 (6.40) 求解η^*时必须解一个非线性方程，这是不容易的. 若假定αh为小量，并略去$\alpha^2 h^2$阶的项(从式 (6.32) 可见，这意味着略去惯性项)，那么式 (6.40) 变为

$$\frac{e^{ic}}{\delta} = 1 - \frac{ish}{\eta^*} \tag{6.41}$$

将式 (6.41) 分成实部和虚部并作一些简化之后得到

$$\eta' = -\frac{s\delta(\sin c)h}{\delta^2 - 2\delta\cos c + 1}, \quad \eta'' = \frac{s\delta(\cos c - \delta)h}{\delta^2 - 2\delta\cos c + 1} \tag{6.42}$$

式(6.42)右边所有量都已知，所以 η'、η'' 可求得.

我们指出，上述近似要求 αh 为小量，而不是 α 本身，对于一个固定的 α，可以使两圆板间缝隙 h 为小量，借以改进所作近似.

如果 αh 虽为小量，但不能忽略量阶为 $O(\alpha^2h^2)$ 项，则的应保留 $\cos\alpha h$ 与 $\sin\alpha h$ 展式中的另外一些项．求解方程(6.40)的另一个办法是迭代法[29].

(b) 共轴圆筒

在第四章第 2 节 c 中描述过两无限长圆筒间流体的流动．现取柱坐标系(r,θ,z)，并让 z 轴与两圆筒的轴向一致(见图 6.2)．通常使外圆筒以角频率 ω 和振幅 ε_1 转动，而内圆筒用一根扭丝固定.

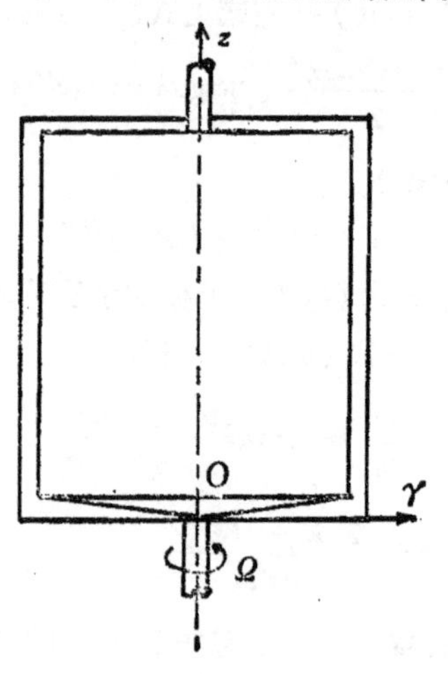

图 6.2

假定速度分布为

$$v_{(r)} = 0, \quad v_{(\theta)} = rf(r)e^{i\omega t}, \quad v_{(z)} = 0 \tag{6.43}$$

则仅有的非零应力分量是 $T_{(r\theta)}$，且

$$T_{(r\theta)} = \eta^* r\frac{df}{dr}e^{i\omega t} \tag{6.44}$$

相应的运动方程为

$$\rho i\omega r f(r)e^{i\omega t}=\frac{1}{r}\frac{\partial}{\partial r}(r^2T_{(r\theta)})=\left(r^2\frac{d^2f}{dr^2}+3r\frac{df}{dr}\right)\eta^*e^{i\omega t} \tag{6.45}$$

式中 ρ 为密度.

边界条件为

$$f(r_1)=i\varepsilon_1\omega,\quad f(r_2)=i\varepsilon_2\omega e^{ic} \tag{6.46}$$

式中 r_1, r_2 分别是内筒和外筒的半径,ε_1 是内筒运动的角振幅, c 是两圆筒之间的位相差.

方程 (6.45) 可写成

$$r^2\frac{d^2f}{dr^2}+3r\frac{df}{dr}+r\alpha^2f=0 \tag{6.47}$$

式中 $\alpha^2=-\rho i\omega/\eta^*$.

解方程 (6.47) 要用复自变量的 Bessel 函数,运算是较困难[10].

假定惯性项为小量,因而可略去 α^2, 方程 (6.47) 简化为

$$r\frac{d^2f}{dr^2}+3\frac{df}{dr}=0 \tag{6.48}$$

根据边界条件 (6.45), 解方程 (6.48) 得

$$f=A+B/r^2 \tag{6.49}$$

$$A=\frac{i\omega(r_2^2\varepsilon_2e^{ic}-r_1^2\varepsilon_1)}{r_2^2-r_1^2},\quad B=\frac{i\omega r_1^2r_2^2(\varepsilon_1-\varepsilon_2e^{ic})}{r_2^2-r_1^2}$$

若在实验时,液柱的高度为 h, 则作用于内筒上的力矩 C 为

$$\begin{aligned}C&=2\pi hr_1^2T_{(r\theta)}|_{r=r_1}=-4\pi h\eta^*Be^{i\omega t}\\&=\frac{4\pi h\eta^*i\omega r_1^2r_2^2(\varepsilon_1-\varepsilon_2e^{ic})}{r_2^2-r_1^2}e^{i\omega t}\end{aligned} \tag{6.50}$$

内筒的运动方程为

$$(K-I\omega^2)\varepsilon_1e^{i\omega t}=C \tag{6.51}$$

式中 K 是扭丝的恢复常数, I 是内筒对其轴的惯性矩.

比较式 (6.50) 与式 (6.51), 得到

$$\frac{e^{ic}}{\delta}=1-\frac{is}{\eta^*} \tag{6.52}$$

式中

$$s=\frac{(K-I\omega^2)(r_2^2-r_1^2)}{4\pi h r_1^2 r_2^2 \omega},\quad \delta=\varepsilon_1/\varepsilon_2$$

方程(6.52)类似于方程(6.41)，因此我们也可确定 η' 与 η''.

(c) 锥和板

在第四章第 2 节 b 里描述过锥板装置. 通常让半径为 a 的板以频率 ω 转振，而用一根扭丝缚住锥，如图 6.3 所示，选取球坐标系 (r,θ,ϕ). 假定速度分布为

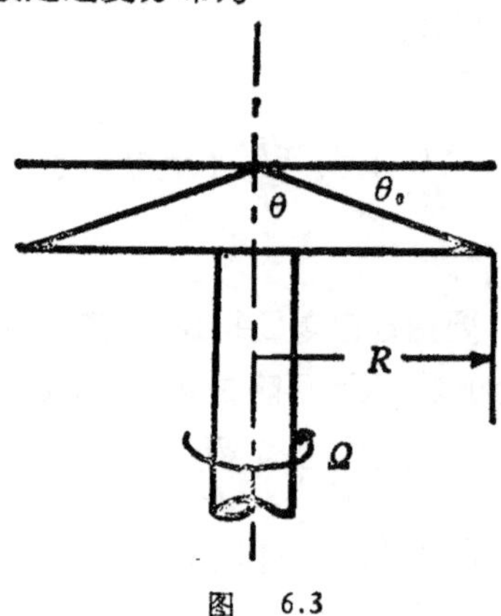

图 6.3

$$v_{(r)}=0,\ v_{(\theta)}=0,\ v_{(\phi)}=f(r,\theta)e^{i\omega t} \tag{6.53}$$

两个非零的应力分量为

$$\begin{aligned} T_{(\theta\phi)}&=\eta^*\left(\frac{1}{r}\frac{\partial f}{\partial\theta}-\frac{\operatorname{ctg}\theta}{r}f\right)e^{i\omega t}\\ T_{(\phi r)}&=\eta^*\left(\frac{\partial f}{\partial r}-f/r\right)e^{i\omega t}\end{aligned} \tag{6.54}$$

相应的运动方程为

$$\rho\frac{\partial v_{(\phi)}}{\partial t}=\frac{1}{r^2}\frac{\partial}{\partial r}(r^2T_{(r\phi)})+\frac{1}{r}\frac{\partial}{\partial\theta}T_{(\theta\phi)}+\frac{T_{(r\phi)}}{r}+\frac{2\operatorname{ctg}\theta}{r}T_{(\theta\phi)} \tag{6.55}$$

将式(6.54)与式(6.53)代入方程(6.55)，得到

$$-\alpha^2\omega = \frac{1}{r^2}\frac{\partial}{\partial r}\left(r^2\frac{\partial f}{\partial r}\right) + \frac{1}{r^2\sin\theta}\frac{\partial}{\partial\theta}\left(\sin\theta\frac{\partial f}{\partial\theta}\right) - \frac{f}{r^2\sin^2\theta} \tag{6.56}$$

式中 $\alpha^2 = -\rho i\omega/\eta^*$，$\rho$ 为密度.

可以用 Bessel 函数和 Legendre 函数表示方程(6.56)的解[10]，但这些解太复杂，用处不大.

现作如下假定:

(i) 可以忽略惯性项，因而可取 $\alpha = 0$.

(ii) 板和锥间的缝隙很小，故 $\theta \approx \frac{\pi}{2}$(参看第四章第二节b).

假定 (ii) 意味着剪切率 $A_{(\theta\phi)}$ 仅是 t 的函数，并且 $A_{(\phi r)} = 0$.

如果锥和板以同样的频率 ω 转振，且它们的振幅分别是 ε_1 与 ε_2，则

$$\phi(\pi/2) = \varepsilon_2 e^{i\omega t}e^{ic},\ \phi\left(\frac{\pi}{2} - \theta_0\right) = \varepsilon_1 e^{i\omega t} \tag{6.57}$$

式中 c 与 θ_0 分别是锥和板的位相差与夹角.

由于假定 $\theta \approx \frac{\pi}{2}$，则 $\sin\theta \approx 1$，$\cos\theta \approx 0$，从而

$$A_{(\theta\phi)} \approx \frac{1}{r}\frac{\partial f}{\partial\theta}e^{i\omega t} \approx ke^{i\omega t} \tag{6.58}$$

式中 k 为常数. 所以

$$f = kr\theta + k_1 = r\dot{\phi}_0^{1)} \tag{6.59}$$

式中 k_1 为常数.

应用式 (6.57) 给出的条件，可求得

$$f = \frac{ri\omega(\varepsilon_2 e^{ic} - \varepsilon_1)\theta}{\theta_0} + k_1 \tag{6.60}$$

因而剪切应力 $T_{(\theta\phi)}$ 为

$$T_{(\theta\phi)} = \eta^*\frac{i\omega(\varepsilon_2 e^{ic} - \varepsilon_1)}{\theta_0}e^{i\omega t} \tag{6.61}$$

作用于锥上的力矩 C 为

1) 物理分量 $v_{(\phi)} = r(\sin\theta)\dot{\phi} \approx r\,\phi_0 e^{i\omega t}$.

$$C = \frac{2\pi a^3}{3} \eta^* \frac{i\omega(\varepsilon_2 e^{ic} - \varepsilon_1)}{\theta_0} e^{i\omega t} \tag{6.62}$$

从锥的运动方程可以得到

$$(K - I\omega^2)\varepsilon_2 = \frac{2\pi a^3}{3} \eta^* \frac{i\omega(\varepsilon_2 e^{ic} - \varepsilon_1)}{\theta_0} \tag{6.63}$$

式中 K 是扭丝的恢复常数，I 是锥对于它的轴的惯性矩.

从式 (6.63) 可导出

$$\frac{e^{ic}}{\delta} = 1 - \frac{is}{\eta^*} \tag{6.64}$$

式中 $\delta = \varepsilon_1/\varepsilon_2$，$s = \dfrac{3\theta_0(K - I\omega^2)}{2\pi a^3 \omega}$

方程 (6.64) 与方程(6.41)的形式相同，因此也可确定 η^*.

(d) 评注

我们已经看到，在上述三种情形里，为了求 η^* 时计算不太长，必须假定可以忽略惯性项. 如果我们必须保留高于 α 的项，可用的最方便的仪器是平行圆板装置 (a). 我们指出，由于频率 ω 被包含在 α 之中，因此当假定 α 为小量时，我们就将这个限制强加于 ω 了. 如果我们在仪器的固有频率 $\omega_0(\omega_0^2 = K/I)$ 下做实验，则 $s = 0$，因此不能从式 (6.42) 确定 η' 和 η''. 但是 η^* 里的这种不连续性不是物质的特性，而是仪器的特性，所以在 $\omega = \omega_0$ 时 η^* 应该是确定的. 为了求出 $\omega = \omega_0$ 时的 η^*，我们可以对于低值的 ω_0 和高值的 ω_0 得到的结果进行插值，也可以采用不同的扭丝(改变 K 值)重复实验.

上述分析仅对线性粘弹性物质有效，为了确定实验是否是在线性区域内完成的，我们用不同的振幅 ε_1 和 ε_2，但保持它们的比值 δ 为常数重复进行相同的实验. 由于 η^* 只依赖于 δ，而不依赖于 ε_1 和 ε_2 各别的绝对数值. 所以如果选取不同的 ε_1 和 ε_2，但保持 δ 为常数时，η^* 应当是相同的. 如果不同. 则线性假定不再有效.

第四章讨论过的端缘效应引起的误差，在决定 η^* 的实验中仍然存在，但粘性生热是不重要的.

§6.3 新型的流变仪

第 2 节的仪器，流体都是依赖于时间的正弦型运动，测量出仪器各部件的运动振幅比和仪器各种部件间位相差，来确定 η^*. 近年来，常采用另一种流动来确定η^*，它用 Euler 观点来看是定常的，而用 Lagrange 观点来看则是非定常的. 如果集中注意空间里的一个固定点，则运动是定常的，但是如果随物质点 P 一起运动，则 P 将作正弦运动. 用这种技术确定 η^* 的仪器已有成品出售.

(a) 正交流变仪（Maxwell 正交流变仪）

正交流变仪是一种改进的平行圆板流变仪，它由两块半径为 a，相距为 h 的平行圆板组成. 这两块圆板以相同的角速度 ω 转动，两转动轴垂直于两圆板但相距 δ，见图 6.4. 下面的那块圆板

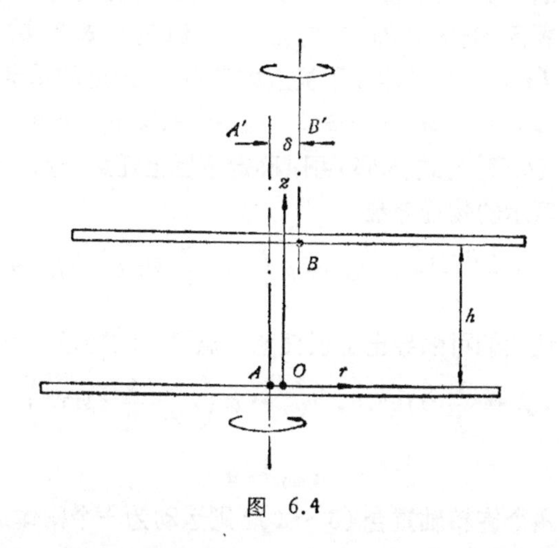

图 6.4

绕 AA' 转动，上面的那块圆板绕 BB' 转动. 我们选取具有同一坐标原点的两个坐标系，让它们的坐标原点位于下面的圆板上，在两旋转轴 AA' 和 BB' 中间处. 其中一个坐标系是常见的柱坐标系(r, θ, z)，另一个是笛卡尔直角坐标系，x^3轴与 z 轴重合，x^1，x^2

与 r, θ 之间的关系见图 6.5. 它们之间常见的关系式为

$$x^1 = r\cos\theta,\quad x^2 = r\sin\theta \tag{6.65}$$

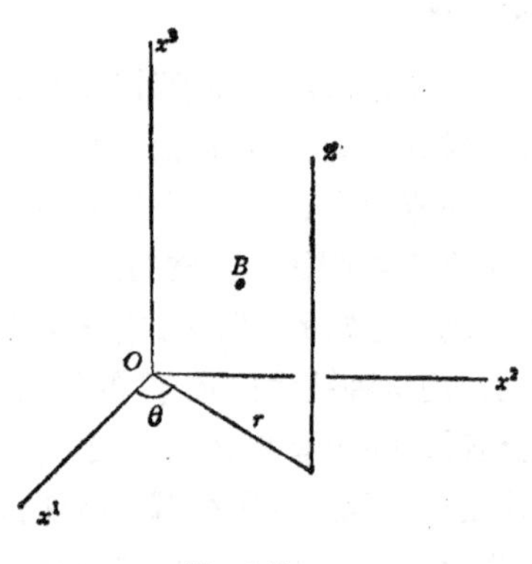

图 6.5

下面的圆板以角速度 $(0, 0, \omega)$ 旋转，其旋转轴平行于 x^3 轴. 但对于坐标系 $Ox^1x^2x^3$ 而言，它是位于点 $(0, -\delta/2, 0)$ 处的. 因此任意点 $(x^1, x^2, 0)$（即在下板上的任意点）速度的笛卡尔分量为

$$v_{(1)} = -\omega x^2 - \omega\delta/2,\ v_{(2)} = \omega x^1,\ v_{(3)} = 0 \tag{6.66}$$

由式 (6.65) 与式 (6.66) 可以确定下板上任意一点处速度 $\boldsymbol{v}$ 的用柱坐标表示的物理分量

$$v_{(r)} = -\frac{\omega\delta\cos\theta}{2},\ v_{(\theta)} = \omega\left(r + \frac{\delta}{2}\sin\theta\right), v_{(z)} = 0 \tag{6.67}$$

类似地我们可以导出上板任意一点速度的物理分量为

$$v_{(r)} = \frac{1}{2}\omega\delta\cos\theta,\ v_{(\theta)} = \omega\left(r - \frac{1}{2}\delta\sin\theta\right)$$

$$v_{(z)} = 0 \tag{6.68}$$

如果两个旋转轴重合 $(\delta = 0)$，则运动为一个刚体运动，并且速度分布将是

$$v_{(r)} = 0,\ v_{(\theta)} = \omega r,\ v_{(z)} = 0 \tag{6.69}$$

假定 δ 很小，因而可进一步假定正交流变仪里的运动是对于式 (6.69) 给出的刚体运动的一个扰动运动. 因为当 $z = 0$ 和

$z=h$ 时，$v_{(z)}=0$，所以我们假定在整个流动区域内都有 $v_{(z)}=0$. 故可设流体的速度分布为

$$v_{(r)}=u_{(r,z)}e^{i\theta},\ v_{(\theta)}=r\omega+v(r,z)e^{i\theta},\ v_{(z)}=0 \tag{6.70}$$

将式 (6.70) 与式 (6.67) 及式 (6.68) 比较，可求得

$$u(r,0)=-\omega\delta/2,\ v(r,0)=i\omega\delta/2 \tag{6.71a}$$

$$u(r,h)=\omega\delta/2,\ v(r,h)=i\omega\delta/2 \tag{6.71b}$$

我们指出，在式 (6.71) 中，u, v 是不依赖于 r 的，我们将假定对于所有的在 $0\leqslant z\leqslant h$ 区间的 z，u, v 总是不依赖于 r 的. 所以式 (6.70) 变为

$$v_{(r)}=u_{(z)}e^{i\theta},\ v_{(\theta)}=r\omega+v_{(z)}e^{i\theta},\ v_{(z)}=0 \tag{6.72}$$

从式 (6.71) 可推知 u, v 具有 δ 的量阶，并且我们假定可以略去 δ 的平方和 δ 的更高阶幂.

为了确定位移函数 x'^i，我们将首先确定相应于刚体运动(方程 (6.69)) 的位移函数 r', θ', z'. 这时有

$$\frac{dr'}{dt'}=0,\ \frac{d\theta'}{dt'}=\omega,\ \frac{dz'}{dt'}=0 \tag{6.73a}$$

$$r'|_{t'=t}=r,\ \theta'|_{t'=t}=\theta,\ z'|_{t'=t}=z \tag{6.73b}$$

式 (6.73) 的解为

$$r'=r,\ \theta'=\theta-s\omega,\ z'=z, \tag{6.74}$$

式中 $s=t-t'$.

相应于速度场 (6.72) 的位移函数 (r', θ', z') 为

$$\frac{dr'}{dt'}=u(z')e^{i\theta'} \tag{6.75a}$$

$$\frac{d\theta'}{dt'}=\omega+\frac{v(z')}{r'}e^{i\theta'} \tag{6.75b}$$

$$\frac{dz'}{dt'}=0 \tag{6.75c}$$

根据式 (6.73b) 求得式 (6.75c) 的解为

$$z'=z \tag{6.76}$$

我们假定 u, v 很小，并且它们的平方或更高阶的项可以略

去，因此，在这种近似程度下，将式(6.74)给出的θ'代入式(6.75a)与式(6.76b)中，得到

$$\frac{dr'}{dt'}=u(z)e^{i[\theta-\omega(t-t')]}=u(z)e^{i(\theta-\omega t)}\cdot e^{it'\omega} \tag{6.77}$$

根据式(6.73b)解式(6.77)得

$$r'=r+\frac{iu(z)}{\omega}e^{i\theta}(1-e^{-i\omega s}) \tag{6.78}$$

现将式(6.78)给出的r'和式(6.74)给出的θ'代入式(6.75b)中得到

$$\frac{d\theta'}{dt'}=\omega+\frac{v(z)}{r}\left[1+\frac{iu(z)}{\omega}e^{i\theta}(1-e^{-i\omega s})\right]^{-1}e^{i(\theta-\omega t)}\cdot e^{i\omega t'}$$

$$\approx\omega+\frac{v(z)}{r}e^{i(\theta-\omega t)}\cdot e^{i\omega t'} \tag{6.79}$$

根据式(6.73b)解式(6.79)可得

$$\theta'=\theta-s\omega+\frac{iv(z)}{r\omega}e^{i\theta}(1-e^{-i\omega s}) \tag{6.80}$$

还有一种办法是用第三章方程(3.43)来确定r', θ', z'. 我们可以写出

$$r'=r-R,\ \theta'=\theta-(t-t')\omega-\Theta,\ z'=z-Z \tag{6.81}$$

R, Θ, Z这些量是u, v大小的量阶，因此可将比它们高阶的乘积的平方略去．将式(6.81)代入第三章的式(3.43)中，得到

$$-\frac{\partial R}{\partial t}+u(z)e^{i\theta}\left(1-\frac{\partial R}{\partial r}\right)+\left(\omega+\frac{v(z)}{r}e^{i\theta}\right)$$

$$\times\left(-\frac{\partial R}{\partial\theta}\right)=0 \tag{6.82a}$$

$$-\omega-\frac{\partial\Theta}{\partial t}+u(z)e^{i\theta}\left(-\frac{\partial\Theta}{\partial r}\right)+\left(\omega+\frac{v(z)}{r}e^{i\theta}\right)$$

$$\times\left(1-\frac{\partial\Theta}{\partial\theta}\right)=0 \tag{6.82b}$$

$$-\frac{\partial Z}{\partial t}+u(z)e^{i\theta}\left(-\frac{\partial Z}{\partial r}\right)+\left(\omega+\frac{v(z)}{r}e^{i\theta}\right)$$

$$\times\left(-\frac{\partial Z}{\partial\theta}\right)=0 \tag{6.82c}$$

略去二阶项,式 (6.82) 变为

$$\frac{\partial R}{\partial t}+\omega\frac{\partial R}{\partial\theta}=u(z)e^{i\theta} \tag{6.83a}$$

$$\frac{\partial\Theta}{\partial t}+\omega\frac{\partial\Theta}{\partial\theta}=\frac{v(z)}{r}e^{i\theta} \tag{6.83b}$$

$$\frac{\partial Z}{\partial t}+\omega\frac{\partial Z}{\partial\theta}=0 \tag{6.83c}$$

R, Θ, Z 应满足

$$R|_{t=t'}=\Theta|_{t=t'}=Z|_{t=t'}=0 \tag{6.84}$$

为求解式 (6.83a), 我们写出

$$R=R_0(z,t)e^{i\theta} \tag{6.85}$$

将式 (6.85) 代入式 (6.83a), 得到

$$\frac{\partial R_0}{\partial t}+i\omega R_0=u(z) \tag{6.86}$$

即

$$\frac{\partial}{\partial t}(R_0c^{i\omega t})=u(z)e^{i\omega t}$$

依据式 (6.84), 方程 (6.86) 的解为

$$R_0=-\frac{iu(z)}{\omega}(1-e^{-i\omega s}) \tag{6.87}$$

方程 (6.83b) 类似于方程(6.83a), 因此我们可解出 Θ. 显然, 方程 (6.83c) 的解是 $Z=0$. 故由式 (6.84), 方程 (6.83) 的解为

$$r'=r+\frac{iu(z)}{\omega}(1-e^{-\omega is})e^{i\theta} \tag{6.88a}$$

$$\theta'=\theta-s\omega+\frac{iv(z)}{r\omega}(1-e^{-i\omega s})e^{i\theta} \tag{6.88b}$$

$$z'=z \tag{6.88c}$$

我们指出,方程 (6.88) 与方程 (6.76),(6.78) 和 (6.80) 是等同的.

从式 (6.88), 并利用第二章的式 (2.58), 可以求出右 Cauchy-

Green 张量 $\mathbf{C}_t$. 仅保留 u, v 中的线性项，可得到度规张量 $g_{ik}(\boldsymbol{x}')$

$$g_{rr}(\boldsymbol{x}') = 1$$

$$g_{\theta\theta}(\boldsymbol{x}') = (r')^2 \approx r^2 + \frac{2riu(z)}{\omega} e^{i\theta}(1 - e^{-i\omega s}) \tag{6.89}$$

$$g_{zz}(\boldsymbol{x}') = 1$$

其余的 $g_{ij} = 0$

下面我们以 $C_{\theta\theta}$ 的计算为例说明求 $\mathbf{C}_t$ 的方法.

$$\begin{aligned} C_{\theta\theta} &= \frac{\partial r'}{\partial \theta}\frac{\partial r'}{\partial \theta} + \frac{\partial \theta'}{\partial \theta}\frac{\partial \theta'}{\partial \theta} g_{\theta\theta}(\boldsymbol{x}') + \frac{\partial z'}{\partial \theta}\frac{\partial z'}{\partial \theta} \\ &= \left[1 - \frac{v(z)}{r\omega} e^{i\theta}(1 - e^{-i\omega s})\right]^2 \\ &\quad \times \left[r^2 + \frac{2iru}{\omega} e^{i\theta}(1 - e^{-i\omega s})\right] \end{aligned} \tag{6.90}$$

由于 $\dfrac{\partial r'}{\partial \theta}$ 是 u 的量阶，从而 $\dfrac{\partial r'}{\partial \theta}\dfrac{\partial r'}{\partial \theta}$ 可以略去，并且 $\dfrac{\partial z'}{\partial \theta} = 0$.

将式 (6.90) 乘开来并仅保留线性项，可得

$$C_{\theta\theta} = r^2\left[1 - \frac{2e^{i\theta}(1 - e^{-i\omega s})}{r\omega}(v - iu)\right] \tag{6.91}$$

所以 $G_{\theta\theta}$ 为

$$G_{\theta\theta} = C_{\theta\theta} - g_{\theta\theta}(\boldsymbol{x}) = -\frac{2r^2 e^{i\theta}(1 - e^{-i\omega s})}{r\omega}(v - iu) \tag{6.92}$$

物理分量 $G_{(\theta\theta)}$ 为

$$G_{(\theta\theta)} = \frac{G_{\theta\theta}}{\sqrt{g_{\theta\theta}(\boldsymbol{x})}} \cdot \frac{1}{\sqrt{g_{\theta\theta}(\boldsymbol{x})}} = \frac{-2e^{i\theta}(1 - e^{-i\omega s})(v - iu)}{r\omega} \tag{6.93}$$

$\mathbf{G}_t$ 的其它分量可类似地算出，并且可求得 $\mathbf{G}_t$ 的协变分量为

$$\mathbf{G}_t = \frac{ie^{i\theta}}{\omega}(1 - e^{-i\omega s})\begin{bmatrix} 0 & iu - v & \dfrac{du}{dz} \\ \cdot & 2r(u + iv) & r\dfrac{dv}{dz} \\ \cdot & \cdot & 0 \end{bmatrix} \tag{6.94}$$

从方程 (6.94) 可以求得一阶 Rivlin-Ericksen 张量 $\mathbf{A}_1$ 的各协变分量，容易看到方程 (6.94) 的矩阵里各项是 $\mathbf{A}_1 e^{-i\theta}$ 的协变分量，所以方程 (6.94) 可以写成

$$\mathbf{G}_t = \frac{i(1 - e^{-i\omega s})}{\omega} \mathbf{A}_1 \tag{6.95}$$

由于 $\mathbf{A}_1$ 具有 u，v 的量阶，并已将 u^2，v^2 量阶的项略去，故能够用一个线性粘弹性流体来逼近一个简单流体. 因而第五章里的方程 (5.48) 是一个合适的本构方程.

因此

$$\mathbf{T} = \int_0^\infty M_1(s)\mathbf{G}_t(s)ds = \mathbf{A}_1\eta^* \tag{6.96}$$

式中 $\eta^* = \int_0^\infty \frac{i}{\omega}(1 - e^{-i\omega s})M_1(s)ds$ 是第一节里(方程 (6.9)) 所定义的复粘度.

$\mathbf{T}$ 的物理分量为

$$\mathbf{T} = \eta^* e^{i\theta} \begin{bmatrix} 0 & \dfrac{iu - v}{r} & \dfrac{du}{dz} \\ \cdot & \dfrac{2(u + iv)}{r} & \dfrac{dv}{dz} \\ \cdot & \cdot & 0 \end{bmatrix} \tag{6.97}$$

连续性方程为

$$\frac{u(z)}{r} e^{i\theta} + \frac{iv(z)}{r} e^{i\theta} = 0 \tag{6.98}$$

应用式 (6.98)，式 (6.97) 可简化为

$$\mathbf{T} = \eta^* e^{i\theta} \begin{bmatrix} 0 & 0 & \dfrac{du}{dz} \\ \cdot & 0 & \dfrac{dv}{dz} \\ \cdot & \cdot & 0 \end{bmatrix} \tag{6.99}$$

将式 (6.99) 代入运动方程，并利用式 (6.98)，可得

$$-\rho r\omega^2 - i\rho\omega u e^{i\theta} = -\frac{\partial p}{\partial r} + \eta^* e^{i\theta}\frac{d^2u}{dz^2} \tag{6.100a}$$

$$-i\rho\omega v e^{i\theta} = \frac{1}{r}\frac{\partial p}{\partial \theta} + \eta^* e^{i\theta}\frac{d^2v}{dz^2} \tag{6.100b}$$

式中 ρ 为密度.

现将 p 写成

$$p = p_0 + \frac{1}{2}\rho r^2\omega^2 \tag{6.101}$$

式中 p_0 为一常量. 从而方程 (6.100) 简化为

$$\frac{d^2u}{dz^2} - \alpha^2 u = 0 \tag{6.102a}$$

$$\frac{d^2v}{dz^2} - \alpha^2 v = 0 \tag{6.102b}$$

式中 $\alpha^2 = -i\rho\omega/\eta^*$.

我们注意到方程 (6.102a) 与 (6.102b) 是相同的,依照边界条件 (6.71) 并考虑到连续性方程 (6.98), 可得方程 (6.102) 的解为

$$u = \omega\frac{\delta}{2}\left[-\text{ch}\alpha z + \text{sh}\alpha z\left(\frac{1+\text{ch}\alpha h}{\text{sh}\alpha h}\right)\right] = -iv \tag{6.103}$$

可计算剪切应力 $T_{(rz)}$ 与 $T_{(\theta z)}$,得到

$$T_{(rz)} = \eta^* e^{i\theta}\frac{du}{dz},\quad T_{(\theta z)} = \eta^* e^{i\theta}\frac{dv}{dz} \tag{6.104}$$

如果 F_1, F_2 是作用在上板上 ($z = h$) 沿 x^1 和 x^2 方向的作用力,则

$$F_1 = -\int_0^a\int_0^{2\pi}[T_{(rz)}\cos\theta - T_{(\theta z)}\sin\theta]_{z=h} r\,dr\,d\theta$$
$$= \frac{\eta^* a^2\alpha\omega\delta\pi\text{sh}\alpha h}{2} \tag{6.105a}$$

$$F_2 = -\int_0^a\int_0^{2\pi}[T_{(rz)}\sin\theta + T_{(\theta z)}\cos\theta]_{z=h} r\,dr\,d\theta$$
$$= \frac{-i\eta^* a^2\alpha\omega\delta\pi\text{ch}\alpha h(1+\text{ch}\alpha h)}{2\text{sh}\alpha h} \tag{6.105b}$$

可将式(6.105)写成

$$F_1 - iF_2 = \frac{-\eta^* a^2 \alpha\omega\delta\pi(1 + \operatorname{ch}\alpha h)}{2\operatorname{sh}\alpha h} \tag{6.106}$$

由于 η^* 包含在 α 的定义中,所以为了从式(6.106)中求解 η^*,我们必须解一个非线性方程,这是不容易的. 如同在第 2 节里所作的假定那样,设 αh 是很小的,仅保留 αh 的线性项,式(6.106)简化为

$$F_1 - iF_2 = -\frac{\eta^* a^2 \omega\delta\pi}{h} \tag{6.107}$$

将式(6.107)分成实部和虚部,得到

$$\eta' = -\frac{hF_1}{a^2\omega\delta\pi}, \quad \eta'' = -\frac{hF_2}{a^2\omega\delta\pi} \tag{6.108}$$

由于方程(6.108)中两式的右边各量均已知,所以能求出 η' 和 η''.

(b) 偏心圆筒

在这种情形里,流体被装在两无限长的圆筒之间,两圆筒以相同的角速度 ω 旋转. 两转轴平行且相距为很小的 δ,如图 6.6 所示. 我们选取两个坐标系: 一个是柱坐标系 (r, θ, z),另一个是笛卡尔直角坐标系 $Ox^1x^2x^3$,并让它们有同一原点 O. 这原点 O 是内筒的中心. 并且 z 轴与 x^3 轴重合,x^3 轴就是内筒的旋转轴. 外筒绕着平行于 x^3,但在坐标系 $Ox^1x^2x^3$ 里的点 $(0, \delta, 0)$ 处的轴旋转.

若 r_2 表示外筒半径,则由图 6.7 可知

$$r_2^2 = r^2 + \delta^2 - 2r\delta\cos\left(\frac{\pi}{2} - \theta\right) = r^2\left(1 - \frac{2\delta}{r}\sin\theta + \delta^2/r^2\right) \tag{6.109}$$

只保留 δ 的线性项,则有

$$r_2 = r - \delta\sin\theta \tag{6.110}$$

从式(6.110)可推得外筒的方程为

$$r = r_2 + \delta\sin\theta \tag{6.111}$$

假定 z 方向没有流动，其速度分布可写成(参见本节 (a) 部分)

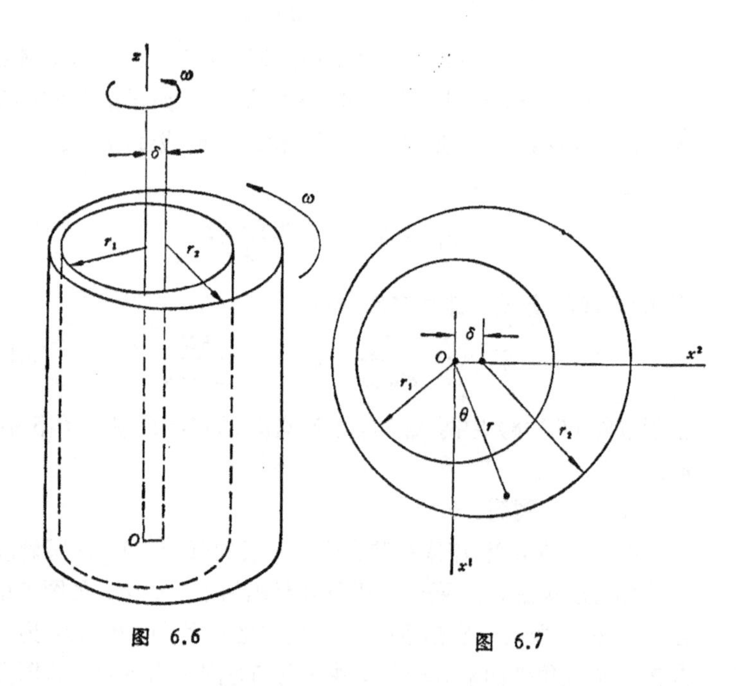

图 6.6　　图 6.7

$$v_{(r)}=u(r)e^{i\theta},\quad v_{(\theta)}=r\omega+v(r)e^{i\theta},\quad v_{(z)}=0 \tag{6.112}$$

在半径为 r_1 的内筒上,边界条件为

$$v_{(r)}=0,\quad v_{(\theta)}=r_1\omega,\quad v_{(z)}=0$$

故知

$$u=v=0 \tag{6.113}$$

为了求得外筒上的边界条件,可象 (a) 里做的那样进行,并可得到

$$v_{(r)}=\omega\delta\cos\theta,\quad v_{(\theta)}=\omega(r-\delta\sin\theta),\quad v_{(z)}=0$$

从而可推得

$$u=\omega\delta,\quad v=i\omega\delta \tag{6.114}$$

连续性方程为

$$\frac{\partial}{\partial r}(ru)+iv=0 \tag{6.115}$$

利用式(6.115)与式(6.114),式(6.112)可写作

$$v_{(r)}=\omega\delta f(r)e^{i\theta},\quad v_{(\theta)}=r\omega+i\omega\delta\frac{d}{dr}(rf(r))e^{i\theta},$$

$$v_{(z)}=0 \tag{6.116}$$

现在边界条件变成

$$\text{在内筒上}\qquad f=\frac{df}{dr}=0 \tag{6.117a}$$

$$\text{在外筒上}\qquad f=1,\ \frac{df}{dr}=0 \tag{6.117b}$$

从式(6.116)可以算出一阶 Rivlin-Ericksen 张量 $\mathbf{A}_1$ 的物理分量,它是

$$\mathbf{A}_1=\omega\delta e^{i\theta}\begin{bmatrix} 2\frac{df}{dr} & i\left(r\frac{d^2f}{dr^2}+\frac{df}{dr}\right) & 0 \\ \cdot & -2\frac{df}{dr} & 0 \\ \cdot & \cdot & 0 \end{bmatrix} \tag{6.118}$$

应力张量 $\mathbf{T}$ 为

$$\mathbf{T}=\eta^*\mathbf{A}_1 \tag{6.119}$$

将 $\mathbf{T}$ 代入运动方程并消去 p,可得到

$$r^4\frac{d^4f}{dr^4}+6r^3\frac{d^3f}{dr^3}+3r^2\frac{d^2f}{dr^2}-3r\frac{df}{dr}$$

$$+\alpha^2\left(r^4\frac{d^2f}{dr^2}+3r^3\frac{df}{dr}\right)=0 \tag{6.120}$$

式中 $\alpha^2=-i\rho\omega/\eta^*$.

可以用 Bessel 函数求出方程(6.120)的解. 也象(a)中那样,假定 α 为小量,则 α^2 可以忽略,从而方程(6.120)变为

$$r^4\frac{d^4f}{dr^4}+6r^3\frac{d^3f}{dr^3}+3r^2\frac{d^2f}{dr^2}-3r\frac{df}{dr}=0 \tag{6.121}$$

方程(6.121)是典型的 Euler 方程,容易求得解为

$$f = c_1 r^2 + c_2 \ln r + c_3 r^{-2} + c_4 \tag{6.122}$$

式中 c_1, c_2, c_3, c_4 为常量,它们可由边界条件式(6.117)定出.

求出 f 之后,就可以确定 **T**. 如果 F_1, F_2 分别是作用于内筒上沿 x^1 和 x^2 轴向的作用力,则

$$F_1 = hr_1 \int_0^{2\pi} (T_{(rr)} \cos\theta - T_{(r\theta)} \sin\theta)|_{r=r_1} d\theta \tag{6.123a}$$

$$F_2 = hr_1 \int_0^{2\pi} (T_{(rr)} \sin\theta + T_{(r\theta)} \cos\theta)|_{r=r_1} d\theta \tag{6.123b}$$

式中 h 是流体的高度.

将 **T** 代入式(6.123),并算出积分可得

$$F_1 = \frac{4\pi h\delta\omega\eta'}{\Delta}, \quad F_2 = \frac{4\pi h\delta\omega\eta''}{\Delta} \tag{6.124}$$

式中 $\Delta = \ln(r_2/r_1) - (r_2^2 - r_1^2)/(r_2^2 + r_1^2)$

公式(6.124)不很精确,一个较好的公式是用展开 Bessel 函数的方法得到的,它含有 α^2 阶项,得

$$F_1 - iF_2 = \frac{12\pi\delta r_1^3 \omega\eta^* h}{d^3}\left(1 - \frac{\alpha^2 d^2}{10}\right) \tag{6.125}$$

式中 $d = r_2 - r_1$. 公式(6.125)也只对小的 α 和小的 d 的情形有效.

(c) 平衡流变仪

流体被包含在两只同心的球壳之间,内外球壳的半径分别为 r_1 和 r_2. 取球心 O 为笛卡尔坐标系 $Ox^1x^2x^3$ 的原点. 假定内球以角速度 ω 绕 x^3 轴旋转,外球以相同的角速度绕 $O\bar{x}^3$ 旋转,如图 6.8 所示,$O\bar{x}^3$ 轴在 Ox^1x^3 平面内,并相对于 Ox^3 轴有一个小倾角 δ. 对于坐标系 $Ox^1x^2x^3$,内球和外球的角速度分量分别是 $(0, 0, \omega)$ 与 $(\omega\sin\delta, 0, \omega\cos\delta)$.

现在另取一个球坐标系,使它的原点与原先的直角坐标系的原点 O 重合,如图 6.9 所示.

计算步骤同(a)一样,可求出在内球上的边界条件为

$$v_{(r)} = 0, \quad v_{(\theta)} = 0, \quad v_{(\phi)} = \omega r_1 \sin\theta \tag{6.126}$$

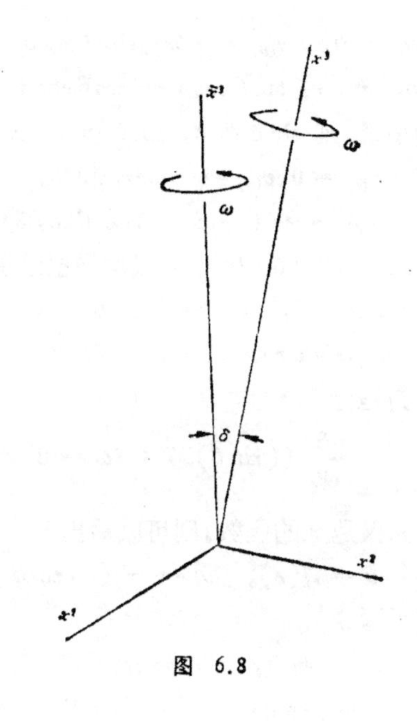

图 6.8

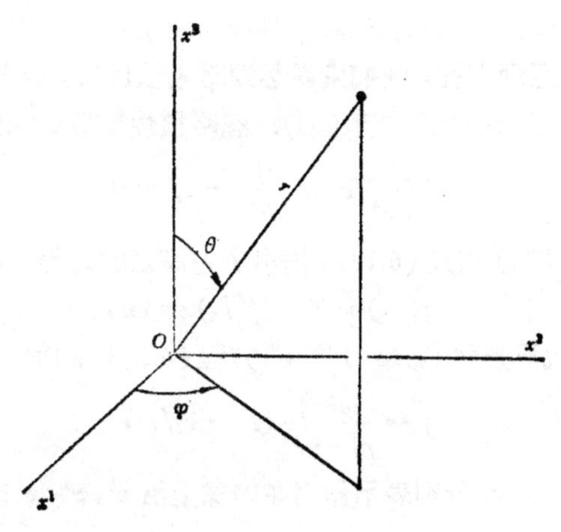

图 6.9

在外球上的边界条件为

$$v_{(r)} = 0, \quad v_{(\theta)} = -\omega r_2 \sin\phi \sin\delta$$

$$v_{(\phi)} = \omega r_2(\sin\theta\cos\delta - \cos\theta\cos\phi\sin\delta) \tag{6.127}$$

假定 δ 为小量，则 $\sin\delta \approx \delta$，$\cos\delta \approx 1$，从而式(6.127)变为

$$v_{(r)} = 0, v_{(\theta)} = -\omega\delta r_2 \sin\phi,$$

$$v_{(\phi)} = \omega r_2(\sin\theta - \delta\cos\theta\cos\phi) \tag{6.128}$$

从式(6.126)与式(6.128)，可以推导出速度分布为

$$v_{(r)} = 0, \quad v_{(\theta)} = \bar{v}(r, \theta)e^{i\phi},$$

$$v_{(\phi)} = \omega r\sin\theta + \bar{\omega}(r,\theta)e^{i\phi} \tag{6.129}$$

连续性方程为

$$\frac{\partial}{\partial\theta}((\sin\theta)\bar{v}) + i\bar{\omega} = 0 \tag{6.130}$$

如果假定 $\bar{v}$ 仅是 r 的函数，则可以写出

$$\bar{v} = if(r), \quad \bar{w} = -f(r)\cos\theta \tag{6.131}$$

所以速度分布可写成

$$v_{(r)} = 0, \quad v_{(\theta)} = if(r)e^{i\phi}$$

$$v_{(\phi)} = \omega r\sin\theta - f(r)e^{i\phi} \tag{6.132}$$

从式(6.132)，可以计算 $\mathbf{A}_1$，从而可象上述(b)中那样求得 $\mathbf{T}$．将 $\mathbf{T}$ 代入运动方程，我们发现必须略去惯性项，否则将出现不相容情形(参见第四章第2节(b))．忽略惯性项后，f 必须满足方程

$$r^2\frac{d^2f}{dr^2} + 2r\frac{df}{dr} - 2f = 0 \tag{6.133}$$

可从式(6.126)和式(6.127)推出 f 应满足的边界条件

$$f(r_1) = 0, \quad f(r_2) = \omega\delta r_2 \tag{6.134}$$

在这边界条件(6.134)式下，方程(6.133)的解为

$$f = \frac{\omega\delta r_2^3}{r_2^3 - r_1^3}(r - r_1^3/r^2) \tag{6.135}$$

若 c_1，c_2，c_3 分别表示作用在内球上沿 x^1，x^2，x^3 轴向的力矩，则

$$c_1 = -r_1^3\int_0^{2\pi}\int_0^{\pi}[T_{(r\theta)}\sin\phi + T_{(r\phi)}\cos\theta\cos\phi]_{r=r_1}\sin\theta d\theta d\phi \tag{6.136a}$$

$$c_2 = r_1^3 \int_0^{2\pi} \int_0^{\pi} [T_{(r\theta)} \cos\phi - T_{(r\phi)} \cos\theta \sin\phi]_{r=r_1} \sin\theta d\theta d\phi \tag{6.136b}$$

$$c_3 = r_1^3 \int_0^{2\pi} \int_0^{\pi} T_{(r\phi)} \sin^2\theta d\theta d\phi \tag{6.136c}$$

由于已知 f，则 $\mathbf{T}|_{r=r_1}$ 也已知，积分 (6.136) 各式，得到

$$c_1 = r_0\eta', \quad c_2 = r_0\eta'', \quad c_3 = 0 \tag{6.137}$$

式中 $r_0 = 8\pi\omega\delta r_1^3 r_2^3/(r_2^3 - r_1^3)$. 知道 c_1 和 c_2 后，我们能够求得 η^*.

由于技术上的原因，这种仪器的外部组件为一个半球，而不是一只整球. 在此情形下 $r_0 = 4\pi\omega\delta r_1^3 r_2^3/(r_2^3 - r_1^3)$.

(d) 评注

上面 (a) (b) (c) 的分析仅保留 δ 的线性项，并且必须确保在线性范围内完成试验. 检验这种线性假定是否有效的一个方法是变化 δ，而保持所有其它各量不变. 这线性度的区域不仅是仪器参数的一个函数，而且也是这物质特性的一个函数，因为我们已假定这物质能够作为线性粘弹性物质.

在这些新型仪器里，端缘效应引起的误差是重要的，在Walters的书[10]中已给出校正因子.

在上述 (a) (b) (c) 情形里，曾假定仪器的两个组成部分以相同的角速度旋转，实际上，只有一个组件用机械驱动，而另一个组件是由粘性力来驱动的，因此两个组件之间的速度必然存在一个轻微差别，可以相信，一个即使很小的滞后，在粘弹性流体的结果分析里可能是有显著影响的. 产生误差的另一个原因是仪器各轴的安装不准.

以上叙述了几种确定 η^* 的标准方法，这些方法限用于不高于 100 赫芝频率相当低的情形. 通过折合变量的方法和其它方法[10],[11],[29]，可以扩大频率的应用范围.

§6.4 结果

我们从简单流体(方程 (6.20)) 出发，导出 $\omega \to 0$ 时，$\eta \to \eta_0$

（零剪切率粘度）及 $\eta''\to 0$，还发现 η' 随着 ω 增大而减小，其特性类似于 $\eta(k)$. 图 6.10 里绘出了一种聚合物熔体(摄氏 200 度的聚苯乙烯)的 η'，$\eta(k)$ 对于 ω 和 k 的关系曲线，可以看到 $\eta'(\omega)$ 位

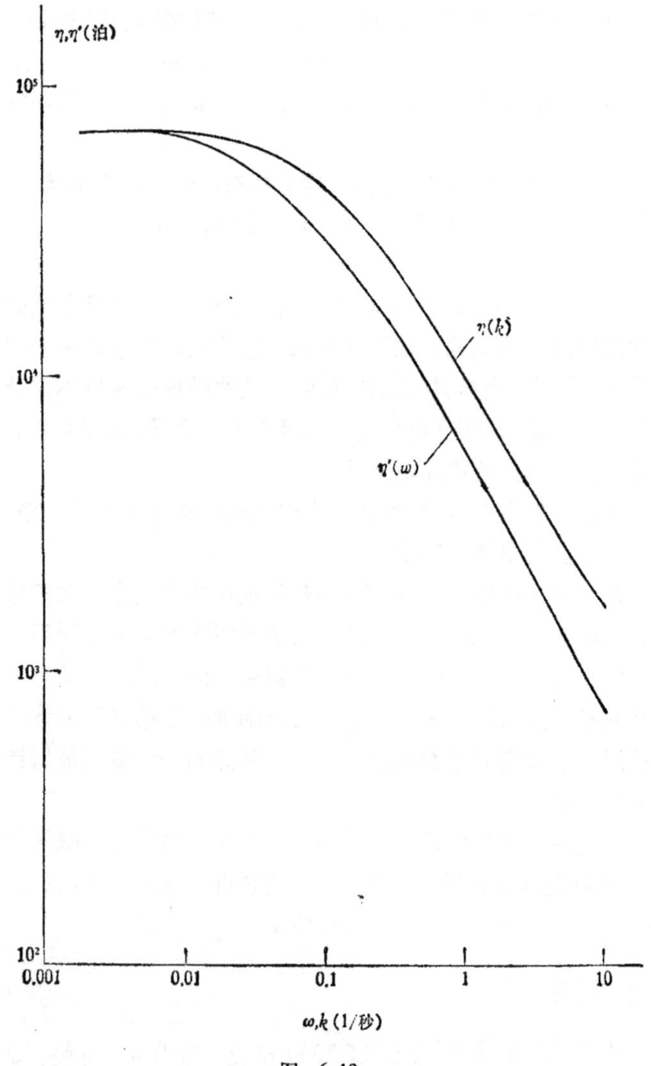

图 6.10

于 $\eta(k)$ 的下方，当 $\omega\to\infty$ 时，$\eta'(\omega)$ 趋向于一个有限的非零极限值.

当 $\omega=0$ 时，η'' 为零，所以当 $\omega=0$ 时，$\omega\eta''(=G')$ 也是零. 已经发现 $\omega\eta''$ 随 ω 增大而增大，并当 $\omega\to\infty$ 时趋于有限的极限值. 图 6.11 里绘出了聚丙烯腈的 3 % 的水溶液 η' 及 $\omega\eta''$ 随 ω 的变化曲线.

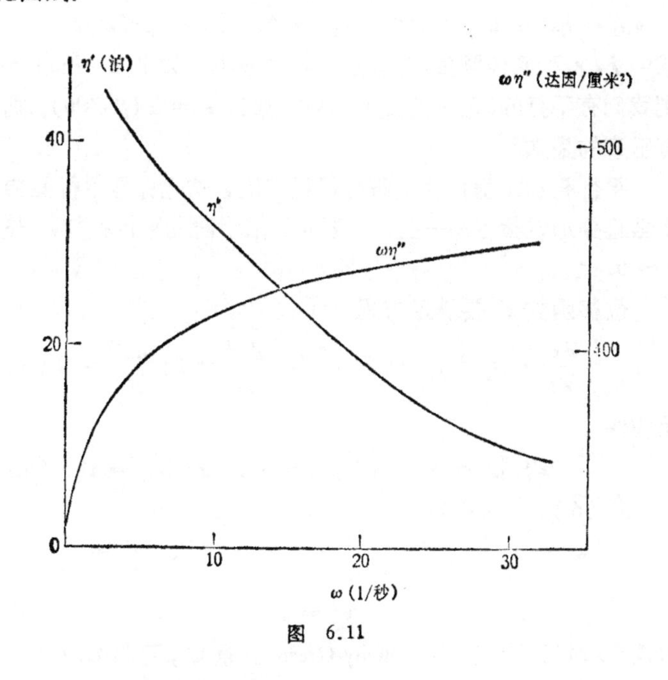

图 6.11

§ 6.5 定常剪切流与振动流叠加的流动

至今为止，我们仅限于讨论振幅很小的振动流，因此可将运动方程和本构方程线性化. 还可将上述分析推广到振幅不小的情形. 在这种情形下，必须或者应用非线性积分方程(第五章方程(5.50))，或者应用第五章第 3 节里的经验方程之一. 这些分析太复杂，在此我们不考虑，有兴趣的读者可参看文献[10]，[37].

我们考虑一个小振幅振动流叠加在一个定常剪切流上，用这种方法,可以得到在非线性条件下物质特性的资料,同时可用上述线性化技巧,对第 2 节里所述的各流变仪略加修改,就可用来研究这种流动. 研究这种叠加流动可用来检验某一本构方程是否适用于非定常流动.

在笛卡尔直角坐标系里，这种由定常流与振动流合成的剪切流速度分布可以写成

$$v_{(1)} = kx^2 + \varepsilon u(x^2)e^{i\omega t}, \quad v_{(2)} = 0, \quad v_{(3)} = \beta v(x^2)e^{i\omega t} \tag{6.138}$$

式中 k, ε 和 β 为常量,并假定 ε 和 β 很小. 如果 $\beta = 0(\varepsilon \neq 0)$, 则我们有平行的(在一条线上)叠加,如果 $\varepsilon = 0$ $(\beta \neq 0)$, 则我们有垂直的叠加.

平行叠加比垂直叠加研究得更广泛，这也许是平行叠加试验比垂直叠加试验容易一些. 下面仅限于研究平行叠加，并认为 $\beta = 0$.

位移函数 x'^i 要满足方程

$$\frac{dx'^1}{dt'} = kx'^2 + \varepsilon u(x'^2)e^{i\omega t'}, \quad \frac{dx'^2}{dt'} = 0, \quad \frac{dx'^3}{dt'} = 0 \tag{6.139a}$$

及条件

$$x'^1|_{t'=t} = x^1, \quad x'^2|_{t'=t} = x^2, \quad x'^3|_{t'=t} = x^3 \tag{6.139b}$$

式 (6.139) 的解为

$$x'^1 = x^1 - skx^2 - \frac{\varepsilon u e^{i\omega t}}{i\omega}(1 - e^{-i\omega s}), \quad x'^2 = x^2$$

$$x'^3 = x^3 \tag{6.140}$$

由式 (6.140) 可计算右 Cauchy-Green 张量 $\mathbf{C}_t$, 可将 $\mathbf{C}_t$ 写成

$$\mathbf{C}_t = \mathbf{C}^v + \mathbf{C}^p \tag{6.141}$$

式中

$$\mathbf{C}^v = \begin{bmatrix} 1 & -ks & 0 \\ \cdot & 1 + k^2s^2 & 0 \\ \cdot & \cdot & 0 \end{bmatrix}$$

$$\mathbf{C}^p = \frac{i\varepsilon}{\omega}\frac{du}{dx^2}e^{i\omega t}(1 - e^{-i\omega s})\begin{bmatrix} 0 & 1 & 0 \\ \cdot & -2ks & 0 \\ \cdot & \cdot & 0 \end{bmatrix}$$

$\mathbf{C}^v$, $\mathbf{C}^p$ 分别是定常剪切流和振动流的右 Cauchy-Green 张量. 在计算 $\mathbf{C}_t$ 时，已假定 ε 为小量，并且仅保留 ε 的线性项，因此上面的流动可认为是一种接近测粘流的流动，则可以利用 Pipkin 和 Owen[23] 的分析.

假定流体为简单流体,因此应力张量为

$$\mathbf{T} = \underset{s=0}{\overset{\infty}{\mathscr{F}}}(\mathbf{C}_t(s)) = \underset{s=0}{\overset{\infty}{\mathscr{F}}}[\mathbf{C}^v + \mathbf{C}^p] = \mathbf{T}^V + \mathbf{T}^p \quad (6.142)$$

式中 $\mathscr{F}$ 是各向同性的泛函，$\mathbf{T}^V$, $\mathbf{T}^p$ 分别是定常剪切流与振动流的应力张量.

现假定 $\mathscr{F}$ 有关于 $\mathbf{C}^v$ 的 Frechet 导数,所以式(6.142)可写成

$$\mathbf{T} = \mathbf{T}^V + \mathbf{T}^p = \underset{s=0}{\overset{\infty}{\mathscr{F}}}(\mathbf{C}^v) + \delta \underset{s=0}{\overset{\infty}{\mathscr{F}}}(\mathbf{C}^v, \mathbf{C}^p) + O(\|\mathbf{C}^p\|^2) \quad (6.143)$$

式中 $\|\mathbf{C}^p\|$ 为由 $\mathbf{C}^p$ 张成的空间函数的范数[1)].

由于我们仅保留 ε 的线性项，则 $\|\mathbf{C}^p\|$ 为 ε 量阶，所以可将 $\|\mathbf{C}^p\|^2$ 略去,从式(6.143)可简化得

$$\mathbf{T}^p = \delta \underset{s=0}{\overset{\infty}{\mathscr{F}}}(\mathbf{C}^v, \mathbf{C}^p) \quad (6.144)$$

$\delta\mathscr{F}$ 是 $\mathbf{C}^p$ 的线性泛函，$\mathbf{C}^v$ 完全由 k 所确定,所以 $\mathbf{T}^p$ 的笛卡尔分量可写成

$$T^p_{ij} = \int_0^\infty S_{ijkl}(k, s) C^p_{kl}(s) ds \quad (6.145)$$

松弛模量 $S_{ijkl}(k,s)$ 没有简单的各向同性形式(第五章第1节(b)),因为虽然流体是各向同性的,但定常剪切流在流体里产生优先的流动方向.

因为 $\mathbf{T}^p$ 和 $\mathbf{C}^p$ 都是对称的,所以

$$S_{ijlm} = S_{jilm} = S_{jiml} \quad (6.146)$$

在 x^1x^2 平面内,对 x^3 轴作一反射,将不会引起 $\mathbf{C}^V$ 的变化(参看第四章第1节)，因而 S_{ijlm} 也将不变. 但是如果下标 3 在 S_{ijlm}

1) 我们定义 $\|\mathbf{C}^p\| = \left[\frac{1}{\sigma}\int_0^\sigma \mathrm{tr}(\mathbf{C}^p(\mathbf{C}^p)^+) ds\right]^{\frac{1}{2}}$，对于某个 $\sigma>0$.

中出现奇数次时，在对 x^3 轴作一反射，将改变 S_{ijlm} 的符号[1]，因此所有下标 3 出现奇数次的 S_{ijlm} 必须为零. 现在如果对 x^2 轴作一反射并且改变 k 的符号(第四章第 1 节)，则 $\mathbf{C}^V$ 将不变，因此 S_{ijkl} 也将必须不变. 如果 S_{ijkl} 有奇数个等于 2 的下标，则它将是 k 的奇函数，如果它有偶数个等于 2 的下标，则它将是 k 的偶函数. 下标 2 换成下标 1 时，可得类似结果.

从式 (6.145) 和式 (6.141) 可以得到

$$
\begin{aligned}
T_{(11)}^{p} &= \int_0^{\infty}(S_{1112}C_{12}^{p} + S_{1121}C_{21}^{p} + S_{1122}C_{22}^{p})ds \\
&= \frac{i\varepsilon}{\omega}\frac{du}{dx^2}e^{i\omega t}\int_0^{\infty}2\{(1-e^{-i\omega s})(S_{1112}-ksS_{1122})\}ds \\
&= \eta_{11}^{*}\gamma
\end{aligned}
\tag{6.147}
$$

式中 $\eta_{11}^{*} = \dfrac{2i}{\omega}\displaystyle\int_0^{\infty}(1-e^{-i\omega s})(S_{1112}-ksS_{1122})ds$，$\gamma = \varepsilon\dfrac{du}{dx^2}e^{i\omega t}$.

类似地我们可以得到

$$
\begin{gathered}
T_{(22)}^{p} = \eta_{22}^{*}\gamma, \quad T_{(33)}^{p} = \eta_{33}^{*}\gamma, \quad T_{(12)}^{p} = \eta_{12}^{*}\gamma \\
T_{(13)}^{p} = T_{(23)}^{p} = 0^{2)}
\end{gathered}
\tag{6.148}
$$

从上面给出的定义，我们可以看到 η_{pq}^{*} 是一复量，并且是 k 和 ω 的函数. 可将 η_{pq}^{*} 分成实部和虚部:

$$
\eta_{pq}^{*} = \eta_{pq}' - i\eta_{pq}'' \tag{6.149}
$$

式中 $\eta_{pq}' = 2\displaystyle\int_0^{\infty}\frac{\sin\omega s}{\omega}(ksS_{pq22}-S_{pq12})ds$

$$
\eta_{pq}'' = 2\int_0^{\infty}\frac{(1-\cos\omega s)}{\omega}(ksS_{pq22}-S_{pq12})ds
$$

当 $k\to 0$ 时，我们预料 $\eta_{11}^{*}\to 0$，$\eta_{22}^{*}\to 0$，$\eta_{33}^{*}\to 0$，但 $\eta_{12}^{*}\to\eta^{*}$，即我们研究具有在第 1 节所讨论过的小振幅振动流. 从式

---

1) 比如 $S_{3jlm}(j, l, m\neq 3)$ 在对 x^3 轴作一反射时变成 $-S_{3jlm}$，并且由于在对 x^3 轴作一反射时 S_{ijlm} 不变化，因而 $S_{3jlm} = -S_{3jlm} = 0$，类似地 $S_{333m}(m\neq 3) = 0$.

2) 注意 $S_{1312} = S_{1322} = S_{2312} = S_{2322} = 0$.

(6.148) 可以证实上述论述是正确的.

$$\eta_{11}' = 2\int_0^{\infty} \frac{\sin \omega s}{\omega} (ksS_{1122} - S_{1112})ds \tag{6.150}$$

假定当 $k \to 0$ 时，可将 S_{ijkl} 按 k 的幂次展开，并且可将 k 的平方项和更高阶的项略去. 已知 S_{1122} 是 k 的偶函数(等于 1, 2 的下标出现偶数次)而 S_{1112} 是 k 的奇函数,所以在展式中,我们有

$$\begin{aligned} S_{1122} &= m_0 + m_2 k^2 + \cdots\cdots \\ S_{1112} &= m_1 k + \cdots\cdots \end{aligned} \tag{6.151}$$

将式 (6.151) 代入式 (6.150) 并仅保留 k 的线性项,则有

$$\eta_{11}' = 2\int_0^{\infty} \frac{\sin \omega s}{\omega} (m_0 ks - m_1 k)ds \tag{6.152}$$

因此当 $k \to 0$ 时，$\eta_{11}' \to 0$.

类似地可推得当 $k \to 0$ 时，$\eta_{11}'' \to 0$，$\eta_{22}^* \to 0$，$\eta_{33}^* \to 0$ 但

$$\eta_{12}' = 2\int_0^{\infty} \frac{\sin \omega s}{\omega} (ksS_{1222} - S_{1212})ds \tag{6.153}$$

将 S_{1222} (k 的奇函数)和 S_{1212} (k 的偶函数)展开,可得

$$\begin{aligned} S_{1222} &= M_1 k + \cdots\cdots \\ S_{1212} &= M_0 + M_2 k^2 + \cdots\cdots \end{aligned} \tag{6.154}$$

将式 (6.154) 代入式 (6.153) 并略去 k 的平方以上的项,则得到

$$\eta_{12}' = -2\int_0^{\infty} M_0(s) \frac{\sin \omega s}{\omega} ds \tag{6.155}$$

类似地,可以推得

$$\eta_{12}'' = -2\int_0^{\infty} M_0(s) \frac{(1 - \cos \omega s)}{\omega} ds \tag{6.156}$$

比较式 (6.156)，式 (6.155) 和式 (6.9)，可知当 $k \to 0$ 时，$\eta_{12}^* \to \eta^*$.

从式 (6.138) (当 $\beta = 0$ 时),可以推得剪切率 $A_{(12)}$ 为

$$A_{(12)} = \bar{k} = k + \gamma \tag{6.157}$$

式中 γ 由式 (6.147) 所定义，它是 ε 量阶,并且不依赖于时间间隔

s.

因此，我们可将现在合成的定常和振动剪切流的流动看成为一个具有剪切率 $\bar{k}$ 的测粘流. 我们还注意到 $\bar{k}$ 与 k 有相同的含义,所以剪切应力 $T_{(12)}$ 是 $\bar{k}$ 的一个函数,并且可以写成

$$T_{(12)}(\bar{k}) = \tau(\bar{k}) = \tau(k+\gamma) = \tau(k) + \gamma\frac{\partial\tau}{\partial k} + O(\varepsilon^2) \tag{6.158}$$

将式 (6.158) 与式 (6.142) 比较,可以推得

$$T^p_{(12)} = \gamma\frac{\partial T^V_{(12)}}{\partial k} \tag{6.159}$$

类似地可将 $\mathbf{C}_t(s, \bar{k})$ 展开为

$$\begin{aligned}\mathbf{C}_t(s, \bar{k}) &= \mathbf{C}_t(s, k+\gamma) = \mathbf{C}_t(s, k) + \gamma\frac{\partial\mathbf{C}_t(s, k)}{\partial k} + O(\varepsilon^2)\\ &= \mathbf{C}^V + \gamma\frac{\partial\mathbf{C}^V}{\partial k} + O(\varepsilon^2)\end{aligned} \tag{6.160}$$

比较式 (6.160) 与式 (6.141), 可以推得

$$\mathbf{C}^p = \gamma\frac{\partial\mathbf{C}^v}{\partial k} \tag{6.161}$$

从式 (6.141), 通过将 $\mathbf{C}^v$ 对 k 求微商和将 $e^{-i\omega s}$ 展开,可知式 (6.161) 仅在 ω 为小量时才成立.

现将式 (6.161) 给出的 $\mathbf{C}^p$ 代入式 (6.145), 得到

$$T^p_{(12)} = 2\gamma\int_0^\infty(ks^2S_{1222} - sS_{1212})ds \tag{6.162}$$

将式 (6.153) 中的 $\sin\omega s$ 展开,可推得

$$\lim_{\omega\to 0}\eta'_{12} = 2\int_0^\infty(ks^2S_{1222} - sS_{1212})ds \tag{6.163}$$

比较式 (6.163), 式 (6.162) 和式 (6.159), 可推得

$$\lim_{\omega\to 0}\eta'_{12} = \frac{\partial T^V_{(12)}}{\partial k} \tag{6.164}$$

类似地展开 $e^{i\omega s}$ (在式 (6.148) 中),可得

$$\lim_{\omega\to 0}\eta^*_{12} = \frac{\partial T^V_{(12)}}{\partial k} = \lim_{\omega\to 0}(\eta'_{12} - \eta''_{12}) \tag{6.165}$$

从式(6.149),可给出 η_{12}'' 为

$$\eta_{12}'' = 2\int_0^\infty \frac{(1-\cos\omega s)}{\omega}(ksS_{1222}-S_{1212})ds \tag{6.166}$$

展开式中 $\cos\omega s$,则有

$$\lim_{\omega\to 0}\frac{\eta_{12}''}{\omega} = \int_0^\infty s^2(ksS_{1222}-S_{1212})ds \tag{6.167}$$

通过比较式(6.167)、式(6.165)和式(6.164),可推得

$$\int_0^\infty s^2(ksS_{1222}-S_{1212})ds = \lim_{\omega\to 0}\frac{\eta_{12}''}{\omega} = 0 \tag{6.168}$$

方程(6.164)与(6.167)是相容性关系式,如果上述理论是正确的话,则我们可用试验证实它们. 对于法向应力也可推导出类似的关系式,但是大多数试验中仅考虑 η_{12}^*,因此我们在此不讨论法向应力的关系式.

如果我们已经考虑过第五章第 3 节给出的积分方程之一,则 η_{12}^* 可以借助于在本构方程里出现的各参量(函数)给出. 求出 η_{12}^* 后,我们可以确定各参量(函数). 另外,如果这些参量(函数)已知,则可检验在 η_{12}^* 取现在这个值时,它们是否相一致.

前已提到,η_{12}^* 能够利用第 2 节里描述的装置所确定. 现在的叠加流动是第四章第 2 节所描述的流动和本章第 2 节所描述的流动合成,下面我们将通过考虑两平行圆板装置(第四章第 2 节(d),第六章第 2 节(a))的运动来解释上述论断.

这种装置由两块半径为 a 的圆板组成,我们选取通常的柱坐标系 (r,θ,z),如图 6.12 所示.

假定速度分布为

$$v_{(r)} = 0,\ v_{(\theta)} = r(\Omega(z)+f(z)e^{i\omega t}),\ v_{(z)} = 0 \text{ [1]} \tag{6.169}$$

边界条件为:

在下板上: $z=0,\quad \Omega(0)=r\Omega_1,\quad f(0)=\varepsilon_1 e^{ic}$ (6.170a)

在上板上: $z=h,\quad \Omega(h)=0,\quad f(h)=\varepsilon_2$ (6.170b)

---

1) 如第四章那样,我们取 $x^1=\theta,\ x^2=z,\ x^3=r$.

式中 Ω_1, ε_1, ε_2 和 c 为常量,前已定义过.

剪切率 $\bar{k}$ 为

$$\bar{k} = A_{(\theta z)} = r\left(\frac{d\Omega}{dz} + \frac{df}{dz}e^{i\omega t}\right) \tag{6.171}$$

从第四章和式(6.148)可以确定应力分布,所以我们求得

$$T_{(\theta z)} = T^{V}_{(\theta z)} + T^{P}_{(\theta z)} = \tau(k) + \eta^*_{12}\gamma, \quad T_{(r\theta)} = T_{(rz)} = 0 \tag{6.172}$$

式中 $k = r\dfrac{d\Omega}{dz}$, $\gamma = r\dfrac{df}{dz}e^{i\omega t}$.

由于不存在对 θ 的依赖性,所以相应的运动方程可以写为

$$\rho\frac{\partial v_{(\theta)}}{\partial t} = \frac{\partial}{\partial z}T_{(\theta z)} \tag{6.173}$$

式中 ρ 为密度.

将式(6.138)和式(6.172)代入式(6.173),并将依赖于时间的项和不依赖于时间的项分开,则得

$$0 = \frac{\partial\tau}{\partial z} \tag{6.174a}$$

$$\rho i\omega f = \eta^*_{12}\frac{d^2f}{dz^2} \tag{6.174b}$$

当 $\eta^* = \eta^*_{12}$ 时,方程(6.174b)与方程(6.32)相同,并且在式(6.170)中对于 f 的边界条件与式(6.35)相同,所以象在第2节里求解过程那样,我们可以确定 η^*_{12}.

已从实验上证明过相容性方程(6.164),业已发现,对于较小的 k 值,η^*_{12} 与 η^* 有相同的特性. 对于一个固定的 k 值,η'_{12} 随 ω

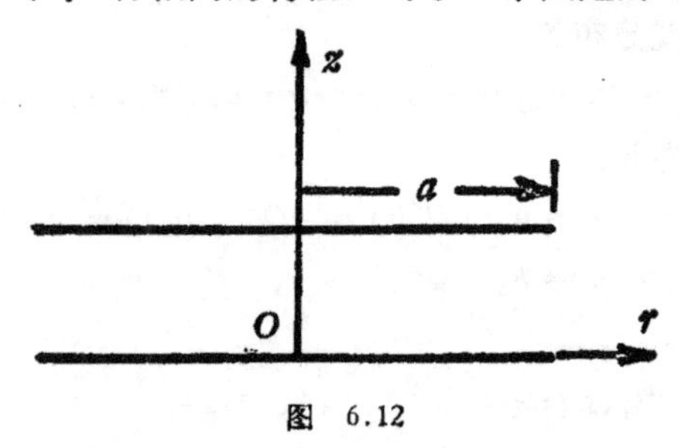

图 6.12

的增大而减小，并趋于 η'，但是某些研究者已经发现 η'_{12} 起初是随 ω 的增大而增加，以后将随 ω 的增大而减小[38],[39]．图 6.13 里画出了 5 % 的聚丙烯酰胺水溶液的这种特性． 并且对于一个固定的 ω，η'_{12} 是随 k 的增大而减小的．对于所有的 k 值，当 $\omega=0$ 时，$\omega\eta''_{12}$ 为零．对于较低的 k 值，$\omega\eta''_{12}$ 是随 k 的增大而增大的，并且对于大的 k 值，$\omega\eta''_{12}$ 起初是随 ω 的增大而减小，并趋于一个极小值然后再增大．因此对于大的 k 值和小的 ω 值，$\omega\eta''_{12}$ 可以取负值，如图 6.14 所示．但是结果不总是这样的，在某些情形下，$\omega\eta'_{12}$

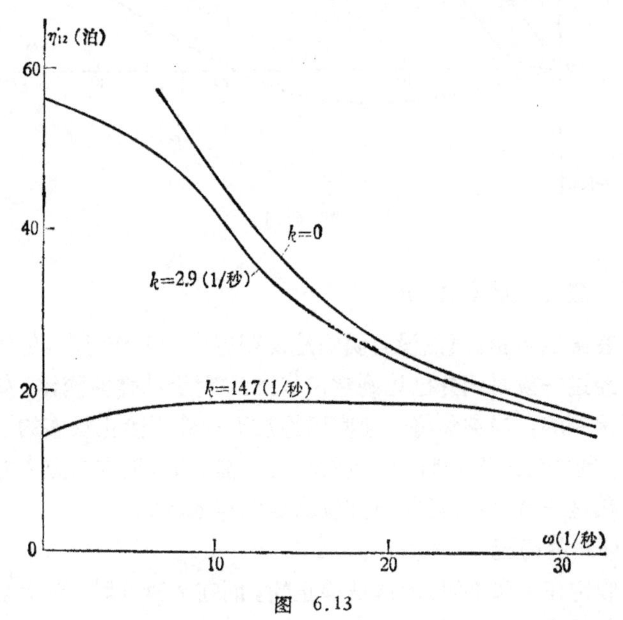

图 6.13

总是正的[39]．所以即使是 η^*_{12} 的定性特性也是依赖于物质的．由于我们仅保留 ε 的线性项，所以平均应力是与定常测粘流的应力相同的1)． 如果保留非线性项，则可能导致平均应力的减少，即平均应力将比定常测粘流里的应力要小[10]．

1) 平均应力 $\mathbf{T}=\frac{\omega}{2\pi}\int_0^{2\pi/\omega}\mathbf{T}dt$．

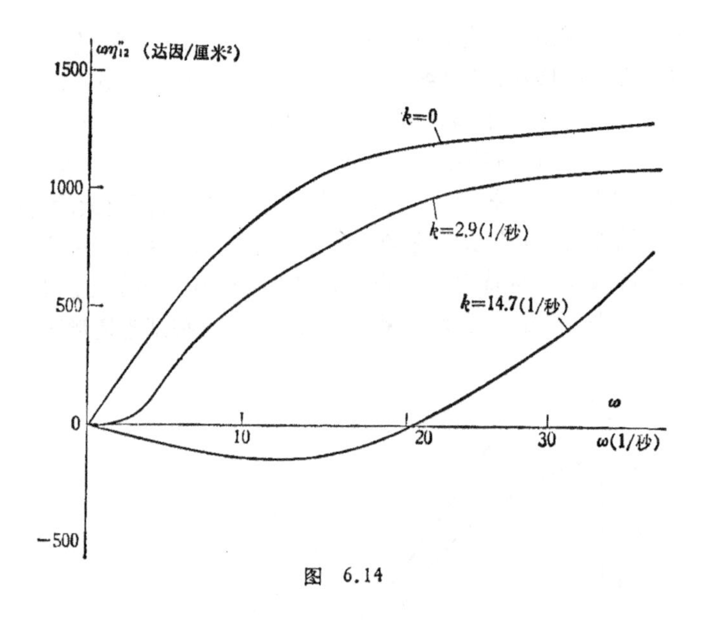

图 6.14

§6.6 应力的建立过程

在第四章里，虽然没有明确地说明应力的形成过程，但假定流动已经过一段时间并已达到定常状态. 对于粘弹性流体，如第一章所提到的，当突然将一速度场施加于一处于静止状态的这类流体时，要经过一有限时间，定常状态才能达到，确定的应力才可形成. 在这一节里，我们将研究应力是怎样形成的.

(a) 剪切流

假定在 $t<0$ 时，流体是静止的，而在 $t\geqslant 0$ 时，对于笛卡尔直角坐标系，流体的速度分布为

$$v_{(1)}=kx^2,\quad v_{(2)}=0,\quad v_{(3)}=0 \tag{6.175}$$

式中 k 为常量.

选取 Maxwell 流体(第五章方程 (5.73)) 为研究对象，则各应力方程为

$$T^{11}+\lambda_1\left(\frac{\partial T^{11}}{\partial t}-2kT^{12}\right)=0 \tag{6.176a}$$

$$T^{22} + \lambda_1 \frac{\partial T^{22}}{\partial t} = 0 \tag{6.176b}$$

$$T^{33} + \lambda_1 \frac{\partial T^{33}}{\partial t} = 0 \tag{6.176c}$$

$$T^{12} + \lambda_1 \left(\frac{\partial T^{12}}{\partial t} - kT^{22} \right) = \eta_0 k \tag{6.176d}$$

由于在 $t < 0$ 时，流体是静止的，则

$$\lim_{t \to 0^-} \mathbf{T} = \mathbf{O} \tag{6.177}$$

满足条件(6.177)时方程组(6.176)的解为

$$T^{11} = 2k^2\eta_0[\lambda_1 - (\lambda_1 + t)e^{-t/\lambda_1}] \tag{6.178a}$$

$$T^{12} = \eta_0 k(1 - e^{-t/\lambda_1}) \tag{6.178b}$$

$$\text{其余的 } T^{ij} = 0 \tag{6.178c}$$

可见，对于 Maxwell 流体，各应力是以指数律趋于定常状态的. 对于牛顿流体 $\lambda_1 = 0$，所以一旦流动开始，各应力即立刻达到定常状态.

在第一章里我们曾经说过各应力可能超过定常状态的应力，如考虑用更复杂的本构方程描述流体，可以证明这种过量现象. 我们选取一个简化的 Oldroyd 方程(第五章方程(5.96))

$$T^{ij} + \lambda_1 \frac{\delta T^{ij}}{\delta t} + \frac{\mu_0}{2}(T^s{}_s)A^{ij} = \eta_0 \left(A^{ij} + \lambda_2 \frac{\delta A^{ij}}{\delta t} \right) \tag{6.179}$$

式中 $\frac{\delta}{\delta t}$ 为 Oldroyd 随动导数.

将式(6.175)代入式(6.179)，可得

$$T^{11} + \lambda_1 \left(\frac{\partial T^{11}}{\partial t} - 2kT^{12} \right) = -2\lambda_2\eta_0 k^2 \tag{6.180a}$$

$$T^{22} + \lambda_1 \frac{\partial T^{22}}{\partial t} = 0 \tag{6.180b}$$

$$T^{33} + \lambda_1 \frac{\partial T^{33}}{\partial t} = 0 \tag{6.180c}$$

$$T^{12} + \lambda_1 \left(\frac{\partial T^{12}}{\partial t} - kT^{22} \right) + \frac{\mu_0 k}{2}(T^s{}_s) = \eta_0 k \tag{6.180d}$$

满足条件(6.177)时，方程(6.180b)，(6.180c)的解为

$$T^{22}=T^{33}=0 \tag{6.181}$$

因此方程(6.180d)简化为

$$T^{12}+\lambda_1\frac{\partial T^{12}}{\partial t}+\frac{\mu_0 k}{2}T^{11}=\eta_0 k^{1)} \tag{6.182}$$

为了求解方程(6.180a)和(6.182)，我们将 T^{11} 和 T^{12} 各分成它们的定常部分和过渡部分，并写为

$$T^{11}=\sigma_s+\sigma_t \tag{6.183a}$$

$$T^{12}=\tau_s+\tau_t \tag{6.183b}$$

式中 σ_s, τ_s 是定常部分，σ_t 和 τ_t 是过渡部分.

将式(6.183)代入方程(6.180a)和(6.182)，并将与时间有关的项同与时间无关的项分开来，则得到

$$\sigma_s-2\lambda_1 k\tau_s=-2\lambda_2\eta_0 k^2 \tag{6.184a}$$

$$\sigma_t+\lambda_1\frac{\partial\sigma_t}{\partial t}-2\lambda_1 k\tau_t=0 \tag{6.184b}$$

和

$$\tau_s+\frac{\mu_0 k\sigma_s}{2}=\eta_0 k \tag{6.185a}$$

$$\tau_t+\lambda_1\frac{\partial\tau_t}{\partial t}+\frac{\mu_0}{2}k\sigma_t=0 \tag{6.185b}$$

从式(6.184a)与式(6.185a)可解出 σ_s 与 τ_s 来，它们是

$$\sigma_s=2\eta_0 k^2(\lambda_1-\lambda_2)/(1+\lambda_1\mu_0 k^2) \tag{6.186a}$$

$$\tau_s=\eta_0 k^2(1+\mu_0\lambda_2 k^2)/(1+\lambda_1\mu_0 k^2) \tag{6.186b}$$

从方程(6.184b)可知，我们能用 σ_t 来表示 τ_t 并将其代入(6.185b)中，则可得到一个易于求解的二阶线性微分方程. 故可求得 σ_t 和 τ_t，再应用条件(6.177)后，得到

$$\sigma_t=e^{-t/\lambda_1}(a\cos\omega t+b\sin\omega t) \tag{6.187a}$$

$$\tau_t=\frac{\omega e^{-t/\lambda_1}}{2k}(-a\sin\omega t+b\cos\omega t) \tag{6.187b}$$

---

1) 在笛卡尔直角坐标系里 $T_1^1=T^{11}$.

式中 $a=-\sigma_s$, $b=-2\eta_0 k\sqrt{\frac{\lambda_1}{\mu_0}}\left(\frac{1+\mu_0\lambda_2 k^2}{1+\lambda_1\mu_0 k^2}\right)$, $\omega=k\sqrt{\frac{\mu_0}{\lambda_1}}$.

从式(6.187)中,我们可以看到 σ_t 和 τ_t 不是单调地趋于0,而是振荡型的. 图 6.15 的曲线表示 $\bar{\sigma}(=T^{11}/\sigma_s)$ 和 $\bar{\tau}(=T^{12}/\tau_s)$ 对于时间的变化. 从图 6.15 中我们观察到各应力出现了应力过量现象. 在某些情况下,曾观察到应力在达到定常状态之前有振荡[5]. 从图 6.15 中还发现,剪切应力的过量比法向应力过量更大一些,剪切应力达到它的极大值还比法向应力的更快一些. 过量是随着 k 的增大而增加的,但对于各应力达到它们的极大值所花费的时间是随着 k 的增大而减小的.在某些情况下,应力过量可能是由于设备造成的[40],[67],因此我们必须将真实的过量和表观的过量区别开来. 甚至牛顿流体也可能存在表观过量. 这是由仪器所造成的.

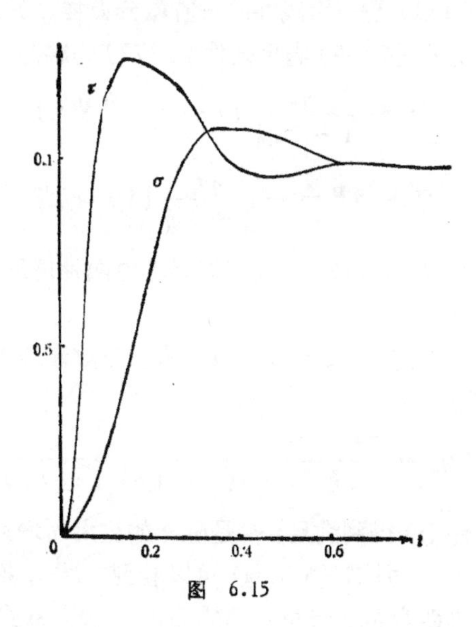

图 6.15

(b) 拉伸流

我们再次假定流体在所有过去时刻 $t<0$ 为静止的,而在 t

$\geqslant 0$ 时流体作单轴拉伸流动,因此对于 $t \geqslant 0$, 相应于笛卡尔直角坐标系 $Ox^1x^2x^3$, 速度场为

$$v_{(1)} = kx^1,\quad v_{(2)} = -\frac{1}{2}kx^2,\quad v_{(3)} = -\frac{1}{2}kx^3 \tag{6.188}$$

式中 k 为常量.

我们选用 Maxwell 流体(第五章方程 (5.73)). 将式(6.188)代入本构方程得到

$$T^{11} + \lambda_1\left(\frac{\partial T^{11}}{\partial t} - 2kT^{11}\right) = 2\eta_0 k \tag{6.189a}$$

$$T^{22} + \lambda_1\left(\frac{\partial T^{22}}{\partial t} + kT^{22}\right) = -\eta_0 k \tag{6.189b}$$

$$T^{33} + \lambda_1\left(\frac{\partial T^{33}}{\partial t} + kT^{33}\right) = -\eta_0 k \tag{6.189c}$$

$$\text{其余的 } T^{ij} = 0 \tag{6.189d}$$

方程 (6.189) 是一组线性的一阶微分方程, 并且各应力是不相耦合的. 方程 (6.189) 满足条件 (6.177) 的解为

$$T^{11} = \frac{2\eta_0 k}{1 - 2\lambda_1 k}\left[1 - e^{-(1-2\lambda_1 k)t/\lambda_1}\right] \tag{6.190a}$$

$$T^{22} = T^{33} = -\frac{\eta_0 k}{1 + \lambda_1 k}\left[1 - e^{-(1+\lambda_1 k)t/\lambda_1}\right] \tag{6.190b}$$

从式 (6.190a) 可知, 我们需要考虑两种情形 (i) $1 > 2\lambda_1 k$, (ii) $1 < 2\lambda_1 k$.

在情形 (i), 应力 T^{11}, T^{22}, T^{33} 将以指数律趋于定常状态,这时单轴粘度 η_E 为

$$\eta_E = \frac{T^{11} - T^{22}}{k} = \frac{3\eta_0}{(1-2\lambda_1 k)(1 + \lambda_1 k)} \tag{6.191}$$

所以只要条件 (i) 得到满足, η_E 是随 k 的增大而增大的.

在情形 (ii), 从式 (6.190a) 可以看到, T^{11} 不趋于定常状态, 正如我们在第四章第 5 节里所提的那样. 进而从式 (6.191), 我们注意到当 $2\lambda_1 k \to 1$ 时, $\eta_E \to \infty$. 因此对于 Maxwell 流体,在大的 k 值时,不可能有一个定常的单轴流动,这种理论结果是与某

些实验观察一致的[34].

§6.7 应力松弛

现在假定流体经受了长时期简单剪切流动，时间充分长使定常状态得以建立，然后将流体转变为静止状态，其应力将衰减为零.

因此，在所有过去时刻 $t \leqslant 0$ 时，流体的速度分布由式(6.175)给出，而在时刻 $t > 0$ 时，

$$\boldsymbol{v} = \boldsymbol{0} \tag{6.192}$$

假定这种粘弹性流体能被本构方程(6.179)所描述. 由于在 $t > 0$ 时，$\boldsymbol{v} = \boldsymbol{0}$，因此应力张量的各分量由下式给出

$$T^{ij} + \lambda_1 \frac{\partial T^{ij}}{\partial t} = 0 \tag{6.193}$$

在 $t \leqslant 0$ 时，流体受到简单剪切，所以

$$\lim_{t\to 0^-} T^{12} = \tau_s, \quad \lim_{t\to 0^-} T^{11} = \sigma_s \tag{6.194}$$

式中 τ_s, σ_s 由式(6.186)给出. 其余各应力分量为零.

满足条件(6.194)时，方程(6.193)的解为

$$T_{(11)} = \sigma_s e^{-t/\lambda_1} \tag{6.195a}$$

$$T_{(12)} = \tau_s e^{-t/\lambda_1} \tag{6.195b}$$

故知各应力是以指数律衰减到零的.

上面的理论结果与实验结果是一致的. 在衰减过程中，没有观察到过量或振动的现象.

近年来，曾努力利用第6节和第7节里讨论的结果去表征粘弹性流体[10],[11]. 第四章所述确定各测粘函数过程中，我们可以同时得到有关应力增长和应力衰减的数据. 我们仅需测量仪器可动部分开始运转和停止运转后的应力. 由于仪器自身响应的衰减过程和其它的误差来源，有关应力增长和应力衰减的数据可能不很精确.

第七章　应　　用

前面几章中我们讨论了一些相当简单的流动，在确定的条件下，能够求出它们的精确解或近似解．但是，只有很少的实际流动问题可以精确求解．在牛顿流体力学中有两种近似方法得到广泛应用，它们是：

(i) 边界层近似方法；

(ii) 蠕变流动近似方法．

毫不奇怪，这些方法在非牛顿流体力学中也被用来解决一些流动问题．

§7.1　边界层流动

边界层近似方法适用于大 Reynolds 数流动．边界层是流体邻近固壁的薄层，在此薄层中即使 Reynolds 数 R 很大，我们仍保持 $1/R$ 不等于零，即粘性在边界层中是重要的．在边界层外的区域，我们认为粘性的作用在大 R 情形可以忽略，并取 $1/R$ 等于零．这种边界层近似法可以看作是匹配渐近展开法的一次近似．

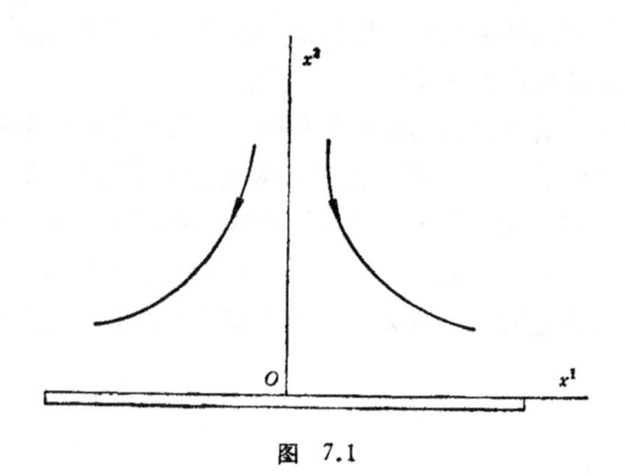

图　7.1

为了简单起见，我们考察一个平固壁邻域的二维流动．取笛卡尔直角坐标系 Ox^1x^2 如图 7.1 所示，固壁由 $x^2=0$ 表出．

为了能应用边界层近似，我们设流体的粘弹性很小．这时，选取二阶流体模型描述粘弹性流体，其本构方程可以写为

$$\mathbf{T}=\eta_0\mathbf{A}_1+\beta_1(\mathbf{A}_1)^2+\beta_2\mathbf{A}_2 \tag{7.1}$$

其中 η_0，β_1 和 β_2 是物质常量；$\mathbf{A}_1$ 和 $\mathbf{A}_2$ 分别是一阶和二阶 Rivlin-Ericksen 张量．

设速度分布为

$$v_{(1)}=v_1(x^1,x^2),\quad v_{(2)}=v_2(x^1,x^2) \tag{7.2}$$

运动方程组是

$$\rho\left(v_1\frac{\partial v_1}{\partial x^1}+v_2\frac{\partial v_1}{\partial x^2}\right)=-\frac{\partial p}{\partial x^1}+\frac{\partial T_{(11)}}{\partial x^1}+\frac{\partial T_{(12)}}{\partial x^2} \tag{7.3a}$$

$$\rho\left(v_1\frac{\partial v_2}{\partial x^1}+v_2\frac{\partial v_2}{\partial x^2}\right)=-\frac{\partial p}{\partial x^2}+\frac{\partial T_{(12)}}{\partial x^1}+\frac{\partial T_{(22)}}{\partial x^2} \tag{7.3b}$$

其中 ρ 是流体的密度．

连续性方程是

$$\frac{\partial v_1}{\partial x^1}+\frac{\partial v_2}{\partial x^2}=0 \tag{7.4}$$

在边界层方程组的推导中，我们注意到物理量沿 x^2 的变化比沿 x^1 的变化量阶大，例如速度 $\boldsymbol{v}$ 从固壁（$x^2=0$）上的 $\boldsymbol{v}=\mathbf{0}$，仅穿过很薄的边界层就变化到主流的速度．我们引入一个小的正参数 $\varepsilon(\varepsilon\ll 1)$，用数学形式来表达这一事实．取

$$x=x^1/L,\quad y=x^2/\varepsilon L \tag{7.5}$$

其中 L 是特征长度．x 和 y 都是无量纲的坐标，并且具有相同的量阶．

应用式(7.5)，方程(7.4)成为

$$\frac{\partial v_1}{\partial x}+\frac{1}{\varepsilon}\frac{\partial v_2}{\partial y}=0 \tag{7.6}$$

通常 $\partial v_1/\partial x$ 和 $\partial v_2/\partial y$ 都不等于零，于是从方程(7.6)我们推出，v_1 的量阶比 v_2 的大．我们写

$$u = \frac{v_1}{U},\ v = \frac{v_2}{\varepsilon U},\ \bar{p} = \frac{p}{\rho U^2} \tag{7.7}$$

其中U是特征速度. u, v和$\bar{p}$都是无量纲的，并且具有相同的量阶.

一阶 Rivlin-Ericksen 张量为

$$\mathbf{A}_1 = \frac{U}{L}\begin{bmatrix} 2\dfrac{\partial u}{\partial x} & \varepsilon\dfrac{\partial v}{\partial x} + \dfrac{1}{\varepsilon}\dfrac{\partial u}{\partial y} \\ \cdot & 2\dfrac{\partial v}{\partial y} \end{bmatrix} \tag{7.8}$$

运动方程组 (7.3) 中含有应力张量的各分量对x^1和x^2的偏导数. 前面曾叙述过,同一物理量对x^2的导数是比对x^1的导数高阶的大量. 易见,为了保留运动方程中全部量阶最大的项,我们需要保留应力张量每个分量的最大项，而不是应力张量的最大项. 这意味着,需要保留$\mathbf{A}_1$和$\mathbf{A}_2$的每个分量的最大项. 仅保留$\mathbf{A}_1$每个分量的最大项,则有

$$\mathbf{A}_1 \approx \frac{U}{L}\begin{bmatrix} 2\dfrac{\partial u}{\partial x} & \dfrac{1}{\varepsilon}\dfrac{\partial u}{\partial y} \\ \cdot & 2\dfrac{\partial v}{\partial y} \end{bmatrix} \tag{7.9}$$

用递推公式(2.61)可以推出二阶 Rivlin-Ericksen 张量$\mathbf{A}_2$, 然后将$\mathbf{A}_1$和$\mathbf{A}_2$代入方程(7.1)，就得到应力分量$T_{(ij)}$. 仅保留最大的项,则有

$$T_{(11)} \approx \frac{U}{L}\left[2\eta_0\frac{\partial u}{\partial x} + \beta_1\frac{U}{L\varepsilon^2}\left(\frac{\partial u}{\partial y}\right)^2\right] \tag{7.10a}$$

$$T_{(12)} \approx \frac{U}{L\varepsilon}\left[\eta_0\frac{\partial u}{\partial y} + \beta_2\frac{U}{L}\left(u\frac{\partial^2 u}{\partial x\partial y} + v\frac{\partial^2 u}{\partial y^2} + 2\frac{\partial u}{\partial x}\frac{\partial u}{\partial y}\right)\right] \tag{7.10b}$$

$$T_{(22)} \approx \frac{U}{L}\left[2\eta_0\frac{\partial v}{\partial y} + \frac{U}{L\varepsilon^2}\left(\frac{\partial u}{\partial y}\right)^2(\beta_1 + 2\beta_2)\right] \tag{7.10c}$$

这里我们已设β_1和β_2是同阶量.

将式(7.10)代入方程组(7.3),得到

$$u\frac{\partial u}{\partial x}+v\frac{\partial u}{\partial y}=-\frac{\partial \bar{p}}{\partial x}+\frac{1}{R\varepsilon^2}\frac{\partial^2 u}{\partial y^2}+\frac{2\bar{\beta}_1}{\varepsilon^2}\frac{\partial u}{\partial y}\frac{\partial^2 u}{\partial x\partial y}$$
$$+\frac{\bar{\beta}_2}{\varepsilon^2}\left(u\frac{\partial^3 u}{\partial x\partial y^2}+v\frac{\partial^3 u}{\partial y^3}+\frac{\partial u}{\partial x}\frac{\partial^2 u}{\partial y^2}+3\frac{\partial u}{\partial y}\frac{\partial^2 u}{\partial x\partial y}\right), \tag{7.11a}$$

$$u\frac{\partial v}{\partial x}+v\frac{\partial v}{\partial y}=-\frac{1}{\varepsilon^2}\frac{\partial \bar{p}}{\partial y}+\frac{1}{R\varepsilon^2}\left(\frac{\partial^2 u}{\partial x\partial y}+2\frac{\partial^2 v}{\partial y^2}\right)$$
$$+\frac{2}{\varepsilon^4}\frac{\partial u}{\partial y}\frac{\partial^2 u}{\partial y^2}(\bar{\beta}_1+2\bar{\beta}_2) \tag{7.11b}$$

其中 Reynolds 数 $R=\frac{\rho UL}{\eta_0}$, $\bar{\beta}_1=\frac{\beta_1}{L^2\rho}$, $\bar{\beta}_2=\frac{\beta_2}{L^2\rho}$.

如果方程(7.11a)中的惯性、粘性和弹性项的量阶都相同,那么 ε 应为 $1/\sqrt{R}$ 量阶, $\bar{\beta}_i(i=1,2)$ 为 ε^2 阶. 假设 ε 和 $\bar{\beta}_i$ 的量阶如上所述,则方程(7.11)成为

$$u\frac{\partial u}{\partial x}+v\frac{\partial u}{\partial y}=-\frac{\partial \bar{p}}{\partial x}+\frac{\partial^2 u}{\partial y^2}+2k_1\frac{\partial u}{\partial y}\frac{\partial^2 u}{\partial x\partial y}$$
$$+k_2\left(u\frac{\partial^3 u}{\partial x\partial y^2}+v\frac{\partial^3 u}{\partial y^3}+\frac{\partial u}{\partial x}\frac{\partial^2 u}{\partial y^2}\right.$$
$$\left.+3\frac{\partial u}{\partial y}\frac{\partial^2 u}{\partial x\partial y}\right) \tag{7.12a}$$

$$0=\frac{\partial}{\partial y}\left[-\bar{p}+2(k_1+2k_2)\left(\frac{\partial u}{\partial y}\right)^2\right], \tag{7.12b}$$

其中 $k_i=\bar{\beta}_i/\varepsilon^2=\beta_i/\varepsilon^2L^2\rho(i=1,2)$ 是弹性参数. 几位作者[41,42]假设第二法向应力差可忽略不计,即考虑 $k_1=-2k_2$ 情形,这时方程(7.12)成为

$$u\frac{\partial u}{\partial x}+v\frac{\partial u}{\partial y}=-\frac{\partial \bar{p}}{\partial x}+\frac{\partial^2 u}{\partial y^2}+k_2\left(u\frac{\partial^3 u}{\partial x\partial y^2}+v\frac{\partial^3 u}{\partial y^3}\right.$$
$$\left.+\frac{\partial^2 u}{\partial y^2}\frac{\partial u}{\partial x}-\frac{\partial u}{\partial y}\frac{\partial^2 u}{\partial x\partial y}\right) \tag{7.13a}$$

$$0=-\frac{\partial \bar{p}}{\partial y} \tag{7.13b}$$

与牛顿流体的结果一样，方程 (7.13b) 表明，$\bar{p}$ 沿边界层的横截面是常量.

依照上述作者做法，我们考虑 $k_1=-2k_2$ 情形下的驻点流动(如图 7.1 所示)，其无量纲主流速度为

$$u_1=cx \tag{7.14}$$

其中 c 是无量纲常量.

引入流函数 ψ，使

$$u=\frac{\partial \psi}{\partial y},\quad v=-\frac{\partial \psi}{\partial x} \tag{7.15}$$

然后我们求相似性解. 设

$$\psi=\sqrt{c}\,xf(\eta),\quad \eta=\sqrt{c}\,y \tag{7.16}$$

由于 $\bar{p}$ 沿边界层横截面是常量，因此它满足方程

$$u_1\frac{du_1}{dx}=-\frac{\partial \bar{p}}{\partial x} \tag{7.17}$$

将式 (7.14) 代入方程 (7.17)，再与式 (7.15) 和 (7.16) 一起代入 (7.13a)，则得到

$$f'''+ff''+1-(f')^2+k[ff^{\mathrm{IV}}-2f'f'''+(f'')^2]=0 \tag{7.18}$$

其中 $f'=df/d\eta$，$k=-ck_2$[1].

边界条件是

(i) 在固壁上无滑动，即在 $\eta=0$，$u=v=0$， (7.19a)

(ii) 当 $\eta\to\infty$ 时，$u\to$ 主流速度 u_1. (7.19b)

这些条件也可写成

$$f(0)=f'(0)=0,\ \text{当}\ \eta\to\infty\ \text{时},\ f'\to 1 \tag{7.20}$$

我们注意到，对于牛顿流体 ($k=0$)，(7.18) 是三阶方程，由 (7.20) 给出的三个边界条件足以唯一地确定 f. 但是，对于粘弹性流体($k\neq 0$)，(7.18) 是四阶方程，已有的三个边界条件不足以

---

1) k_2 通常是负的(见第五章 § 5.1).

唯一地确定 f. 为了克服这一缺少边界条件的困难，Beard 和 Walters[41] 将 f 展成 k 的幂级数,并仅保留到线性项,即

$$f = f_0 + kf_1 \tag{7.21}$$

他们论证这样做是因为考虑的是微粘弹性流体，因而 k 是小量. 他们还设 $\varepsilon < k < 1$.

将式(7.21)代入方程(7.18)，并比较 k 的各次幂,我们得到

$$f_0''' + f_0 f_0'' + 1 - (f_0')^2 = 0 \tag{7.22a}$$

$$f_1''' + f_0 f_1'' - 2f_0' f_1' + f_0'' f_1 = -f_0 f_0^{\mathrm{IV}} + 2f_0' f_0''' + (f_0'')^2 \tag{7.22b}$$

边界条件是

$$\left.\begin{aligned} &f_0(0) = f_0'(0) = f_1(0) = f_1'(0) = 0 \\ &\text{当 } \eta \to \infty \text{ 时，} f_0' \to 1,\ f_1' \to 0 \end{aligned}\right\} \tag{7.23}$$

方程(7.22a)相应于牛顿流体情形，而弹性修正量 f_1 满足方程(7.22b). 方程(7.22b)是未知量 f_1 的三阶方程,现在的边界条件(7.23)足以唯一地确定 f_1.

曾用数值方法求满足边界条件(7.23)时方程(7.22)的解. Sarpkaya 和 Rainey[42] 在 $\eta = 0$ 附近把 f 近似地表达为十次多项式来求解方程(7.18)，即写

$$f = \sum_{n=1}^{10} \frac{A_n \eta^{n-1}}{(n-1)!} \tag{7.24}$$

他们还注意到,在方程(7.18)中 f^{IV} 以乘积形式 ff^{IV} 出现,因此由方程(7.18)及边界条件(7.20)可以推出

$$f'''(0) = -[1 + k(f''(0))^2] \tag{7.25}$$

他们的结果与 Beard 和 Walters 的结果定性地一致,若后者在近似中保留 k^2 阶项,则两组结果完全一致. 主要的结果是:

(i) 粘弹性流体在边界层内的速度可能大于主流速度. 当 k 的值较大时,速度剖面可能是振荡型的,如图 7.2 所示.

(ii) 弹性使固壁上的剪应力增大.

这个问题还用典型的 Karman-Pohlhausen 方法求解过[43],所得结果与上面给出的一致.

边界层近似方法还用于解决许多其它流动问题. Tan 和

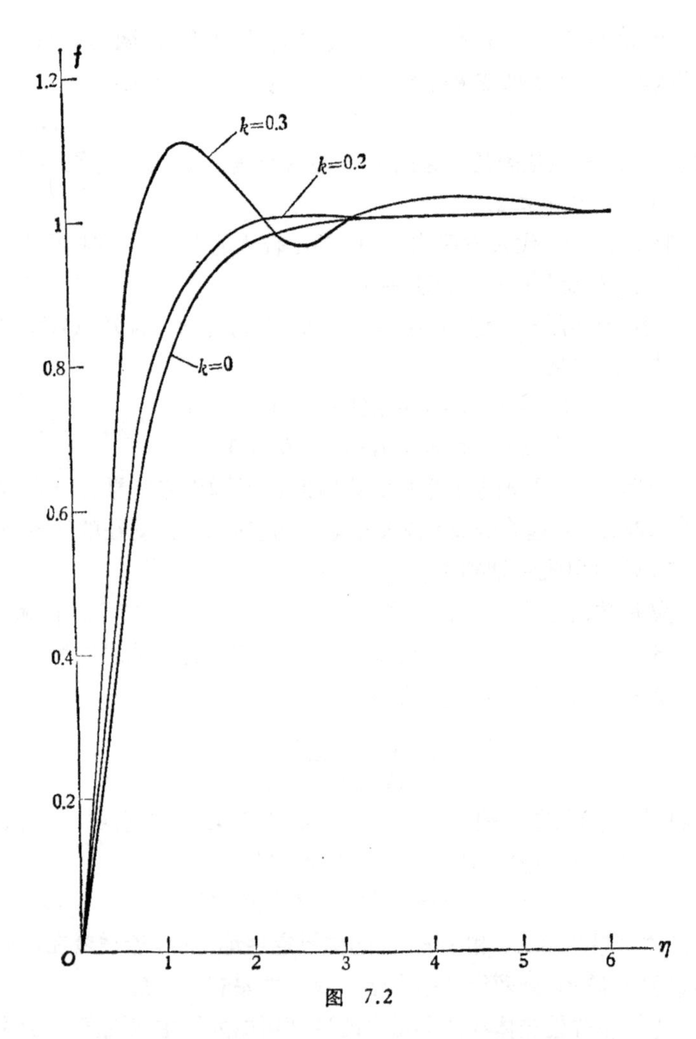

图 7.2

Tiu[44] 研究过入口流动问题，发现在类似的条件下粘弹性流体比牛顿流体的入口长度短．Metzner 和 White[45] 得出，在紧靠入口的区域粘弹性流体可能有‘类似固体’的行为，入口流动可以分成三个区域：(i)“类似固体”区域；(ii) 边界层发展区域；(iii) 充分发展了的流动区域，如图 7.3 所示．在“类似固体”区域，流动的变化急剧，因而弹性能起决定性的影响.

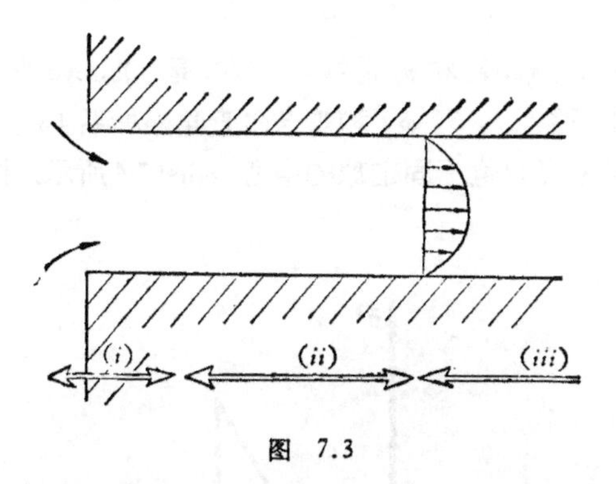

图 7.3

Rochelle 和 Peddieson[46] 研究了绕锥体和绕楔块的流动，发现弹性的影响是减小表面摩擦. 看来，弹性对阻力的影响似乎依赖于流动的几何图形.

理论上曾预见到，弹性使边界层的分离减弱，但这个预见与实验数据[47]并不一致.

§7.2 蠕变流动近似

粘弹性流体绕障碍物的蠕变流动并不罕见. 确实，由于粘弹性流体的高粘性，蠕变流动问题比边界层流动问题更常见. 蠕变流动近似适用于 Reynolds 数很小，因而惯性项可以忽略的情况. 在牛顿流体力学中，忽略惯性项之后得到的方程是线性的，通常它较完全的 Navier-Stokes 方程容易求解. 但在非牛顿流体力学中，本构方程常是非线性的，因而即使忽略惯性项，要解的方程可能仍然是非线性的.

绕固定球的慢流动就是蠕变流动的一个例子，我们将对 Oldroyd 流体讨论这样的流动. 这个问题 Leslie 曾研究过[48]. Oldroyd 流体的本构方程可以写为

$$T^{ij} + \lambda_1 \frac{\delta T^{ij}}{\delta t} + \frac{\mu_0}{2}(T^s_s)A^{ij} + \frac{\nu_1}{2}(A^{sl}T_{sl})g^{ij}$$

$$-\eta_0\left[A^{ij}+\lambda_2\frac{\delta A^{ij}}{\delta t}+\frac{\nu_2}{2}(A^{sl}A_{sl})g^{ij}\right] \tag{7.26}$$

其中 λ_1, μ_0, ν_1, η_0, λ_2 和 ν_2 是常量; $\delta/\delta t$ 是 Oldroyd 随动导数.

取球坐标系 (r, θ, ϕ) 和笛卡尔直角坐标系 (x^1, x^2, x^3), 使它们的共同原点 O 位于固定球的中心,如图 7.4 所示. 固定球面由 $r = a$ 表出.

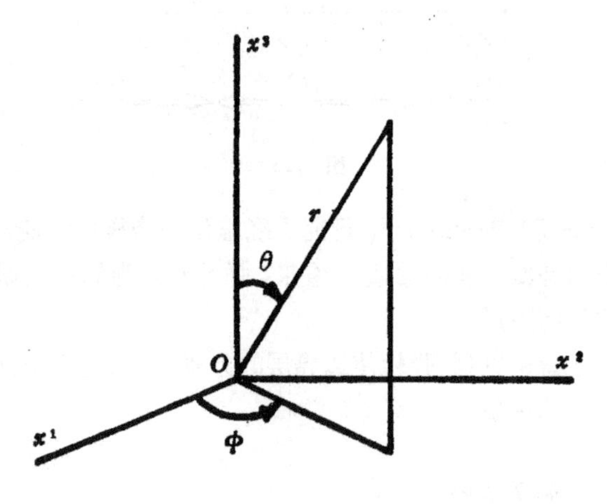

图 7.4

设流动是轴对称的,其速度分布为

$$v_{(r)} = u(r, \theta), \quad v_{(\theta)} = v(r, \theta), \quad v_{(\phi)} = 0 \tag{7.27}$$

又设固定球不影响离它充分远地方的主流,在无穷远处($r \to \infty$),速度的直角坐标分量是

$$v_{(1)} = 0, \quad v_{(2)} = 0, \quad v_{(3)} = -U \tag{7.28}$$

其中 U 是主流速度.

我们引入无量纲量为

$$\bar{r} = \frac{r}{a}, \quad \bar{u} = u/U, \quad \bar{v} = \frac{v}{U}, \quad \bar{p} = \frac{ap}{\eta_0 U}$$

$$\bar{T}_{(ij)} = \frac{aT_{(ij)}}{\eta_0 U}, \quad \bar{\mu}_0 = \frac{\mu_0}{\lambda_1}, \quad \bar{\nu}_1 = \frac{\nu_1}{\lambda_1}$$

$$\bar{\lambda}_2 = \frac{\lambda_2}{\lambda_1}, \quad \bar{\nu}_2 = \frac{\nu_2}{\lambda_1}, \quad \bar{\lambda}_1 = \frac{\lambda_1 U}{a}^{1)} \tag{7.29}$$

一阶 Rivlin-Ericksen 张量 $\mathbf{A}_1$ 的物理分量形式是

$$\mathbf{A}_1 = \frac{U}{a}\begin{bmatrix} 2\dfrac{\partial U}{\partial r} & \dfrac{1}{r}\dfrac{\partial u}{\partial \theta} + r\dfrac{\partial}{\partial r}\left(\dfrac{v}{r}\right) & 0 \\ \cdot & 2\left(\dfrac{u}{r} + \dfrac{1}{r}\dfrac{\partial v}{\partial \theta}\right) & 0 \\ \cdot & \cdot & 2\left(\dfrac{u}{r} + \dfrac{v\operatorname{ctg}\theta}{r}\right) \end{bmatrix} \tag{7.30}$$

将此式代入方程 (7.26) 并作所要求的运算，就得到 $T_{(ij)}$ 满足的方程组．这个运算过程冗长，得到的方程组也很繁．这里我们仅给出 $i = j = r$ 情形的方程作为一个例子，它的无量纲形式是

$$\begin{aligned} & T_{(rr)} + \lambda_1 \left\{ \left[u\frac{\partial T_{(rr)}}{\partial r} + \frac{v}{r}\frac{\partial T_{(rr)}}{\partial \theta} - 2\frac{\partial u}{\partial r}T_{(rr)} \right.\right. \\ & \quad \left. - \frac{2}{r}\frac{\partial u}{\partial \theta}T_{(r\theta)} \right] + \frac{\mu_0}{2}\left[T_{(rr)} + T_{(\theta\theta)} + T_{(\phi\phi)}\right]A_{(rr)} \\ & \quad + \frac{\nu_1}{2}\left[A_{(rr)}T_{(rr)} + 2A_{(r\theta)}T_{(r\theta)} + A_{(\theta\theta)}T_{(\theta\theta)} \right. \\ & \quad \left.\left. + A_{(\phi\phi)}T_{(\phi\phi)}\right] \right\} \\ & = A_{(rr)} + \lambda_1 \left\{ \left[u\frac{\partial A_{(rr)}}{\partial r} + \frac{v}{r}\frac{\partial A_{(rr)}}{\partial \theta} - 2\frac{\partial u}{\partial r}A_{(rr)} \right.\right. \\ & \quad \left. - \frac{2}{r}\frac{\partial u}{\partial \theta}A_{(r\theta)} \right]\lambda_2 + \frac{\nu_2}{2}\left[(A_{(rr)})^2 + 2(A_{(r\theta)})^2 \right. \\ & \quad \left.\left. + (A_{(\theta\theta)})^2 + (A_{(\phi\phi)})^2\right] \right\} \end{aligned} \tag{7.31}$$

我们可以类似地写出其它五个方程．从这六个方程就能确定应力张量的六个独立分量 $T_{(ij)}$，再将这些分量代入运动方程．相关的

1）为方便起见，往下的叙述均省去无量纲量上方的横道，除非另有说明，所有的量将都是无量纲的．

运动方程组是

$$
\mathrm{R}\left[u\frac{\partial u}{\partial r}+\frac{v}{r}\frac{\partial u}{\partial r}-\frac{1}{r}(v^2)\right]
$$

$$
=-\frac{\partial p}{\partial r}+\frac{\partial T_{(rr)}}{\partial r}+\frac{1}{r\sin\theta}\frac{\partial}{\partial\theta}(\sin\theta T_{(r\theta)})
$$

$$
+\frac{1}{r}(2T_{(rr)}-T_{(\theta\theta)}-T_{(\phi\phi)}) \tag{7.32a}
$$

$$
\mathrm{R}\left(u\frac{\partial v}{\partial r}+\frac{v}{r}\frac{\partial v}{\partial\theta}+\frac{uv}{r}\right)
$$

$$
=-\frac{1}{r}\frac{\partial p}{\partial\theta}+\frac{\partial T_{(r\theta)}}{\partial r}+\frac{1}{r}\frac{\partial T_{(\theta\theta)}}{\partial\theta}
$$

$$
+\frac{1}{r}(3T_{(r\theta)}+\mathrm{ctg}\theta(T_{(\theta\theta)}-T_{(\phi\phi)})), \tag{7.32b}
$$

其中 Reynolds 数 $\mathrm{R}=\dfrac{\rho Ua}{\eta_0}$.

连续性方程是

$$
\frac{1}{r^2}\frac{\partial}{\partial r}(r^2u)+\frac{1}{r\sin\theta}\frac{\partial}{\partial\theta}(v\sin\theta)=0 \tag{7.33}
$$

我们根据此方程引入流函数 ψ，使

$$
u=-\frac{1}{r^2\sin\theta}\frac{\partial\psi}{\partial\theta},\quad v=\frac{1}{r\sin\theta}\frac{\partial\psi}{\partial r} \tag{7.34}
$$

边界条件是

$$
\text{当 } r=1,\quad u=v=0 \tag{7.35a}
$$

$$
\text{当 } r\to\infty,\quad u\to-\cos\theta,\quad v\to\sin\theta \tag{7.35b}
$$

理论上，现在我们能够解决该绕流问题了——将求得的 $T_{(ij)}$ 代入式 (7.32)，然后解出 u 和 v，使之满足边界条件 (7.35). 但是从方程 (7.31) 可见，要直接解出 $T_{(ij)}$ 实际上极其困难. 我们改用近似方法来解决这个问题. 设 λ_1 是小量并且 $R<\lambda_1<1$，然后将所有的量按 λ_1 的幂次展开，并仅保留到 λ_1^2 阶. 这可写为

$$
T_{(ij)}=T_{(ij)}^{(0)}+\lambda_1T_{(ij)}^{(1)}+\lambda_1^2T_{(ij)}^{(2)}
$$

$$\psi = \psi^{(0)} + \lambda_1\psi^{(1)} + \lambda_1^2\psi^{(2)} \tag{7.36}$$
$$p = p^{(0)} + \lambda_1 p^{(1)} + \lambda_1^2 p^{(2)}$$

代这些展式到方程(7.31)等中，比较 λ_1 的各次幂，就得到各阶方程组. 相应于方程(7.31)的零阶方程为

$$T_{(rr)}^{(0)} = A_{(rr)}^{(0)} = 2\frac{\partial u^{(0)}}{\partial r} = -\frac{2}{\sin\theta}\frac{\partial}{\partial r}\left(\frac{1}{r}\frac{\partial\psi^{(0)}}{\partial\theta}\right) \tag{7.37}$$

类似地，我们得到其它的 $T_{(ij)}^{(0)}$，将它们代入式(7.32)并消去 $p^{(0)}$，则得到

$$E^4\psi^{(0)} = 0 \tag{7.38}$$

其中 $E^2 = \frac{\partial^2}{\partial r^2} + \frac{\sin\theta}{r^2}\frac{\partial}{\partial\theta}\left(\frac{1}{\sin\theta}\frac{\partial}{\partial\theta}\right)$

相应的边界条件是

$$\begin{aligned} &当\ r = 1, \quad \frac{\partial\psi^{(0)}}{\partial r} = \frac{\partial\psi^{(0)}}{\partial\theta} = 0 \\ &当\ r \to \infty, \quad \psi^{(0)} \to \frac{1}{2}r^2\sin^2\theta \end{aligned} \tag{7.39}$$

方程(7.38)的满足这些条件的解是

$$\psi^{(0)} = \frac{1}{2}\left(r^2 - \frac{3}{2}r + \frac{1}{2r}\right)\sin^2\theta \tag{7.40}$$

从方程(7.31)可知 $T_{(rr)}^{(1)}$ 由下式给出，它为

$$\begin{aligned} T_{(rr)}^{(1)} = {}& A_{(rr)}^{(1)} + \lambda_2\left[u^{(0)}\frac{\partial A_{(rr)}^{(0)}}{\partial r} + \cdots\right] + \frac{\nu_2}{2}[(A_{(rr)}^{(0)})^2 + \cdots] \\ & - \left[u^{(0)}\frac{\partial T_{(rr)}^{(0)}}{\partial r} + \cdots\right] - \frac{\mu_0}{2}[T_{(rr)}^{(0)} + \cdots]A_{(rr)}^{(0)} \\ & - \frac{\nu_1}{2}[A_{(rr)}^{(0)}T_{(rr)}^{(0)} + \cdots] \end{aligned} \tag{7.41}$$

方括号中带上标$^{(0)}$的项与方程(7.31)中相应的项形式相同，因为 $\psi^{(0)}$ 已求出，这些项均已知，于是可用 $\psi^{(1)}$ 和 r, θ 的已知函数表出 $T_{(ij)}^{(1)}$. 将 $T_{(ij)}^{(1)}$ 代入方程(7.32)并消去 $p^{(1)}$，则得到

$$E^4\psi^{(1)} = 27(1-\lambda_2)\left(1 - \frac{2}{r^2}\right)\frac{\sin^2\theta\cos\theta}{r_5} \tag{7.42}$$

函数 $\psi^{(1)}$ 应满足边界条件

$$当\ r=1,\quad \frac{\partial\psi^{(1)}}{\partial r}=\frac{\partial\psi^{(1)}}{\partial\theta}=0 \tag{7.43}$$

$$当\ r\to\infty,\quad \frac{1}{r^2}\frac{\partial\psi^{(1)}}{\partial\theta}=\frac{1}{r}\frac{\partial\psi^{(1)}}{\partial r}=0$$

由方程 (7.42) 和条件 (7.43) 得到的解是

$$\psi^{(1)}=\frac{3}{8}(1-\lambda_2)\sin^2\theta\cos\theta\left(1-\frac{1}{r}\right)^3 \tag{7.44}$$

类似地往下进行，我们可以得到 $T_{(ij)}^{(2)}$，然后求出解 $\psi^{(2)}$，$\psi^{(2)}$ 满足的方程的形式为

$$E^4\psi^{(2)}=f(\psi^{(0)},\ \psi^{(1)},\ \lambda_2,\ \cdots) \tag{7.45}$$

其右边很长.

作用在球上的阻力为

$$D=-2\pi\int_0^\pi(S_{(rr)}|_{r=1})\sin\theta\cos\theta d\theta+2\pi\int_0^\pi(T_{(r\theta)}|_{r=1})\sin^2\theta d\theta \tag{7.46}$$

我们已求出近似到 λ_1^2 阶的 ψ，由 ψ 可以得到 p 和 $T_{(ij)}$ 的同样量阶的近似解，将它们代入上式并作积分，则可以写出 D 的有量纲表达式为

$$D=6\pi\eta_0Ua-\frac{2\pi\eta_0U^3}{a}[0.016(\lambda_1-\lambda_2)(3\lambda_1-\lambda_2)+0.618(\sigma_1-\sigma_2)] \tag{7.47}$$

其中

$$\sigma_1=\lambda_1\mu_0+\nu_1\left(\lambda_1-\frac{3}{2}\mu_0\right),\quad \sigma_2=\lambda_2\mu_0+\left(\lambda_1-\frac{3}{2}\mu_0\right)\nu_2$$

从式 (7.47) 可见，若仅保留 λ_1 的线性项，则 D 的表达式是

$$D=6\pi\eta_0Ua \tag{7.48}$$

这就是熟知的牛顿流体中的Stokes公式，说明了若近似到 λ_1 阶，弹性不影响阻力 D. 我们至少需要做 λ_1^2 阶近似，才见到弹性的影响.

如在第五章§5.3所述，通常 $\lambda_1>\lambda_2$, $\sigma_1>\sigma_2$，因而弹性的效应是减小阻力D. 这里我们已经设流体是剪稀的，所以实际阻力减

小量的一部分可能来自粘度的减小. 还发现，粘弹性流体和牛顿流体的流线十分相似. 这些理论预见与 Broadbent 和 Mena[49] 的实验结果一致.

上面我们选用 Oldroyd 流体，求出了一个 λ_1 的幂次形式解，并仅近似到 λ 阶，这个做法等价于选用三阶流体（见第五章 § 5.5）. 事实上，对于蠕变流动问题微分型本构方程（见第五章 § 5.1）是最合适的. 我们可以用三阶流体解决该绕流问题，Giesekus[50] 已经这样做过，得到的结果与上面给出的类似.

Ultmann 和 Denn[51] 用 Oseen 近似方法改进上面的分析. 他们断言，他们的分析对 λ_1 的值没有限制. 在牛顿流体力学中已经知道，Oseen 近似解适用的 R 值范围比前面我们得到的近似解要高，因此似乎可以认为，Ultmann 和 Denn 的分析比这节给出的好. 但是已经证明[52]，他们的分析是错误的.

§ 7.3 润滑

忽略 Reynolds 数 R 这一近似方法并不只适用于慢流动，当流体的厚度很小时也可以忽略 R，这种流动的一个例子就是润滑问题中的流动.

已经发现，如果把少量的油溶性高分子量聚合物加进用作润滑剂的矿物油，聚合物油的粘度随温度的变化较小，因此用聚合物油作为润滑剂有利于扩大适用的温度范围. 此外还发现，在某些情形聚合物油比纯矿物油能承受更大的载荷[53]. 添加了聚合物的润滑油成为粘弹性流体.

我们考虑挤压膜流动，它不仅与润滑有关，而且相关于其它的工业过程和流变仪[54]. 流体置于两个水平圆板之间，每个板的半径为 a. 在 $t \leqslant 0$ 时刻，流体处于静止状态；在 $t=0$ 时刻，上板被松开，并在法向力 F 的作用下向下压. 取柱坐标系 (r, θ, z)，其原点位于下板的中心，z 轴垂直于两板，如图 7.5 所示. 设速度分布为

$$v_{(r)} = u(r, z, t), \quad v_{(\theta)} = 0, \quad v_{(z)} = w(r, z, t) \tag{7.49}$$

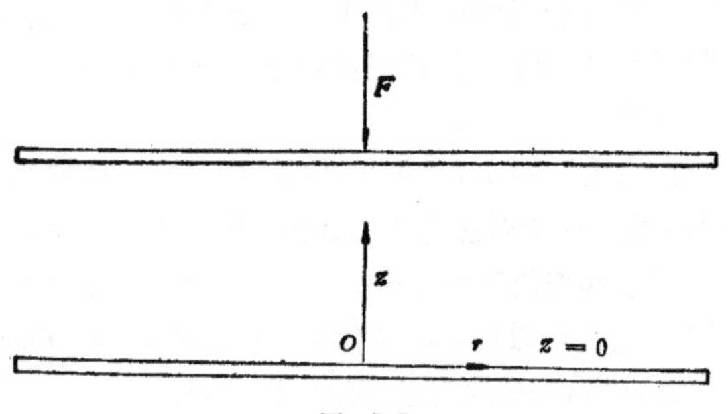

图 7.5

依照 Brindley 等人的工作[55]，我们选取二阶流描述粘弹性流体，它的本构方程写作

$$\mathbf{T}=\eta_0\mathbf{A}_1+\beta_1(\mathbf{A}_1)^2+\beta_2\mathbf{A}_2 \tag{7.50}$$

其中 η_0，β_1 和 β_2 是常量；$\mathbf{A}_1$ 和 $\mathbf{A}_2$ 分别是一阶和二阶 Rivlin-Ericksen 张量.

现我们做通常的润滑近似. 记两板的间距为 h. 设 $\varepsilon=h/a$ 是小量，则沿 z 方向的变化较 r 方向变化大(比较本章 §7.1). 由连续性方程我们导出，u 是 $O(1)$ 阶的，而 w 是 ε 阶的.

为描述上述近似，我们取

$$\bar{r}=\frac{r}{a},\quad \bar{z}=\frac{z}{h},\quad \bar{u}=\frac{u}{U},\quad \bar{w}=\frac{w}{\varepsilon U}$$

$$\bar{t}=\frac{tu}{a},\quad \bar{p}=\frac{\varepsilon^2 ap}{\eta_0 U} \tag{7.51}$$

上方有横道的量是无量纲量[1)]，它们的量阶相同. U 是特征速度.

仅保留 $\mathbf{A}_1$ 各物理分量的最大项，则 $\mathbf{A}_1$ 可以写成

$$\mathbf{A}_1\approx\frac{U}{a}\begin{bmatrix}2\dfrac{\partial u}{\partial r} & 0 & \dfrac{1}{\varepsilon}\dfrac{\partial u}{\partial z}\\ \cdot & \dfrac{2u}{r} & 0\\ \cdot & \cdot & 2\dfrac{\partial w}{\partial z}\end{bmatrix} \tag{7.52}$$

1) 为方便起见，以下我们将略去横道，除非另有说明，所有的量将是无量纲的.

同样地，$\mathbf{A}_2$ 的物理分量形式为

$$\mathbf{A}_2 \approx \frac{U^2}{a^2}\begin{bmatrix} 2E_{11} & 0 & \frac{1}{\varepsilon}E_{13} \\ \cdot & 2E_{22} & 0 \\ \cdot & \cdot & \frac{2}{\varepsilon^2}\left(\frac{\partial u}{\partial z}\right)^2 \end{bmatrix} \tag{7.53}$$

其中

$$E_{11} = \frac{\partial^2 u}{\partial r \partial t} + u\frac{\partial^2 u}{\partial r^2} + w\frac{\partial^2 u}{\partial r \partial z} + 2\left(\frac{\partial u}{\partial r}\right)^2 + \frac{\partial w}{\partial r}\frac{\partial u}{\partial z}$$

$$E_{13} = \frac{\partial^2 u}{\partial z \partial t} + u\frac{\partial^2 u}{\partial r \partial z} + w\frac{\partial^2 u}{\partial z^2} + 3\frac{\partial u}{\partial r}\frac{\partial u}{\partial z} + \frac{\partial w}{\partial z}\frac{\partial u}{\partial z}$$

$$E_{22} = \frac{1}{r}\frac{\partial u}{\partial t} + \frac{u}{r^2}\frac{\partial}{\partial r}(ru) + \frac{2w}{r}\frac{\partial u}{\partial z}$$

将 $\mathbf{A}_1$ 和 $\mathbf{A}_2$ 代入方程(7.50)得到 $T_{(ij)}$，然后代 $T_{(ij)}$ 到运动方程. 仅保留运动方程中的量阶最大项，并设 $\mathrm{R}(=\rho U a\varepsilon^2/\eta_0)$ 为零，则得到

$$0 = -\frac{\partial p}{\partial r} + \frac{\partial^2 u}{\partial z^2} + k_1\left[2\frac{\partial^2 u}{\partial r \partial z}\frac{\partial u}{\partial z} - \frac{1}{r}\left(\frac{\partial u}{\partial z}\right)^2 - \frac{2u}{r}\frac{\partial^2 u}{\partial z^2}\right] + k_2\frac{\partial E_{13}}{\partial z} \tag{7.54a}$$

$$0 = -\frac{\partial p}{\partial z} + (k_1 + 2k_2)\frac{\partial}{\partial z}\left(\frac{\partial u}{\partial z}\right)^2 \tag{7.54b}$$

其中 $k_1 = \frac{\beta_1 U}{a\eta_0}$，$k_2 = \frac{\beta_2 U}{a\eta_0}$. 我们已设 k_1 和 k_2 都是 $O_{(1)}$ 阶量.

方程(7.54)相应的边界条件是

$$\text{在 } z = 0,\quad u = w = 0$$

$$\text{在 } z = 1,\quad u = 0,\qquad w = \frac{h}{\varepsilon U} = w_1 \tag{7.55}$$

其中 h 是上板的速度.

从 $z = 0$ 到 $z = 1$ 积分连续性方程，得到

$$\frac{1}{r}\int_0^1 \frac{\partial}{\partial r}(ru)dz + \int_0^1 \frac{\partial w}{\partial z}dz = 0 \tag{7.56}$$

应用边界条件,上式成为

$$\frac{\partial}{\partial r}\left(r\int_0^1 udz\right) + rw_1 = 0 \tag{7.57}$$

积分上式,则有

$$rw_1 = -2\int_0^1 udz \tag{7.58}$$

由此式我们推出

$$u = \frac{1}{2}rf'(z,t)^{1)} \tag{7.59}$$

其中 $f' = \partial f/\partial z$.

从连续性方程推出

$$w = -f(z,t) \tag{7.60}$$

w不是 r 的函数，因而初始时刻的水平物质面在以后时刻将始终保持为水平的.

将式 (7.59) 和 (7.60) 代入方程 (7.54), 我们得到

$$\frac{\partial p}{\partial r} = \frac{1}{2}rg(z, t) \tag{7.61a}$$

$$\frac{\partial p}{\partial z} = \frac{1}{2}r^2(k_1 + 2k_2)f''f''' \tag{7.61b}$$

其中

$$g(z, t) = f''' + \frac{k_1}{2}[(f'')^2 - 2f'f'''] + k_2\left[\frac{\partial f'''}{\partial t} - ff^{\text{IV}} + (f'')^2\right]$$

消去 p, 则有

$$g - (k_1 + 2k_2)(f'')^2 = m(t) \tag{7.62}$$

---

1) 这并非 u 的最一般形式,但在此特殊情形 u 可以写为这一形式[55].

其中 $m(t)$ 是 t 的未知函数,可用边界条件(7.55)确定.

对于牛顿流体($k_1=k_2=0$),方程(7.62)简化成

$$f'''=m(t) \tag{7.63}$$

这是三阶线性方程,已有的四个边界条件足以确定唯一的解. 对于粘弹性流体,方程(7.62)是非线性的,并且为四阶,现在我们求它表示为 k_1 幂级数形式的解. 我们写

$$f=f_0+k_1f_1,\quad m=m_0+k_1m_1\ ^{1)} \tag{7.64}$$

代入方程(7.62)并比较 k_1 的各次幂(设 k_1 和 k_2 的量阶相同),则有

$$\begin{aligned} f_0''' &= m_0 \\ f_1''' &= m_1+\frac{1}{2}[(f_0'')^2+2f_0f_0'''] \\ &\quad -\frac{k_2}{k_1}\left[\frac{\partial f_0''}{\partial t}-f_0f_0^{\mathrm{IV}}-(f_0'')^2\right] \end{aligned} \tag{7.65}$$

f_0 和 f_1 必须满足的条件是

$$\begin{aligned} &在\ z=0,\quad f_0'=f_0=0 \\ &在\ z=1,\quad f_0'=0,\qquad f_0=w_1 \\ &在\ z=0,1,\quad f_1'=f_1=0 \end{aligned} \tag{7.66}$$

由这些方程和边界条件我们得到解

$$\begin{aligned} f &= w_1z^2(2z-3) \\ &\quad +\frac{6}{5}(k_1+k_2)w_1^2z^2(2z^3-5z^2+4z-1) \end{aligned} \tag{7.67}$$

知道了 f,由式(7.59)和(7.60)就可求得 u 和 w.

将所有的量重新写成有量纲形式,则由式(7.51)和(7.67)得到

$$\begin{aligned} f &= \frac{\dot{h}az^2}{h^4U}(2z-3h) \\ &\quad +\frac{6(\beta_1+\beta_2)\dot{h}^2z^2}{5h^7U\eta_0}(2z^3-5hz^2+4h^2z-h^3) \end{aligned} \tag{7.68}$$

---

1) 我们将始终忽略 $O(k_1^2)$ 的项.

应用式(7.59)得到速度 u 为

$$u=\frac{3\dot{h}rz}{h^3}\left[(z-h)+\frac{2(\beta_1+\beta_2)\dot{h}}{5\eta_0 h^3}(5z^3-10z^2h+6zh^2-h^3)\right] \tag{7.69}$$

若运动板的惯性可以忽略，则流体作用于板上的总法向力与施加的外力 F 平衡．F 的有量纲表达式为

$$F=-2\pi\int_0^a S_{(zz)}|_{z=h}rdr \tag{7.70}$$

由式(7.50)—式(7.53)我们求得 $S_{(zz)}$ 的主要项是

$$S_{(zz)}\approx -p+(\beta_1+2\beta_2)\left(\frac{\partial u}{\partial z}\right)^2 \tag{7.71}$$

为了得到 p，需要假设流体的自由面 $r=a$ 与大气接触，即设在 $z=h$ 和 $r=a$ 处，$S_{(zz)}$ 等于零．积分方程(7.61a)的有量纲形式求出 p，再应用上述条件，就得到 $S_{(zz)}$ 在 $z=h$ 的表达式

$$S_{(zz)}|_{z=h}=\frac{3\dot{h}}{h^3}(a^2-r^2)\left[\eta_0+\beta_2\left(\frac{\ddot{h}}{\dot{h}}-\frac{18\dot{h}}{5h}\right)+\frac{9\beta_1\dot{h}}{10h}\right] \tag{7.72}$$

将上式代入式(7.70)，得到

$$F=-\frac{3\pi a^4\dot{h}}{2h^3}\left[\eta_0+\frac{9\beta_1\dot{h}}{10h}+\beta_2\left(\frac{\ddot{h}}{\dot{h}}-\frac{18\dot{h}}{5h}\right)\right] \tag{7.73}$$

现在我们考虑特殊情形——上板以常速度 $\dot{h}$ 下落，这时 F 表达式简化为

$$F=\frac{-3\pi a^4\dot{h}}{2h^3}\left[\eta_0-\frac{9\dot{h}}{10h}(4\beta_2-\beta_1)\right] \tag{7.74}$$

用法向应力差系数 N_1 和 N_2(见第五章表 1)替换上式中的 β_1 和 β_2，则有

$$F=\frac{-3\pi a^4\dot{h}}{2h^3}\left(\eta_0+\frac{9\dot{h}}{10h}\cdot(3N_1+N_2)\right) \tag{7.75}$$

根据测粘流动的实验数据，我们知道 $3N_1+N_2$ 是正的，这里 $\dot{h}$ 又是负的，所以弹性的效应是减小 F．力 F 的减小意味着在同样的条件(同样的 $\dot{h}$ 和粘度值)下，流体能够承受的载荷 F 减小，这表明

润滑剂变差了. 这样一来，我们的理论预见就与一些实验观察不一致. 或许，这种不一致性说明二阶流体不足以描述挤压流动状态下的粘弹性流体，最多只在小载荷 F 的情形，它可能是合适的模型.

还有应用 Maxwell 流体解决挤压流动问题的，发现 Maxwell 流体也不是较好的润滑剂模型[54]. Leider 和 Bird[54] 相信，为了合理地描述在该流动状态的流体，需要选择一个可以预见应力过量现象(见第六章 § 6.6) 的本构方程. 他们建议用一个经验粘度函数(不是本构方程)来描述聚合物润滑剂，并且发现，用这种能预见到应力过量现象的粘度函数也能预见到润滑剂性能变好. Metzner[56] 论证，挤压膜流动应该近似为二维拉伸流动. 已经知道，粘弹性流体的拉伸粘度会比具有相同剪切粘度的牛顿流体的拉伸粘度大几个数量级，因此粘弹性流体可能承受大得多的载荷，成为较好的润滑剂.

在颈轴承润滑问题中，Davies 和 Walters[57] 发现，如果第一法向应力差比剪应力大得多，那么 Oldroyd 流体会是较好的润滑剂. 在高剪切率测粘流动中，第一法向应力差大于剪应力是可能的. Christensen 和 Saibel[58] 研究了滑动轴承问题，他们选择了一个本构方程，预见到在类似的条件下粘弹性流体是比牛顿流体好的润滑剂. 但是从他们选择的本构方程推出的法向应力分布与在测粘流动中观察到的不一致.

现已知道，单是粘度的变化不足以解释为什么聚合物润滑剂比较好.

我们需要仔细地选择本构方程，特别当润滑流动中含有拉伸流动成分时. 因为润滑油膜非常薄，也许还需考虑表面效应.

润滑近似也适用于流体以薄层出现的其它流动问题. 成功地应用了润滑近似的过程有 (i) 涂层，(ii) 压延[59].

§ 7.4 纤维纺制

纤维纺制是重要的工业过程之一，它有三种主要的类型: (i)

熔体纺丝；(ii)湿纺；(iii) 干纺[60]．所采用的纺制类型取决于材料的性质．我们将仅讨论熔体纺丝．

在熔体纺丝过程中，强制熔融的聚合物铅垂往下流动，通过一个平板上的一组小孔挤出．这个平板称为纺丝头．挤出形成的细丝再被迅速地往下拉伸，并绕在一个丝筒上．为了简单起见，我们考察一条细丝，上述过程如图 7.6 所示．纺丝过程可分成图 7.6 画出的三个区域：

区域 I，这个区域邻近纺丝头，流动状态十分复杂，流体发生膨胀．

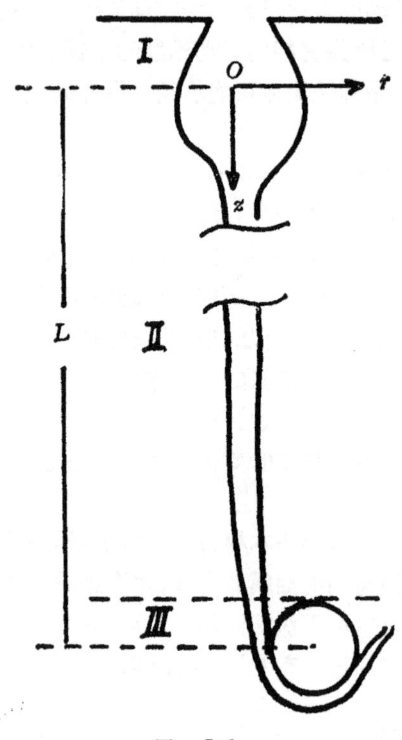

图 7.6

区域 II，材料在这个区域被拉伸，工业生产中还被冷却．这里的流动差不多是一个拉伸流动．我们将仅讨论在这个区域的流动．

区域 III，材料在这个区域固化．

各个区域间的划分线并不明确，区域 I 和 III 的长度较区域 II 短．

现在我们考虑等温熔体纺丝．取柱坐标系 (r, θ, z)，其原点 O 位于挤出细丝半径最大截面的中心，细丝的自由面由 $r = R(z)$ 表出，卷绕点在 $z = L$，如图 7.6 所示．卷绕速度比细丝自由下落速度大，因而细丝截面的半径 $R(z)$ 从 $z = 0$ 到 $z = L$ 逐渐减小．丝十分细，即 $R(z) \ll L$．我们假设流动是定常和轴对称的，在我们所考虑的区域内轴向速度仅是 z 的函数． 于是，速度分布可以写作

$$v_{(r)} = u(r, z),\quad v_{(\theta)} = 0,\quad v_{(z)} = w_{(z)} \tag{7.76}$$

相应的运动方程组是

$$\rho\left(u \frac{\partial u}{\partial r} + w \frac{\partial u}{\partial z}\right) = -\frac{\partial p}{\partial r} + \frac{1}{r}\frac{\partial}{\partial r}(rT_{(rr)}) + \frac{\partial T_{(rz)}}{\partial z} - \frac{T_{(\theta\theta)}}{r} \tag{7.77a}$$

$$\rho w \frac{\partial w}{\partial z} = -\frac{\partial p}{\partial z} + \frac{\partial T_{(zz)}}{\partial z} + \frac{1}{r}\frac{\partial}{\partial r}(rT_{(rz)}) \tag{7.77b}$$

其中 ρ 是密度．

连续性方程是

$$\frac{1}{r}\frac{\partial}{\partial r}(ru) + \frac{\partial w}{\partial z} = 0 \tag{7.78}$$

在自由面 $r = R(z)$ 的边界条件为

(i) 没有流体穿过边界，因而

$$\boldsymbol{v} \cdot \boldsymbol{n} = 0 \tag{7.79}$$

其中 $\boldsymbol{n}$ 是自由面的单位外法向向量，它的径向分量 n_r 和轴向分量 n_z 为

$$n_r = [1 + (R')^2]^{-\frac{1}{2}} \tag{7.80a}$$

$$n_z = -R'[1 + (R')^2]^{-\frac{1}{2}} \tag{7.80b}$$

其中 $R' = dR/dz$.

(ii) 若忽略表面张力和空气阻力，那么面力 $\boldsymbol{t}(=\mathbf{S}\cdot\boldsymbol{n})$[1] 为零. 于是，$\boldsymbol{t}$ 的径向分量 t_r 和轴向分量 t_z 为零，即

$$t_r = S_{(rr)}n_r + S_{(rz)}n_z = 0 \tag{7.81a}$$

$$t_z = S_{(rz)}n_r + S_{(zz)}n_z = 0 \tag{7.81b}$$

在细丝截面积分方程 (7.77) 和 (7.78)，得到

$$2\pi\int_0^R \rho\left(ru\frac{\partial u}{\partial r} + rw\frac{\partial u}{\partial z}\right)dr = 2\pi\int_0^R\left[-r\frac{\partial p}{\partial r} + \frac{\partial}{\partial r}(rT_{(rr)}) + r\frac{\partial T_{(rz)}}{\partial z} - T_{(\theta\theta)}\right]dr \tag{7.82a}$$

$$2\pi\int_0^R \rho rw\frac{dw}{dz}dr = 2\pi\int_0^R\left[-r\frac{\partial p}{\partial z} + r\frac{\partial T_{(zz)}}{\partial r} + \frac{\partial}{\partial r}(rT_{(rz)})\right]dr \tag{7.82b}$$

和

$$2\pi\left\{\int_0^R\left[\frac{\partial}{\partial r}(ru) + r\frac{\partial w}{\partial z}\right]dr\right\} = 0 \tag{7.83}$$

根据基本运算法则，我们知道

$$\frac{d}{dz}\int_0^{R(z)} rf(r,z)dr = \int_0^{R(z)} r\frac{\partial f}{\partial z}dz + RR'f(R,z) \tag{7.84}$$

其中 $f(r,z)$ 是任意函数，并满足上式中要求的可积性和可微性. 应用这个公式，方程 (7.82b) 成为

$$2\pi\rho R^2 w\frac{dw}{dz} = 2\pi[RT_{(rz)}(R,z) - RR'S_{(zz)}(R,z)] + 2\pi\frac{d}{dz}\int_0^R rS_{(zz)}dr \tag{7.85}$$

根据条件 (7.81b) 求得在方括号内的项等于零[2]. 若进一步忽略

1) 这是 Cauchy 基本定律[1].

2) 因为 $\mathbf{S} = -p\mathbf{I} + \mathbf{T}$, 所以 $T_{(rz)} = S_{(rz)}$.

惯性项,则上式简化为

$$2\pi \frac{d}{dz}\int_0^R rS_{(zz)}dr = 0 \tag{7.86}$$

于是,

$$2\pi\int_0^R rS_{(zz)}dr = C_1 \tag{7.87}$$

C_1 是常量,它是作用在截面上的轴向力.

由条件 (7.81) 我们推出,在自由面上

$$S_{(rr)} = (R')^2 S_{(zz)} \tag{7.88}$$

如果设 $(R')^2$ 是小量,那么可以认为 $S_{(rr)}$ 等于零. 我们设对于所有的 r 应力分量 $S_{(rr)}$ 等于零,即

$$p = T_{(rr)} \tag{7.89}$$

应用此式,式 (7.87) 成为

$$2\pi\int_0^R r(T_{(zz)} - T_{(rr)})dr = C_1 \tag{7.90}$$

根据公式 (7.84), 方程 (7.83) 成为

$$2\pi\left\{[Ru(R, z) - RR'w(R, z)] + \frac{d}{dz}\int_0^R rw(z)dr\right\} = 0 \tag{7.91}$$

从边界条件 (7.79) 可见,方括号内的项等于零,于是上式简化为

$$2\pi R^2 w(z) = Q_0 \tag{7.92}$$

其中 Q_0 是常量,称为体积流动率.

为了获得解,现在需要选取一个本构方程. 依照 Denn 等人的工作[61],我们选取 Maxwell 流体,它的本构方程为

$$T^{ij} + \lambda_1 \frac{\delta T^{ij}}{\delta t} = \eta_0 A^{ij} \tag{7.93}$$

其中 λ_1 和 η_0 是物质常量; $\frac{\delta}{\delta t}$ 是 Oldroyd 随动导数.

物理分量 $T_{(rr)}$, $T_{(zz)}$ 分别满足下面的方程

$$T_{(rr)} + \lambda_1\left(w\frac{dT_{(rr)}}{dz} + \frac{dw}{dz}T_{(rr)}\right) = -\eta_0\frac{dw}{dz} \tag{7.94a}$$

$$T_{(zz)}+\lambda_1\left(w\frac{dT_{(zz)}}{dz}-2\frac{dw}{dz}T_{(zz)}\right)=2\eta_0\frac{dw}{dz} \quad (7.94b)$$

推导这些方程的过程中我们已经应用了:

(i) $u\partial T^{ij}/\partial r$ 和 $\frac{\partial u}{\partial z}T^{rz}$ 可以忽略，即截面上的应力分布是均匀的;同法向应力比较起来剪应力可以忽略.

(ii) 由连续性方程 (7.78) 和在 $r=0$ 处 u 有界的条件,我们推出

$$u=-\frac{1}{2}r\frac{dw}{dz} \quad (7.95)$$

于是,一阶 Rivlin-Ericksen 张量 $\mathbf{A}_1$ 可以近似写成

$$\mathbf{A}_1=\begin{bmatrix} 2\frac{dw}{dz} & 0 & 0 \\ \cdot & -\frac{dw}{dz} & 0 \\ \cdot & \cdot & -\frac{dw}{dz} \end{bmatrix} \quad (7.96)$$

比较这里的 $\mathbf{A}_1$ 和单轴拉伸流动的 $\mathbf{A}_1$ 表达式，我们发现，除了上式中的 $\frac{dw}{dz}$ 不一定是常量而外，它们是一样的. 我们容易从物理上看到,这里细丝被往下拉伸的流动与单轴拉伸流动间是相似的.

现在我们须解方程 (7.94) 求 $T_{(rr)}$ 和 $T_{(zz)}$，然后将它们代入式 (7.90). 但是从方程 (7.94) 我们注意到，$T_{(rr)}$ 和 $T_{(zz)}$ 仅是 z 的函数,因此式 (7.90) 可以写成

$$\pi R^2(T_{(zz)}-T_{(rr)})=C_1 \quad (7.97)$$

应用式 (7.92) 我们推出

$$T_{(zz)}-T_{(rr)}=\frac{2C_1}{Q_0}w=C_2w \quad (7.98)$$

于是

$$T_{(zz)}=T_{(rr)}+C_2w \quad (7.99)$$

代此式到方程 (7.94) 中,则得到 $T_{(rr)}$ 的一个代数方程,并且 $T_{(rr)}$ 可写为

$$T_{(rr)} = -\frac{1}{3\lambda_1}\left[3\eta_0 + \lambda_1 C_2 w - C_2 w\left(\frac{dw}{dz}\right)^{-1}\right] \quad (7.100)$$

再将此式代入方程(7.94a)，得到w的方程，它是

$$3\eta_0 - C_2 w\left(\frac{dw}{dz}\right)^{-1} - \lambda_1 C_2 w\left[1 - w\frac{d^2w}{dz^2}\left(\frac{dw}{dz}\right)^{-2}\right]$$

$$+ 2\lambda_1^2 C_2 w\frac{dw}{dz} = 0 \quad (7.101)$$

现在我们给出合适的边界条件. 通常的两个条件是

(i) 在 $z = 0$, $w = w_0$

(ii) 在 $z = L$, $w = w_L$ (7.102)

知道了Q_0, $R(0)$和$R(L)$以后就可确定w_0和w_L.

对于牛顿流体($\lambda_1 = 0$)，方程(7.101)简化成

$$3\eta_0 - C_2 w\left(\frac{dw}{dz}\right)^{-1} = 0 \quad (7.103)$$

它满足条件(7.102)的解为

$$w = w_0 \exp\left(\frac{C_2 z}{3\eta_0}\right) \quad (7.104)$$

其中 $C_2 = \frac{3\eta_0}{L}\log D_R$, $D_R = w_L/w_0$ 称为拉缩比.

在牛顿流体情形，两个边界条件(7.102)已足以确定唯一的解. 但是对于粘弹性流体，在方程(7.101)中出现d^2w/dz^2项，这两个边界条件就不足了，需要给出一个附加边界条件. Denn[61] 及其合作者选择在$z = 0$处对$T_{(zz)}$施加一个条件. 由式(7.99)和(7.100)得到

$$\frac{1}{C_2 w_0}T_{(zz)}(0) = \frac{2}{3} - \frac{\eta_0}{\lambda_1 C_2 w_0} + \frac{1}{3\lambda_1}\left(\left.\frac{dw}{dz}\right|_{z=0}\right)^{-1} = T_0 \quad (7.105)$$

对于牛顿流体，$T_0 = \frac{2}{3}$. 对于粘弹性流体，Denn 等人假设$T_0 = 1$. 他们解释选取$T_0 = 1$的理由是T_0的值在某个范围之内变化时，w几乎相同，因而给T_0赋什么值原则上不重要. 我们从式

(7.103)可见，给定一个T_0值，则 $\left.\frac{dw}{dz}\right|_{z=0}$ 有固定的值.

Denn 等人求解了方程(7.101)，使解满足条件(7.102)和 $T_0 = 1$，计算得到速度剖面如图 7.7 所示. 当弹性参数增大时，速度剖面趋近一个线性剖面，这与实验数据[62]定性地一致.

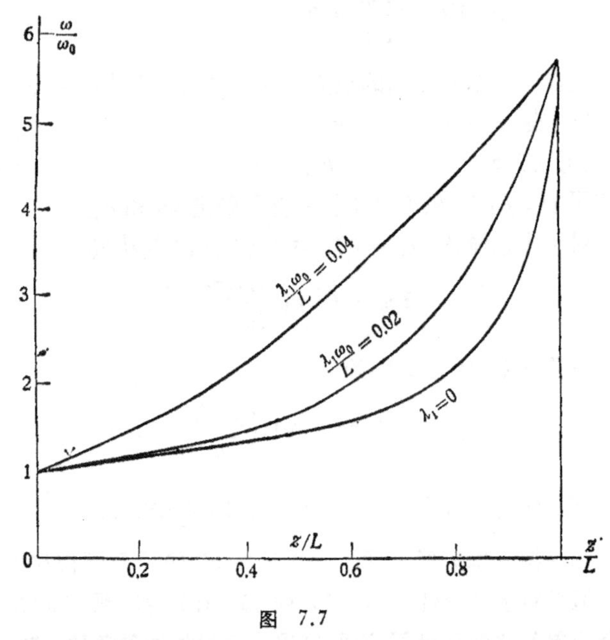

图 7.7

工业生产中纤维纺制的条件比上面的讨论复杂得多，生产率受到不稳定性的限制. 纤维纺制中有两类不稳定性：(i) 熔体断裂；(ii) 共振. 普遍相信熔体断裂起因于材料的弹性性质. 这种不稳定出现在拉丝模内，特别是在模的入口. 用控制流动速率的办法，也许能迟滞熔体断裂的起始. 拉伸共振被认为出现在自由边界流动中，可用调节拉缩比 D_R 来控制. 还有许多造成这些不稳定的其它因素，各种各样的方案曾被建议来迟滞这些不稳定的起始[63],[64].

对工业上的纤维纺制过程还没有一个完善的理论分析可供应

用，曾研究过并现在仍在继续研究的是几个近似的数学模型[62]．关于附加边界条件问题，仍需进一步进行讨论．

§7.5 结束语

在前六章我们叙述了本构方程的构成和用于确定物质参数(函数)的方法．

在这一章我们选取了一些本构方程，研究某些有实际应用的流动．我们已经看到，在某些情形理论预见与实验观察结果的一致性是令人满意的．但在其它一些情形，两者几乎不一致．为使理论预见与实验结果一致，我们必须 (i) 比较正确地描述流动状态；(ii) 选取合适的本构方程．达到这两条要求并不容易．粘弹性流体和牛顿流体的流动状态可能极其不同，因此，即使是纯粹的理论工作者也不得不常常求助于实验观察．如果选取的本构方程较复杂，那么随之我们要解的方程可能也很复杂，以致无法求解它．许多工程师常常要解决相当复杂的流动问题，因此他们乐意选取幂律流体去描述非牛顿流体．在某些情形这种选择是合适的(见第五章 §5.5)，但是对于弹性性质起比较重要的作用的流动问题，这样的选择就不行了．

附录一　张 量 分 析

§A.1　张量代数

在初等向量代数里，向量定义为既有大小又有方向的量，并且用有向线段表示向量．通常在求解问题时，建立一个笛卡尔直角坐标系，并用笛卡尔分量来表示向量．为简单起见，我们考虑二维空间里的一个向量 $\boldsymbol{a}$．选取笛卡尔直角坐标系 Ox^1x^2，则向量 $\boldsymbol{a}$ 可写作

$$\boldsymbol{a} = (a^1, a^2) = a^1\boldsymbol{i}_1 + a^2\boldsymbol{i}_2 \tag{A1.1}$$

式中 $\boldsymbol{i}_1, \boldsymbol{i}_2$ 分别是沿 Ox^1 和 Ox^2 轴向的单位向量，如图 A.1 所示．$\boldsymbol{i}_1, \boldsymbol{i}_2$ 也称为坐标系 Ox^1x^2 的基．

现考虑另一个笛卡尔直角坐标系 $O\bar{x}^1\bar{x}^2$．它是由原坐标系 Ox^1x^2 绕着垂直于坐标面 Ox^1x^2 的轴旋转 θ 角而得到的，见图 A.1．因此，同样的向量 $\boldsymbol{a}$ 能够被写作

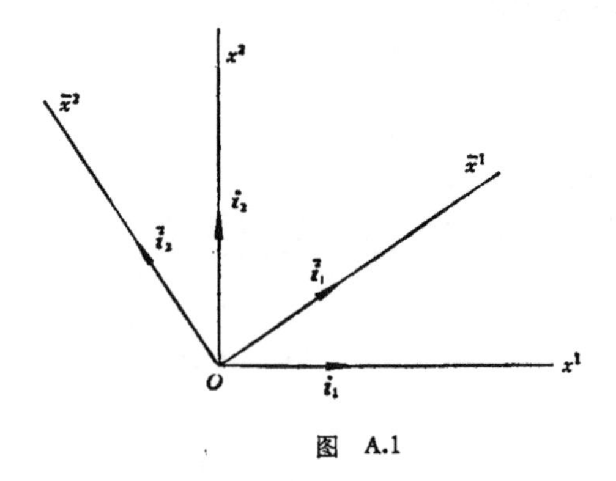

图　A.1

$$\boldsymbol{a} = (\bar{a}^1, \bar{a}^2) = \bar{a}^1\bar{\boldsymbol{i}}_1 + \bar{a}^2\bar{\boldsymbol{i}}_2 \tag{A1.2}$$

式中 $\bar{\boldsymbol{i}}_r (r = 1, 2)$ 是坐标系 $O\bar{x}^1\bar{x}^2$ 的基，$\bar{a}^i (i = 1, 2)$ 是向量 $\boldsymbol{a}$ 在坐标系 $O\bar{x}^1\bar{x}^2$ 里的分量．

从图 A.1 容易看到，虽然 $\boldsymbol{i}_r$ 和 $\bar{\boldsymbol{i}}_s$ 大小相等．由于它们是不平行的，所以分量 a^i 和 $\bar{a}^i$ 不一定相等．但这一对分量 (a^1, a^2) 和 $(\bar{a}^1, \bar{a}^2)$ 表示同一个向量，因此 a^r 与 $\bar{a}^s$ 之间必定存在一个关系式，张量代数的目标就是导出这样的关系式．笛卡尔直角坐标系常常不是最适合于应用的坐标系，所以通常我们希望导出一个向量在一个一般的曲线坐标系里的分量与同一个向量在另一个一般的曲线坐标系里的分量之间的关系式．然而为了简化起见，我们将首先考虑从一个笛卡尔直角坐标系向另一个笛卡尔直角坐标系变换的情形．

在上述例子里，如果 P 是二维空间里的任意一点，P 点对于坐标系 Ox^1x^2 的坐标是 (x^1, x^2)，对于坐标系 $O\bar{x}^1\bar{x}^2$ 的坐标是 $(\bar{x}^1, \bar{x}^2)$，则从解析几何可知

$$\begin{bmatrix} \bar{x}^1 \\ \bar{x}^2 \end{bmatrix} = \begin{bmatrix} l_{11} & l_{12} \\ l_{21} & l_{22} \end{bmatrix} \begin{bmatrix} x^1 \\ x^2 \end{bmatrix} \tag{A1.3}$$

式中

$$\begin{bmatrix} l_{11} & l_{12} \\ l_{21} & l_{22} \end{bmatrix} = \begin{bmatrix} \cos\theta & \sin\theta \\ -\sin\theta & \cos\theta \end{bmatrix}$$

并且称为 $O\bar{x}^i$ 对于 Ox^i 的方向余弦．

从初等向量代数我们知道

$$\begin{bmatrix} \bar{a}^1 \\ \bar{a}^2 \end{bmatrix} = \begin{bmatrix} l_{11} & l_{12} \\ l_{21} & l_{22} \end{bmatrix} \begin{bmatrix} a^1 \\ a^2 \end{bmatrix} \tag{A1.4}$$

从式 (A1.3) 可知，方程 (A1.4) 还可写为

$$\bar{a}^1 = \frac{\partial \bar{x}^1}{\partial x^r} a^r, \quad \bar{a}^2 = \frac{\partial \bar{x}^2}{\partial x^r} a^r \text{ [1)]} \tag{A1.5}$$

从式 (A1.3) 将 x^1, x^2 反解出可得

$$\begin{bmatrix} x^1 \\ x^2 \end{bmatrix} = \begin{bmatrix} l_{11} & l_{21} \\ l_{12} & l_{22} \end{bmatrix} \begin{bmatrix} \bar{x}^1 \\ \bar{x}^2 \end{bmatrix} \tag{A1.6}$$

利用式 (A1.6)，我们发现式 (A1.4) 可以另外写作

$$\bar{a}_1 (= \bar{a}^1) = \frac{\partial x^r}{\partial \bar{x}^1} a_r \left(= \frac{\partial x^r}{\partial \bar{x}^1} a^r \right) \tag{A1.7a}$$

1) 在这本书里，我们采用了 Einstein 约定求和法，即重复的指标(也叫哑指标)意味着要取这个指标所有可能的值，然后相加．

$$\bar{a}_2(=\bar{a}^2)=\frac{\partial x^r}{\partial \bar{x}^2}a_r\left(=\frac{\partial x^r}{\partial \bar{x}^2}a^r\right) \tag{A1.7b}$$

按照方程 (A1.5) 变换的各分量称为逆变分量，指标写在字母的右上方；按照方程 (A1.7) 变换的各分量称为协变分量，指标写在字母的右下方. 在方程 (A1.5) 与 (A1.7) 里用了这种符号表示法. 但如方程 (A1.7) 所示，在笛卡尔直角坐标系里，各协变分量 a_i 与各逆变分量 a^i 分别是相等的.

可以毫无困难地将上述分析推广到三维空间，因此方程 (A1.3) 和 (A1.4) 能够写成

$$\bar{\boldsymbol{x}}=\mathbf{L}\boldsymbol{x} \tag{A1.8}$$

$$\bar{\boldsymbol{a}}=\mathbf{L}\boldsymbol{a} \tag{A1.9}$$

式中 $\boldsymbol{x}$, $\boldsymbol{a}$, $\bar{\boldsymbol{x}}$, $\bar{\boldsymbol{a}}$ 是列向量，$\mathbf{L}$ 是一个正交矩阵，它的各元素是 $O\bar{x}^i$ 对于 Ox^i 的方向余弦.

下面我们考虑从一个一般的曲线坐标系到另一个一般的曲线坐标系的变换. 在这种情形下，变换法则将更加复杂，方程(A1.8) 不一定再是线性的，并且即使方程 (A1.8) 是线性的，$\mathbf{L}$ 也不一定是正交的. 同样为了简单起见，我们将首先考虑从一个笛卡尔直角坐标系向一个一般的曲线坐标系的变换.

考虑三维空间里的任意一点 P，假定 P 点对于直角坐标系的坐标是 (x^1, x^2, x^3)，而它对于一个一般的曲线坐标系的坐标是

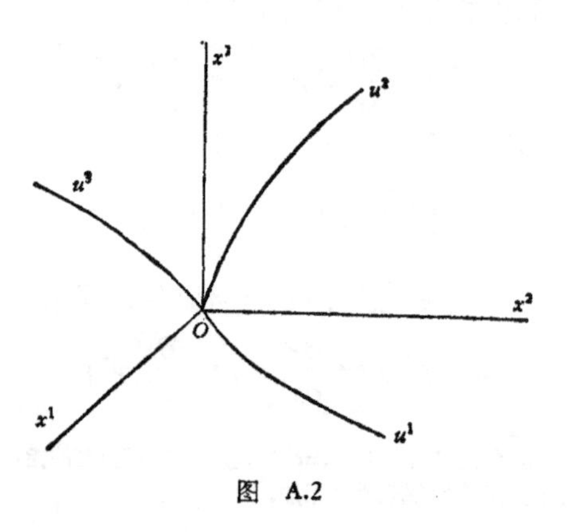

图 A.2

(u^1, u^2, u^3)[1]，如图 A.2 所示．

从 x^i 到 u^i 的变换用下式给出

$$x^i = x^i(u^1, u^2, u^3) \tag{A1.10}$$

由于对于每一个点 P，可以存在一个并且仅存在一个三元数组 (x^1, x^2, x^3)，以及存在一个并且仅存在一个三元数组 (u^1, u^2, u^3)，所以 x^i 与 u^i 之间有一一对应性，式 (A1.10) 有唯一的反函数

$$u^i = u^i(x^1, x^2, x^3) \tag{A1.11}$$

因此，如果 $\overrightarrow{OP} = \boldsymbol{r}$，则我们可以写出

$$\begin{aligned}\boldsymbol{r} &= x^1(u^1, u^2, u^3)\boldsymbol{i}_1 + x^2(u^1, u^2, u^3)\boldsymbol{i}_2 + x^3(u^1, u^2, u^3)\boldsymbol{i}_3 \\ &= \boldsymbol{r}(u^1, u^2, u^3)\end{aligned} \tag{A1.12}$$

式中 $\boldsymbol{i}_1, \boldsymbol{i}_2, \boldsymbol{i}_3$ 是 Ox^i 的基．

如果 u_0^1, u_0^2, u_0^3 为常数，则 u^1, u^2, u^3 坐标曲线分别由下面三式给出

$$\begin{aligned}\boldsymbol{r} &= \boldsymbol{r}(u^1, u_0^2, u_0^3) \\ \boldsymbol{r} &= \boldsymbol{r}(u_0^1, u^2, u_0^3) \\ \boldsymbol{r} &= \boldsymbol{r}(u_0^1, u_0^2, u^3)\end{aligned} \tag{A1.13}$$

各坐标面由下式给出

$$u^i = \text{常数} \tag{A1.14}$$

在定义与曲线坐标系 u^i 相连系的基之前，从图 A.1 我们看到 $\boldsymbol{i}_r$ 有两种几何解释． $\boldsymbol{i}_r$ 可以解释为坐标曲线 x^r 的切线，也可以解释为坐标面 $x^r =$ 常数的法线．对于一般的曲线坐标系，可以相应地定义两类基：(i) 与坐标曲线 u^r 相切的基，我们用 $\boldsymbol{g}_r$ 表示这样的基，并且称这类基为协变基；(ii) 与坐标面 $u^r =$ 常数相垂直的基，用 $\boldsymbol{g}^r$ 表示这种基，并且称之为逆变基[2]．因此

$$\boldsymbol{g}_i = \frac{\partial \boldsymbol{r}}{\partial u^i} = \frac{\partial x^r}{\partial u^i}\boldsymbol{i}_r \tag{A1.15}$$

---

1) 在整个附录一里，我们将 x^i 保留用于笛卡尔直角坐标系，u^i 用于一般曲线坐标系．

2) 我们保留 $\boldsymbol{i}_r$ 用于表示与 x^i 相联系的基，$\boldsymbol{g}_r$（或 $\boldsymbol{g}^r$）用于表示与 u^i 相联系的基．

和

$$\boldsymbol{g}^i = \nabla u^i = \frac{\partial u^i}{\partial x^r}\boldsymbol{i}_r \tag{A1.16}$$

如果 u^i 是一个正交坐标系，则 $\boldsymbol{g}_i$ 将是正交的，但不一定是正交归一的，这是因为 $\boldsymbol{g}_i$ 不一定为单位向量.

从式 (A1.15) 和式 (A1.16) 可以推得

$$\begin{aligned}\boldsymbol{g}_i \cdot \boldsymbol{g}^j &= \frac{\partial x^r}{\partial u^i}\frac{\partial u^j}{\partial x^s}\boldsymbol{i}_r \cdot \boldsymbol{i}_s = \frac{\partial x^r}{\partial u^i}\frac{\partial u^j}{\partial x^s}\delta_{rs} \\ &= \frac{\partial x^s}{\partial u^i}\frac{\partial u^j}{\partial x^s} = \delta_i^j \end{aligned}\tag{A1.17}$$

所以 $\boldsymbol{g}_i$ 垂直于 $\boldsymbol{g}^j$，从 $\boldsymbol{g}_i$ 和 $\boldsymbol{g}^j$ 的几何定义来看，这是很显然的. 因此如果 u^i 是一个正交坐标系，则 $\boldsymbol{g}_i$ 将平行于 $\boldsymbol{g}^i$，但它们的大小可能是不同的.

如果 Q 是 P 点附近的一点，Q 有坐标 $(x^i + \delta x^i)$, $(u^i + \delta u^i)$，则向量 $\overrightarrow{QP}$ 可用下式给出

$$\begin{aligned}\overrightarrow{QP} &= x^r(u^i + \delta u^i)\boldsymbol{i}_r - x^r(u^i)\boldsymbol{i}_r \\ &= \frac{\partial x^r}{\partial u^i}\delta u^i \boldsymbol{i}_r + O(|\delta u^i|^2) \\ &= \boldsymbol{g}_i \delta u^i + O(|\delta u^i|^2)\end{aligned}\tag{A1.18}$$

推导中应用了式 (A1.15).

从而

$$\delta s^2 = |\overrightarrow{QP}|^2 = \boldsymbol{g}_i \cdot \boldsymbol{g}_j \delta u^i \delta u^j = g_{ij}\delta u^i \delta u^j \tag{A1.19}$$

故线元 ds 由

$$ds^2 = g_{ij}du^i du^j \tag{A1.20}$$

给出，式中量 g_{ij} 由下式所定义

$$g_{ij} = \boldsymbol{g}_i \cdot \boldsymbol{g}_j = \frac{\partial x^r}{\partial u^i}\frac{\partial x^s}{\partial u^j}\boldsymbol{i}_r \cdot \boldsymbol{i}_s = \frac{\partial x^r}{\partial u^i}\frac{\partial x^r}{\partial u^j} \tag{A1.21}$$

并称为度规张量.

我们可以用下式来定义与 g_{ij} 对偶的(相伴的)量 g^{ij}

$$g^{ij} = \boldsymbol{g}^i \cdot \boldsymbol{g}^j = \frac{\partial u^i}{\partial x^r}\frac{\partial u^j}{\partial x^s}\boldsymbol{i}_r \cdot \boldsymbol{i}_s = \frac{\partial u^i}{\partial x^r}\frac{\partial u^j}{\partial x^r} \tag{A1.22}$$

现在我们来考虑另一个坐标系，点 P 对于这个新的一般的曲线坐标系的坐标为 $(\bar{u}^1, \bar{u}^2, \bar{u}^3)$，则新基的定义是

$$\bar{\boldsymbol{g}}_i = \frac{\partial \boldsymbol{r}}{\partial \bar{u}^i} = \frac{\partial x^r}{\partial \bar{u}^r}\boldsymbol{i}_r \tag{A1.23}$$

$$\bar{\boldsymbol{g}}^i = \nabla \bar{u}^i = \frac{\partial \bar{u}^i}{\partial x^r}\boldsymbol{i}_r \tag{A1.24}$$

应用链式法则和式 (A1.15)，方程 (A1.23) 可写为

$$\bar{\boldsymbol{g}}_i = \frac{\partial x^r}{\partial u^s}\frac{\partial u^s}{\partial \bar{u}^i}\boldsymbol{i}_r = \frac{\partial u^s}{\partial \bar{u}^i}\boldsymbol{g}_s \tag{A1.25}$$

类似地从式 (A1.24) 可得

$$\bar{\boldsymbol{g}}^i = \frac{\partial \bar{u}^i}{\partial u^s}\boldsymbol{g}^s \tag{A1.26}$$

方程 (A1.25) 和 (A1.26) 是从 $\bar{u}^i$ 到 u^i 的基变换定律.

任何向量 $\boldsymbol{a}$ 都能够写成为

$$\boldsymbol{a} = a_p\boldsymbol{g}^p = a^q\boldsymbol{g}_q = \bar{a}^r\bar{\boldsymbol{g}}_r = \bar{a}_s\bar{\boldsymbol{g}}^s \tag{A1.27}$$

从式 (1.27) 和式 (1.25) 可得

$$a^q\boldsymbol{g}_q = \bar{a}^r\frac{\partial u^q}{\partial \bar{u}^r}\boldsymbol{g}_q$$

即

$$\left(a^q - \bar{a}^r\frac{\partial u^q}{\partial \bar{u}^r}\right)\boldsymbol{g}_q = 0 \tag{A1.28}$$

由于 $\boldsymbol{g}_q$ 是线性无关的，则从式 (A1.28) 可导出

$$a^q = \bar{a}^r\frac{\partial u^q}{\partial \bar{u}^r} \tag{A1.29}$$

类似地，我们可以推得

$$\bar{a}^q = a^r\frac{\partial \bar{u}^q}{\partial u^r} \tag{A1.30}$$

$$a_r = \bar{a}_s\frac{\partial \bar{u}^s}{\partial u^r} \tag{A1.31}$$

$$\bar{a}_r = a_s \frac{\partial u^s}{\partial \bar{u}^r} \tag{A1.32}$$

我们把出现在变换方程(A1.29)和(A1.30)里的向量分量称之为向量的逆变分量，把出现在变换方程(A1.31)和(A1.32)里的向量分量称之为向量的协变分量. 因此，如果已知 u^i 坐标系里一个向量的协变(逆变)分量，则可以应用方程(A1.30)((A1.32))求得这个向量在 $\bar{u}^i$ 坐标系里的协变(逆变)分量. 如果已知度规张量，则若知道一个向量的协变分量，我们可以求得它的逆变分量，反之亦然. 从式(A1.27)，我们有

$$a_p \boldsymbol{g}^p = a^q \boldsymbol{g}_q \tag{A1.33}$$

现用 $\boldsymbol{g}_t$ 点乘(求标量积)式(A1.33)两边，得到

$$a_p \boldsymbol{g}^p \cdot \boldsymbol{g}_t = a^q \boldsymbol{g}_q \cdot \boldsymbol{g}_t = a_p \delta_t^p = a_t = a^q g_{qt} \tag{A1.34}$$

类似地可得

$$a^t = g^{rt} a_r \tag{A1.35}$$

现举两个例子:

(i) 假定 $\phi(u^1, u^2, u^3)$ 是 u^i 的一个标量函数，则梯度 gradϕ 是一个向量. 若用 a_i 表示 gradϕ 的第 i 个分量，则

$$a_i = \frac{\partial \phi}{\partial u^i} \tag{A1.36}$$

在 $\bar{u}^i$ 坐标系里，gradϕ 的分量由下式给出

$$\bar{a}_s = \frac{\partial \phi}{\partial \bar{u}^s} \tag{A1.37}$$

从式(A1.36)并应用链式法则，我们有

$$a_i = \frac{\partial \phi}{\partial u^i} = \frac{\partial \phi}{\partial \bar{u}^s} \frac{\partial \bar{u}^s}{\partial u^i} = \bar{a}_s \frac{\partial \bar{u}^s}{\partial u^i} \tag{A1.38}$$

将式(A1.38)与式(A1.31)比较，我们可以看出 $\dfrac{\partial \phi}{\partial u^i}$ 是作为向量的协变分量而变换的.

(ii) 假定 $\boldsymbol{v}$ 为速度向量，则由定义

$$v^i = \lim_{\delta t \to 0} \frac{\delta u^i}{\delta t} \tag{A1.39}$$

在 $\bar{u}^i$ 坐标系里

$$\bar{v}^s = \lim_{\delta t \to 0} \frac{\delta \bar{u}^s}{\delta t} \tag{A1.40}$$

从式 (A1.39) 并应用链式法则，我们有

$$v^i = \lim_{\delta t \to 0} \frac{\partial u^i}{\partial \bar{u}^s} \frac{\delta \bar{u}^s}{\delta t} = \bar{v}^s \frac{\partial u^i}{\partial \bar{u}^s} \tag{A1.41}$$

所以由式 (A1.39) 所定义的速度 $\boldsymbol{v}$ 的分量是作为逆变分量而变换的.

一个向量的协变和逆变分量可能不具有通常意义下的标准的物理量纲，而且它们的量纲可能彼此不同. 在上述例 (ii) 中，在柱坐标系 (r, θ, z) 里 $\boldsymbol{v}$ 的逆变分量是$(\dot{r}, \dot{\theta}, \dot{z})$，虽然 $\dot{r}$ 和 $\dot{z}$ 具有标准速度的量纲：长度/时间，但 $\dot{\theta}$ 的量纲是 1/时间，这不是标准速度的量纲. 我们称具有通常意义下的物理量纲的分量为物理分量. 一个向量 $\boldsymbol{a}$ 的物理分量定义为

$$\boldsymbol{a} = a_{(s)} \boldsymbol{g}_{(s)} \tag{A1.42}$$

式中 $\boldsymbol{g}_{(s)}(=\boldsymbol{g}_s/\sqrt{g_{ss}}$，对 s 不求和)是归一化的协变基. 将式 (A1.27) 与式 (A1.42) 结合起来，我们有

$$\boldsymbol{a} = a^q \boldsymbol{g}_q = a_{(s)} \boldsymbol{g}_{(s)} = a_{(s)} \boldsymbol{g}_s / \sqrt{g_{ss}} \tag{A1.43}$$

由于各 $\boldsymbol{g}_q$ 是线性无关的，从式 (A1.43) 可推得

$$a_{(s)} = \sqrt{g_{ss}}\, a^s \quad (\text{对 } s \text{ 不求和}) \tag{A1.44}$$

应用式 (A1.35)，式 (A1.44) 也可写成

$$a_{(s)} = \sqrt{g_{ss}}\, g^{rs} a_r \quad (\text{对 } s \text{ 不求和}) \tag{A1.45}$$

还可以借助归一化的逆变基来定义向量的物理分量. 但是通常我们选取归一化的协变基，而且实际上所取的坐标系常常是正交的，所以归一化的协变基与归一化的逆变基是相同的(平行且有单位大小)，因此在这种情形下，仅有一组物理分量. 在笛卡尔直角坐标系里，协变分量，逆变分量和物理分量之间不存在差别.

二阶张量(或简称张量)定义为一个向量到另一个向量的线性映射. 若 $\boldsymbol{a}$ 和 $\boldsymbol{b}$ 是两个向量，并可将 $\boldsymbol{b}$ 线性地映射成 $\boldsymbol{a}$，则写作

$$\boldsymbol{a} = \mathbf{T}\boldsymbol{b} \tag{A1.46}$$

线性映射 $\mathbf{T}$ 是一个二阶张量[1]. 应力张量(参见附录二)就是二阶张量的一个例子.

将式(A1.46)写成分量形式,有

$$a_i = T_{ij}b^j \tag{A1.47}$$

如果我们现在取 $\bar{u}^i$ 坐标系,则式(A1.47)成为

$$\bar{a}_i = \bar{T}_{ij}\bar{b}^j \tag{A1.48}$$

应用式(A1.32)和式(A1.30),式(A1.48)成为

$$a_s \frac{\partial u^s}{\partial \bar{u}^i} = \bar{T}_{ij} \frac{\partial \bar{u}^j}{\partial u^t} b^t \tag{A1.49}$$

现用 $\dfrac{\partial \bar{u}^i}{\partial u^l}$ 去乘式(A1.49)的两边(并对 i 求和),可得

$$a_s\delta^s_l = a_l = \bar{T}_{ij} \frac{\partial \bar{u}^j}{\partial u^t} \frac{\partial \bar{u}^i}{\partial u^l} b^t \tag{A1.50}$$

但由于

$$a_l = T_{lt}b^t \tag{A1.51}$$

则应用式(A1.50)和式(A1.51)可推得

$$T_{lt} = \bar{T}_{ij} \frac{\partial \bar{u}^i}{\partial u^l} \frac{\partial \bar{u}^j}{\partial u^t} \tag{A1.52}$$

方程(A1.52)是一个二阶协变张量从 $\bar{u}^i$ 坐标系到 u^i 坐标系的变换方程(比较方程(A1.31)).

类似地我们可推得

$$\bar{T}_{lt} = T_{ij} \frac{\partial u^i}{\partial \bar{u}^l} \frac{\partial u^j}{\partial \bar{u}^t} \tag{A1.53}$$

我们还可以定义逆变分量和混合分量,从而式(A1.46)可以写作

$$a^i = T^{ij}b_j \tag{A1.54a}$$

$$= T^i_{\ j}b^j \tag{A1.54b}$$

---

1) $\mathbf{T}$ 是线性的. 若 $\mathbf{T}(\boldsymbol{a}+\boldsymbol{b}) = \mathbf{T}(\boldsymbol{a}) + \mathbf{T}(\boldsymbol{b})$ 和 $\mathbf{T}(\alpha\boldsymbol{a}) = \alpha\mathbf{T}(\boldsymbol{a})$, 式中 α 为一标量.

T^{ij} 为逆变分量，T^i_j 为混合分量．可象上面那样推导出变换定律，并用下面的式子给出

$$\bar{T}^{ij} = \frac{\partial \bar{u}^i}{\partial u^l} \frac{\partial \bar{u}^j}{\partial u^m} T^{lm} \tag{A1.55a}$$

$$T^{ij} = \frac{\partial u^i}{\partial \bar{u}^l} \frac{\partial u^j}{\partial \bar{u}^m} \bar{T}^{lm} \tag{A1.55b}$$

和

$$\bar{T}^i_j = \frac{\partial \bar{u}^i}{\partial u^l} \frac{\partial u^m}{\partial \bar{u}^j} T^l_m \tag{A1.56a}$$

$$T^i_j = \frac{\partial u^i}{\partial \bar{u}^l} \frac{\partial \bar{u}^m}{\partial u^j} \bar{T}^l_m \tag{A1.57b}$$

二阶张量还可定义为两个向量的并矢，所以我们能够写作

$$\mathbf{T} = T_{ij}\boldsymbol{g}^i\boldsymbol{g}^j = T^{lm}\boldsymbol{g}_l\boldsymbol{g}_m \tag{A1.57}$$

为推导变换定律，我们有（参见式（A1.27））

$$T^{lm}\boldsymbol{g}_l\boldsymbol{g}_m = \bar{T}^{rs}\bar{\boldsymbol{g}}_r\bar{\boldsymbol{g}}_s \tag{A1.58}$$

应用式（A1.25），式（A1.58）成为

$$T^{lm}\boldsymbol{g}_l\boldsymbol{g}_m = \bar{T}^{rs} \frac{\partial u^l}{\partial \bar{u}^r} \frac{\partial u^m}{\partial \bar{u}^s} \boldsymbol{g}_l\boldsymbol{g}_m \tag{A1.59}$$

因此，从式（A1.5a）推得

$$T^{lm} = \bar{T}^{rs} \frac{\partial u^l}{\partial \bar{u}^r} \frac{\partial u^m}{\partial \bar{u}^s} \tag{A1.60}$$

这类似于式（A1.55b）所给出的变换定律．

T^{ij} 和 T_{ij} 之间关系式，可以象在向量情形那样，容易地导出，它们是

$$T_{ij} = g_{is}g_{jt}T^{st} \tag{A1.61a}$$

$$T^{ij} = g^{is}g^{jt}T_{st} \tag{A1.61b}$$

类似地

$$T^i_j = g_{rj}T^{ir} \tag{A1.62}$$

$\mathbf{T}$ 的物理分量 $T_{(ij)}$ 由下式给出

$$T_{(ij)} = \sqrt{g_{ii}}\sqrt{g_{jj}}\, T^{ij}\ (\text{不求和}) \tag{A1.63a}$$

$$= \sqrt{g_{ii}}\sqrt{g_{jj}}\, g^{il} g^{jm} T_{lm} \text{(对 } i,j \text{ 不求和,对 } l,m \text{ 求和)}. \tag{A1.63b}$$

更高阶张量的变换定律可以同样照二阶张量的变换规律定义．故此三阶张量 ε^{ijk} 的逆变分量将按下式变换

$$\bar{\varepsilon}^{ijk} = \frac{\partial \bar{u}^i}{\partial u^l} \frac{\partial \bar{u}^j}{\partial u^m} \frac{\partial \bar{u}^k}{\partial u^n} \varepsilon^{lmn} \tag{A1.64}$$

它的协变分量将按下式变换

$$\bar{\varepsilon}_{ijk} = \frac{\partial u^l}{\partial \bar{u}^i} \frac{\partial u^m}{\partial \bar{u}^j} \frac{\partial u^n}{\partial \bar{u}^k} \varepsilon^{lmn} \tag{A1.65}$$

一个经常出现的三阶张量用下式定义

$$\varepsilon_{ijk} = \sqrt{g}\, e_{ijk} \tag{A1.66a}$$

$$\varepsilon^{ijk} = \frac{1}{\sqrt{g}} e_{ijk} \tag{A1.66b}$$

式中 $g = \det(g_{ij})$，e_{ijk} 是置换符号(由第二章方程(2.48)所定义).

所以,如果 $\boldsymbol{c}$ 是 $\boldsymbol{a}$ 和 $\boldsymbol{b}$ 的向量积,则

$$c^i = \varepsilon^{ijk} a_j b_k \tag{A1.67}$$

四阶张量的协变分量按照下式变换

$$\bar{S}_{ijkl} = \frac{\partial u^p}{\partial \bar{u}^i} \frac{\partial u^q}{\partial \bar{u}^j} \frac{\partial u^r}{\partial \bar{u}^k} \frac{\partial u^s}{\partial \bar{u}^l} S_{pqrs} \tag{A1.68}$$

其逆变分量变换为

$$\bar{S}^{ijkl} = \frac{\partial \bar{u}^i}{\partial u^p} \frac{\partial \bar{u}^j}{\partial u^q} \frac{\partial \bar{u}^k}{\partial u^r} \frac{\partial \bar{u}^l}{\partial u^s} S^{pqrs} \tag{A1.69}$$

如果一个二阶张量能够线性地映射成另一个二阶张量，则这个映射是一个四阶张量．故在线性弹性力学里，应力张量线性地依赖于无限小的应变张量 E_{ij}，并且这种物质的本构方程可以写作

$$T_{ij} = S_{ijkl} E^{kl} \tag{A1.70}$$

可以容易地写出更高阶张量的变换定律，由于我们没有应用比四阶更高阶的张量,所以我们将不考虑四阶以上的张量.

§ A.2 协变微分法

一般说来，协变基 $\boldsymbol{g}_i$ 是 u^j 的函数，所以偏导数 $\dfrac{\partial \boldsymbol{g}_i}{\partial u^j}$ 不必是零．实际上从式 (A1.15) 我们有

$$\frac{\partial \boldsymbol{g}_i}{\partial u^j}=\frac{\partial}{\partial u^j}\left(\frac{\partial x^r}{\partial u^i}\boldsymbol{i}_r\right)=\frac{\partial^2 x^r}{\partial u^j \partial u^i}\ \boldsymbol{i}_r=\frac{\partial^2 x^r}{\partial u^j \partial u^i}\ \frac{\partial u^s}{\partial x^r}\boldsymbol{g}_s$$

$$=\begin{Bmatrix} & s & \\ j & & i\end{Bmatrix}\boldsymbol{g}_s \tag{A2.1}$$

式中 $\begin{Bmatrix} & s & \\ j & & i\end{Bmatrix}$ 称为第二类 Christoffel 符号[1]．

如果我们现在求 $\boldsymbol{a}$ 对于 u^j 的偏导数，有

$$\frac{\partial \boldsymbol{a}}{\partial u^j}=\frac{\partial}{\partial u^j}(a^i\boldsymbol{g}_i)=\frac{\partial a^i}{\partial u^j}\boldsymbol{g}_i+a^i\,\frac{\partial \boldsymbol{g}_i}{\partial u^j}=\frac{\partial a^i}{\partial u^j}\boldsymbol{g}_i+a^i\begin{Bmatrix} & s & \\ j & & i\end{Bmatrix}\boldsymbol{g}_s$$

$$=\left[\frac{\partial a^i}{\partial u^j}+a^s\begin{Bmatrix} & i & \\ j & & s\end{Bmatrix}\right]\boldsymbol{g}_i \quad \text{（已将哑指标} i, s \text{互换）}$$

$$=a^i_{,j}\boldsymbol{g}_i \tag{A2.2}$$

我们称量 $a^i_{,j}(a^i|_j)$ 为 a^i 对于 u^j 的协变导数．

将坐标从 u^i 变换到 $\bar{u}^i$，利用链式法则和式 (A1.29)，可得

$$\frac{\partial a^i}{\partial u^j}=\frac{\partial}{\partial \bar{u}^s}\left(\bar{a}^m\frac{\partial u^i}{\partial \bar{u}^m}\right)\frac{\partial \bar{u}^s}{\partial u^j}=\frac{\partial \bar{a}^m}{\partial \bar{u}^s}\,\frac{\partial u^i}{\partial \bar{u}^m}\,\frac{\partial \bar{u}^s}{\partial u^j}$$

$$+\ \bar{a}^m\frac{\partial^2 u^i}{\partial \bar{u}^s \partial \bar{u}^m}\,\frac{\partial \bar{u}^s}{\partial u^j} \tag{A2.3}$$

由于一般说来方程 (A2.3) 右边的第二项不为零，所以 $\partial a^i/\partial u^j$ 不按张量的变换定律变换．

类似地可以证明第二类 Christoffel 符号也不象张量那样进行变换的．从式 (A2.1) 给出的定义，我们有

---

1) $\begin{Bmatrix} & s & \\ j & & i\end{Bmatrix}$ 也用 Γ^s_{ji} 表示．

$$\left\{\begin{matrix} \bar{p} \\ l \quad m \end{matrix}\right\}=\frac{\partial^2 x^r}{\partial \bar{u}^l \partial \bar{u}^m}\frac{\partial \bar{u}^p}{\partial x^r} \tag{A2.4}$$

现若应用链式法则,则式(A2.4)可以写成

$$\begin{aligned}\left\{\begin{matrix} \bar{p} \\ l \quad m \end{matrix}\right\}&=\frac{\partial}{\partial \bar{u}^l}\left(\frac{\partial x^r}{\partial u^i}\frac{\partial u^i}{\partial \bar{u}^m}\right)\frac{\partial \bar{u}^p}{\partial x^r}\\ &=\frac{\partial^2 x^r}{\partial u^j \partial u^i}\frac{\partial u^j}{\partial \bar{u}^l}\frac{\partial u^i}{\partial \bar{u}^m}\frac{\partial \bar{u}^p}{\partial u^t}\frac{\partial u^t}{\partial x^r}+\frac{\partial x^r}{\partial u^i}\frac{\partial^2 u^i}{\partial \bar{u}^l \partial \bar{u}^m}\frac{\partial \bar{u}^p}{\partial x^r}\\ &=\left\{\begin{matrix} t \\ j \quad i \end{matrix}\right\}\frac{\partial u^j}{\partial \bar{u}^l}\frac{\partial u^i}{\partial \bar{u}^m}\frac{\partial \bar{u}^p}{\partial u^t}+\frac{\partial^2 u^i}{\partial \bar{u}^l \partial \bar{u}^m}\frac{\partial \bar{u}^p}{\partial u^i}\end{aligned} \tag{A2.5}$$

因此,除非式(A2.5)右端的第二项为零,$\left\{\begin{matrix} s \\ j \quad l \end{matrix}\right\}$不象张量那样进行变换. 用$\dfrac{\partial u^k}{\partial \bar{u}^p}$乘式(A2.5)两边(并对$p$求和),可得

$$\frac{\partial^2 u^k}{\partial \bar{u}^l \partial \bar{u}^m}=\left\{\begin{matrix} \bar{p} \\ l \quad m \end{matrix}\right\}\frac{\partial u^k}{\partial \bar{u}^p}-\left\{\begin{matrix} k \\ j \quad i \end{matrix}\right\}\frac{\partial u^j}{\partial \bar{u}^l}\frac{\partial u^i}{\partial \bar{u}^m} \tag{A2.6}$$

将二阶导数$\dfrac{\partial^2 u^k}{\partial \bar{u}^l \partial \bar{u}^m}$从式(A2.6)代入式(A2.3),互换一些哑指标并应用式(A1.29),得到

$$\begin{aligned}\frac{\partial a^i}{\partial u^j}+\left\{\begin{matrix} i \\ j \quad t \end{matrix}\right\}a^t=a^i_{,j}&=\frac{\partial u^i}{\partial \bar{u}^m}\frac{\partial \bar{u}^s}{\partial u^j}\left[\frac{\partial \bar{a}^m}{\partial \bar{u}^s}+\left\{\begin{matrix} m \\ s \quad t \end{matrix}\right\}a^t\right]\\ &=\frac{\partial u^i}{\partial \bar{u}^m}\frac{\partial \bar{u}^s}{\partial u^j}\bar{a}^m_{,s}\end{aligned} \tag{A2.7}$$

因此,从式(A2.7)可以导出a^i的协变导数是一个混合二阶张量. 类似地,我们可以推得由下式

$$a_{i,j}=\frac{\partial a_i}{\partial u^j}-\left\{\begin{matrix} r \\ i \quad j \end{matrix}\right\}a_r \tag{A2.8}$$

所定义的a_i对于u^j的协变导数是一个二阶协变张量.

向量$\boldsymbol{a}$的散度定义为$a^i_{,i}$,从式(A2.7)可推得$a^i_{,i}$是一个不变量(标量),即

$$a^i_{,i} = \bar{a}^m_{,m} \tag{A2.9}$$

如果 $\boldsymbol{b}$ 是 $\boldsymbol{a}$ 的旋度，则

$$b^i = \varepsilon^{ikl} a_{l,k} \tag{A2.10}$$

更高阶张量的协变导数由下面的式子给出

$$T^{ij}_{,k} = \frac{\partial T^{ij}}{\partial u^k} + \left\{ \begin{matrix} & i & \\ k & & t \end{matrix} \right\} T^{tj} + \left\{ \begin{matrix} & j & \\ k & & t \end{matrix} \right\} T^{it} \tag{A2.11}$$

$$T_{ij,k} = \frac{\partial T_{ij}}{\partial u^k} - \left\{ \begin{matrix} & t & \\ i & & k \end{matrix} \right\} T_{tj} - \left\{ \begin{matrix} & t & \\ j & & k \end{matrix} \right\} T_{it} \tag{A2.12}$$

$$T^i_{j,k} = \frac{\partial T^i_j}{\partial u^k} + \left\{ \begin{matrix} & i & \\ k & & t \end{matrix} \right\} T^t_j - \left\{ \begin{matrix} & t & \\ j & & k \end{matrix} \right\} T^i_t \tag{A2.13}$$

$$\varepsilon^{ijk}_{,l} = \frac{\partial \varepsilon^{ijk}}{\partial u^l} + \left\{ \begin{matrix} & i & \\ l & & t \end{matrix} \right\} \varepsilon^{tjk} + \left\{ \begin{matrix} & j & \\ l & & t \end{matrix} \right\} \varepsilon^{itk} + \left\{ \begin{matrix} & k & \\ l & & t \end{matrix} \right\} \varepsilon^{ijt} \tag{A2.14}$$

$$\varepsilon_{ijk,l} = \frac{\partial \varepsilon_{ijk}}{\partial u^l} - \left\{ \begin{matrix} & t & \\ i & & l \end{matrix} \right\} \varepsilon_{tjk} - \left\{ \begin{matrix} & t & \\ j & & l \end{matrix} \right\} \varepsilon_{itk} - \left\{ \begin{matrix} & t & \\ k & & l \end{matrix} \right\} \varepsilon_{ijt} \tag{A2.15}$$

从式 (A2.2)，式 (A2.8)，式 (A2.11) 至式 (A2.15) 可以看到写出任何阶张量对于 u^l 的协变导数的模式。

由于 $a_{i,j}$ 是一个二阶张量，则我们可取 $a_{i,j}$ 对于 u^k 的协变导数，并且得到一个三阶张量。在 Euclid 空间里，如果

$$\frac{\partial^2 a_i}{\partial u^j \partial u^k} = \frac{\partial^2 a_i}{\partial u^k \partial u^j}$$

则 $a_{i,jk} = a_{i,kj}$[1)]。张量的更高阶导数仍可类似地推出。

可从下述公式来计算 Christoffel 符号 $\left\{ \begin{matrix} & s & \\ j & & i \end{matrix} \right\}$：

1) 在 Riemann-Christoffel[1] 张量不为零的空间里，有 $a_{i,jk} \neq a_{i,kj}$，但是在 Euclid 空间里，Riemann-Christoffel 张量为零。

$$\left\{ {}_{j}{}^{s}{}_{i} \right\} = \frac{1}{2} g^{st} \left(\frac{\partial g_{jt}}{\partial u^i} + \frac{\partial g_{it}}{\partial u^j} - \frac{\partial g_{ij}}{\partial u^t} \right) \quad (A2.16)$$

从式 (A1.21) 和式 (A1.22) 能够容易地证明由式 (A2.16) 所定义的 $\left\{ {}_{j}{}^{s}{}_{i} \right\}$ 与式 (A2.1) 给出的 $\left\{ {}_{j}{}^{s}{}_{i} \right\}$ 是等同的.

由于 g_{ij} 是对称的,从式 (A2.16) (或式 (A2.1)) 可看出

$$\left\{ {}_{i}{}^{s}{}_{j} \right\} = \left\{ {}_{j}{}^{s}{}_{i} \right\} \quad (A2.17)$$

$$\left\{ {}_{s}{}^{s}{}_{i} \right\} = \frac{1}{2} g^{st} \left(\frac{\partial g_{st}}{\partial u^i} + \frac{\partial g_{it}}{\partial u^s} - \frac{\partial g_{si}}{\partial u^t} \right)$$

由于 s 和 t 是哑指标并且可以自由地互换,所以

$$\left\{ {}_{s}{}^{s}{}_{i} \right\} = \frac{1}{2} g^{st} \frac{\partial g_{st}}{\partial u^i} \quad (A2.18)$$

如果坐标系是正交的 ($g_{ij} = 0$, 当 $i \neq j$ 时),则从式 (A2.16) 可以推得

$$\left\{ {}_{i}{}^{s}{}_{j} \right\} = 0, \quad \left\{ {}_{s}{}^{s}{}_{i} \right\} = \frac{1}{2} g^{ss} \frac{\partial g_{ss}}{\partial u^i} = \frac{\partial}{\partial u^i} (\ln \sqrt{g_{ss}})$$

$$\left\{ {}_{i}{}^{s}{}_{i} \right\} = -\frac{1}{2} g^{ss} \frac{\partial g_{ii}}{\partial u^s}, \quad \left\{ {}_{i}{}^{i}{}_{i} \right\} = \frac{1}{2} g^{ii} \frac{\partial g_{ii}}{\partial u^i} \quad (A2.19)$$

在方程 (2.19) 式里, i, j, s 是不相等的,并且不求和.

从式 (A2.11), 式 (A2.12) 和式 (A2.16) 可推出

$$g_{ij,k} = g^{ij}_{,k} = 0 \quad (A2.20)$$

从式 (A2.13), 我们有

$$\delta^i_{j,k} = \frac{\partial \delta^i_j}{\partial u^k} + \left\{ {}_{k}{}^{i}{}_{t} \right\} \delta^t_j - \left\{ {}_{j}{}^{t}{}_{k} \right\} \delta^i_t = 0 \quad (A2.21)$$

所以当求 g_{ij}, g^{ij} 和 δ^i_j 的协变导数时,可将它们看成常数.

在笛卡尔直角坐标系里,所有的 Christoffel 符号都为零,并且协变导数等同于偏导数.

§ A.3 例子

下面我们推导柱坐标系和球坐标系里的基、度规张量和其它公式.

(i) 柱坐标系(r, θ, z)

笛卡尔直角坐标系(x^1, x^2, x^3)和柱坐标系(r, θ, z)之间的关系由下式给出

$$x^1 = r\cos\theta, \quad x^2 = r\sin\theta, \quad x^3 = z \tag{A3.1}$$

任意一点P的位置向量$\boldsymbol{r}$由下式给出

$$\boldsymbol{r} = x^r\boldsymbol{i}_r = r\cos\theta\boldsymbol{i}_1 + r\sin\theta\boldsymbol{i}_2 + z\boldsymbol{i}_3 \tag{A3.2}$$

协变基$\boldsymbol{g}_s$为

$$\boldsymbol{g}_r = \frac{\partial\boldsymbol{r}}{\partial r} = \cos\theta\boldsymbol{i}_1 + \sin\theta\boldsymbol{i}_2 \tag{A3.3a}$$

$$\boldsymbol{g}_\theta = \frac{\partial\boldsymbol{r}}{\partial\theta} = -r\sin\theta\boldsymbol{i}_1 + r\cos\theta\boldsymbol{i}_2 \tag{A3.3b}$$

$$\boldsymbol{g}_z = \frac{\partial\boldsymbol{r}}{\partial z} = \boldsymbol{i}_3 \tag{A3.3c}$$

逆变基$\boldsymbol{g}^s$为

$$\boldsymbol{g}^r = \frac{\partial r}{\partial x^s}\boldsymbol{i}_s = \cos\theta\boldsymbol{i}_1 + \sin\theta\boldsymbol{i}_2 \tag{A3.4a}$$

$$\boldsymbol{g}^\theta = \frac{\partial\theta}{\partial x^s}\boldsymbol{i}_s = \frac{1}{r}(-\sin\theta\boldsymbol{i}_1 + \cos\theta\boldsymbol{i}_2) \tag{A3.4b}$$

$$\boldsymbol{g}^z = \frac{\partial z}{\partial x^s}\boldsymbol{i}_s = \boldsymbol{i}_3 \tag{A3.4c}$$

上面的坐标系是正交的，$\boldsymbol{g}_r = \boldsymbol{g}^r$，$\boldsymbol{g}_z = \boldsymbol{g}^z$，$\boldsymbol{g}_\theta$ 平行于 $\boldsymbol{g}^\theta$，但它们的大小不同.

度规张量由下式给出

$$g_{rr} = 1,\ g_{\theta\theta} = r^2,\ g_{zz} = 1,\ \text{其余的} \quad g_{ik} = 0 \tag{A3.5}$$

对偶的度规张量为

$$g^{rr} = 1,\ g^{\theta\theta} = \frac{1}{r^2},\ g_{zz} = 1,\ \text{其余的} \quad g^{ik} = 0 \tag{A3.6}$$

从式(A2.19)可以算出第二类 Christoffel 符号,仅有的非零的第二类 Christoffel 符号是

$$\begin{Bmatrix} r \\ \theta \quad \theta \end{Bmatrix} = -\frac{1}{2} g^{rr} \frac{\partial g_{\theta\theta}}{\partial r} = -r$$

$$\begin{Bmatrix} \theta \\ r \quad \theta \end{Bmatrix} = \begin{Bmatrix} \theta \\ \theta \quad r \end{Bmatrix} = \frac{1}{2} g^{\theta\theta} \frac{\partial g_{\theta\theta}}{\partial r} = \frac{1}{r} \tag{A3.7}$$

速度向量 $\boldsymbol{v}$ 的逆度分量是

$$v^r = \dot{r}, \quad v^\theta = \dot{\theta}, \quad v^z = \dot{z} \tag{A3.8}$$

从而 $\boldsymbol{v}$ 的物理分量是

$$v_{(r)} = \sqrt{g_{rr}}\, v^r = \dot{r} = u(r, \theta, z, t)$$

$$v_{(\theta)} = \sqrt{g_{\theta\theta}}\, v^\theta = r\dot{\theta} = v(r, \theta, z, t) \tag{A3.9}$$

$$v_{(z)} = \sqrt{g_{zz}}\, v^z = \dot{z} = \omega(r, \theta, z, t)$$

$\boldsymbol{v}$ 的协变分量是

$$v_r = \sqrt{g_{rr}} v_{(r)} = u, \; v_\theta = \sqrt{g_{\theta\theta}}\, v_{(\theta)} = rv$$

$$v_z = \sqrt{g_{zz}} v_{(z)} = \omega \tag{A3.10}$$

一阶 Rivlin-Ericksen 张量 $A_{ij}(=v_{i;j}+v_{j;i})$ 的协变分量由下面的式子给出

$$A_{rr} = 2v_{r;r} = 2\left[\frac{\partial v_r}{\partial r} - \begin{Bmatrix} s \\ r \quad r \end{Bmatrix} v_s\right] = 2\frac{\partial u}{\partial r}$$

$$A_{\theta\theta} = 2v_{\theta;\theta} = 2\left[\frac{\partial v_\theta}{\partial \theta} - \begin{Bmatrix} s \\ \theta \quad \theta \end{Bmatrix} v_s\right]$$

$$= 2\left[\frac{\partial}{\partial \theta}(rv) + ru\right] = 2r\left[\frac{\partial v}{\partial \theta} + u\right]$$

$$A_{zz} = 2v_{z;z} = 2\left[\frac{\partial v_z}{\partial z} - \begin{Bmatrix} s \\ z \quad z \end{Bmatrix} v_s\right] = 2\frac{\partial \omega}{\partial z}$$

$$A_{r\theta} = (v_{r;\theta} + v_{\theta;r}) = \frac{\partial v_r}{\partial \theta} + \frac{\partial v_\theta}{\partial r} - 2\begin{Bmatrix} s \\ r \quad \theta \end{Bmatrix} v_s$$

(A3.11)

$$= \frac{\partial u}{\partial \theta} + \frac{\partial}{\partial r}(rv) - 2v$$

$$A_{rz} = (v_{r,z} + v_{z,r}) = \frac{\partial v_r}{\partial z} + \frac{\partial v_z}{\partial r} - 2\left\{\begin{matrix} s \\ r \quad z \end{matrix}\right\} v_s$$

$$= \frac{\partial u}{\partial z} + \frac{\partial \omega}{\partial r}$$

$$A_{\theta z} = (v_{\theta,z} + v_{z,\theta}) = \frac{\partial v_\theta}{\partial z} + \frac{\partial v_z}{\partial \theta} - 2\left\{\begin{matrix} s \\ \theta \quad z \end{matrix}\right\} v_s$$

$$= \frac{\partial}{\partial z}(rv) + \frac{\partial \omega}{\partial \theta}$$

所以 A_{ij} 的物理分量是

$$A_{(rr)} = \frac{A_{rr}}{g_{rr}} = 2\frac{\partial u}{\partial r},\quad A_{(\theta\theta)} = \frac{A_{\theta\theta}}{g_{\theta\theta}} = \frac{2}{r}\left(\frac{\partial v}{\partial \theta} + u\right)$$

$$A_{(zz)} = \frac{A_{zz}}{g_{zz}} = 2\frac{\partial \omega}{\partial z},$$

$$A_{(r\theta)} = \frac{A_{r\theta}}{\sqrt{g_{rr}}\sqrt{g_{\theta\theta}}} = \frac{1}{r}\frac{\partial u}{\partial \theta} + \frac{\partial v}{\partial r} - \frac{v}{r} \tag{A3.12}$$

$$A_{(rz)} = \frac{A_{rz}}{\sqrt{g_{rr}}\sqrt{g_{zz}}} = \frac{\partial u}{\partial z} + \frac{\partial \omega}{\partial r},$$

$$A_{(\theta z)} = \frac{A_{\theta z}}{\sqrt{g_{\theta\theta}}\sqrt{g_{zz}}} = \frac{\partial v}{\partial z} + \frac{1}{r}\frac{\partial \omega}{\partial \theta}$$

(ii) 球坐标系 (r, θ, ϕ)

(x^1, x^2, x^3) 与 (r, θ, ϕ) 之间的关系为

$$x^1 = r\sin\theta\cos\phi,\quad x^2 = r\sin\theta\sin\phi,\quad x^3 = r\cos\theta \tag{A3.13}$$

协变基为

$$\begin{aligned} \boldsymbol{g}_r &= \sin\theta\cos\phi\boldsymbol{i}_1 + \sin\theta\sin\phi\boldsymbol{i}_2 + \cos\theta\boldsymbol{i}_3 \\ \boldsymbol{g}_\theta &= r\cos\theta\cos\phi\boldsymbol{i}_1 + r\cos\theta\sin\phi\boldsymbol{i}_2 - r\sin\theta\boldsymbol{i}_3 \\ \boldsymbol{g}_\phi &= -r\sin\theta\sin\phi\boldsymbol{i}_1 + r\sin\theta\cos\phi\boldsymbol{i}_2 \end{aligned} \tag{A3.14}$$

这个坐标系是正交的,并且仅有的非零的度量张量的分量是

$$g_{rr} = 1,\quad g_{\theta\theta} = r^2,\quad g_{\phi\phi} = r^2\sin^2\theta \tag{A3.15}$$

线元 ds 为

$$ds^2 = (dr)^2 + r^2(d\theta)^2 + r^2\sin^2\theta(d\phi)^2 \tag{A3.16}$$

对偶的度规张量 g^{ij} 是

$$g^{rr} = 1, \quad g^{\theta\theta} = \frac{1}{r^2}, \quad g^{\phi\phi} = \frac{1}{r^2\sin^2\theta} \tag{A3.17}$$

从式 (A2.19) 可知,仅有的非零的第二类 Christoffel 符号是

$$\begin{Bmatrix} r \\ \theta \quad \theta \end{Bmatrix} = -r, \quad \begin{Bmatrix} r \\ \phi \quad \phi \end{Bmatrix} = -r\sin^2\theta,$$

$$\begin{Bmatrix} \theta \\ \theta \quad r \end{Bmatrix} = \begin{Bmatrix} \theta \\ r \quad \theta \end{Bmatrix} = \frac{1}{r}$$

$$\begin{Bmatrix} \theta \\ \phi \quad \phi \end{Bmatrix} = -\sin\theta\cos\theta, \quad \begin{Bmatrix} \phi \\ r \quad \phi \end{Bmatrix} = \begin{Bmatrix} \phi \\ \phi \quad r \end{Bmatrix} = \frac{1}{r}$$

$$\begin{Bmatrix} \phi \\ \theta \quad \phi \end{Bmatrix} = \begin{Bmatrix} \phi \\ \phi \quad \theta \end{Bmatrix} = \mathrm{ctg}\theta \tag{A3.18}$$

速度向量 $\boldsymbol{v}$ 的逆变分量是

$$v^r = \dot{r}, \quad v^\theta = \dot{\theta}, \quad v^\phi = \dot{\phi} \tag{A3.19}$$

$\boldsymbol{v}$ 的物理分量是

$$\begin{aligned} v_{(r)} &= \sqrt{g_{rr}}\dot{r} = \dot{r} = u(r, \theta, \phi, t) \\ v_{(\theta)} &= \sqrt{g_{\theta\theta}}\dot{\theta} = r\dot{\theta} = v(r, \theta, \phi, t) \\ v_{(\phi)} &= \sqrt{g_{\phi\phi}}\dot{\phi} = r\sin\theta\dot{\phi} = \omega(r, \theta, \phi, t) \end{aligned} \tag{A3.20}$$

$\boldsymbol{v}$ 的协变分量为

$$v_r = \sqrt{g_{rr}}v_{(r)} = u, \quad v_\theta = \sqrt{g_{\theta\theta}}v_{(\theta)} = rv$$

$$v_\phi = \sqrt{g_{\phi\phi}}v_{(\phi)} = r\omega\sin\theta \tag{A3.21}$$

一阶 Rivlin-Ericksen 张量的协变分量是

$$A_{rr} = 2v_{r,r} = 2\left[\frac{\partial v_r}{\partial r} - \begin{Bmatrix} s \\ r \quad r \end{Bmatrix} v_s\right] = 2\frac{\partial u}{\partial r}$$

$$A_{\theta\theta} = 2v_{\theta,\theta} = 2\left[\frac{\partial v_\theta}{\partial \theta} - \begin{Bmatrix} s \\ \theta \quad \theta \end{Bmatrix} v_s\right] = 2r\left(\frac{\partial v}{\partial \theta} + u\right)$$

$$A_{\phi\phi}=2v_{\phi,\phi}=2\left[\frac{\partial v_\phi}{\partial\phi}-\left\{\begin{matrix} & s & \\ \phi & & \phi\end{matrix}\right\}v_s\right]$$

$$=2\left[\frac{\partial v_\phi}{\partial\phi}+r\sin^2\theta\cdot u+\sin\theta\cos\theta\cdot rv\right]$$

$$=2r\sin\theta\left[\frac{\partial\omega}{\partial\phi}+u\sin\theta+v\cos\theta\right]$$

$$A_{r\theta}=(v_{r,\theta}+v_{\theta,r})=\frac{\partial v_r}{\partial\theta}+\frac{\partial v}{\partial r}-2\left\{\begin{matrix} & s & \\ r & & \theta\end{matrix}\right\}v_s \tag{A3.22}$$

$$=\frac{\partial u}{\partial\theta}+r\frac{\partial v}{\partial r}-v$$

$$A_{r\phi}=(v_{r,\phi}+v_{\phi,r})=\frac{\partial v_r}{\partial\phi}+\frac{\partial v_\phi}{\partial r}-2\left\{\begin{matrix} & s & \\ r & & \phi\end{matrix}\right\}v_s$$

$$=\frac{\partial u}{\partial\phi}+r\sin\theta\frac{\partial\omega}{\partial r}-\omega\sin\theta$$

$$A_{\theta\phi}=(v_{\theta,\phi}+v_{\phi,\theta})=r\frac{\partial v}{\partial\phi}+\frac{\partial}{\partial\theta}(r\sin\theta\cdot\omega)$$

$$-2r\omega\cos\theta$$

物理分量 $A_{(ij)}$ 是

$$A_{(rr)}=2\frac{\partial u}{\partial r},\quad A_{(\theta\theta)}=\frac{2}{r}\left(\frac{\partial v}{\partial\theta}+u\right)$$

$$A_{(\phi\phi)}=\frac{2}{r\sin\theta}\left[\frac{\partial\omega}{\partial\phi}+u\sin\theta+v\cos\theta\right]$$

$$A_{(r\theta)}=\frac{1}{r}\left[\frac{\partial u}{\partial\theta}+r\frac{\partial v}{\partial r}-v\right] \tag{A3.23}$$

$$A_{(r\phi)}=\frac{1}{r\sin\theta}\left[\frac{\partial u}{\partial\phi}+r\sin\theta\frac{\partial\omega}{\partial r}-\omega\sin\theta\right]$$

$$A_{(\theta\phi)}=\frac{1}{r\sin\theta}\left[\frac{\partial v}{\partial\phi}+\sin\theta\frac{\partial\omega}{\partial\theta}-\omega\cos\theta\right]$$

§ A.4 张量函数

我们仅限于研究二阶 3 × 3 对称张量(即 $T_{ij}=T_{ji}, i, j=1,$

2，3）．首先我们考虑对称张量 $\mathbf{T}$ 的标量函数，特别地我们将考虑 $\mathbf{T}$ 的不变量，即 $\mathbf{T}$ 的这样的标量函数，它不依赖于用以表示 $\mathbf{T}$ 各分量的坐标系的选取．

我们记得$\mathbf{T}$的特征值 λ_i 是下面方程的根

$$\det|\mathbf{T}-\lambda\mathbf{I}|=-\lambda^3+I_1\lambda^2-I_2\lambda+I_3=0, \tag{A4.1}$$

式中 $I_1=\mathrm{tr}\mathbf{T}$，$I_2=\dfrac{1}{2}[(\mathrm{tr}\mathbf{T})^2-\mathrm{tr}(\mathbf{T}^2)]$，$I_3=\det\mathbf{T}$． 我们称 I_1，I_2，I_3 为 $\mathbf{T}$ 的主要不变量，并且它们是 $\mathbf{T}$ 的标量函数．

我们能够容易地证明 $\mathrm{tr}\mathbf{T}$ 是一个不变量．考虑从 u^i 坐标系到 $\bar{u}^i$ 坐标系的变换，并应用式（A1.56），我们有

$$\mathrm{tr}\mathbf{T}=T^i_i=\frac{\partial u^i}{\partial \bar{u}^l}\frac{\partial \bar{u}^m}{\partial u^i}\bar{T}^l_m=\delta^m_l\bar{T}^l_m=\bar{T}^m_m \tag{A4.2}$$

所以 T^i_i 是不依赖于坐标系的．类似地我们可以证明 I_2 和 I_3 是不变量．

另外一组常用的不变量是 $\mathbf{T}$ 的各次矩，即

$$J_1=\mathrm{tr}\mathbf{T},\quad J_2=\mathrm{tr}(\mathbf{T})^2,\quad J_3=\mathrm{tr}(\mathbf{T})^3 \tag{A4.3}$$

可以证明 J_i 与 I_i 之间的关系为

$$I_1=J_1,\quad I_2=\frac{1}{2}(J_1^2-J_2),\quad I_3=\frac{1}{6}(J_1^3-3J_1J_2+2J_3) \tag{A4.4}$$

事实上 $\mathbf{T}$ 的任何不变量都可用 I_1，I_2，I_3 来表示．

在第四章第 4.6节，我们曾定义过张量的指数函数．我们曾定义 $e^{\mathbf{T}}$ 为 $\mathbf{T}$ 的幂级数，即可以写出

$$e^{\mathbf{T}}=c_0\mathbf{I}+c_1\mathbf{T}+c_2\mathbf{T}^2+c_3\mathbf{T}^3+\cdots \tag{A4.5}$$

式中常数 $c_r=1/r!$．

Cayley-Hamilton 定理为

$$\mathbf{T}^3-I_1\mathbf{T}^2+I_2\mathbf{T}-I_3\mathbf{I}=0 \tag{A4.6}$$

因而从式（A4.6）可知，我们能够借助于 $\mathbf{T}^2$，$\mathbf{T}$，$\mathbf{I}$，I_1，I_2 和 I_3 来表示 $\mathbf{T}^3$ 和更高次幂．所以将 $\mathbf{T}^3$ 和 $\mathbf{T}$ 的更高次幂代入式（A4.5），可将 $e^{\mathbf{T}}$ 表示为

$$e^{\mathbf{T}} = a_0\mathbf{I} + a_1\mathbf{T} + a_2\mathbf{T}^2 \tag{A4.7}$$

式中 a_r 是 $\mathbf{T}$ 的不变量的函数.

可以证明[7],如果 $\mathbf{S}$ 是 $\mathbf{T}$ 的各向同性的[1)]函数,即

$$\mathbf{S} = \mathbf{F}(\mathbf{T}) \tag{A4.8}$$

则可将 $\mathbf{S}$ 表示成

$$\mathbf{S} = a_0\mathbf{I} + a_1\mathbf{T} + a_2\mathbf{T}^2 \tag{A4.9}$$

式中 a_r 是 I_1, I_2 和 I_3 的函数.

在推导式 (A4.9) 时,假定了 $\mathbf{T}$ 的所有的三个特征值是不同的,如果 $\mathbf{T}$ 的特征值里有两个相等,则 $\mathbf{S}$ 可表示为

$$\mathbf{S} = b_0\mathbf{I} + b_1\mathbf{T} \tag{A4.10}$$

式中 b_0, b_1 是 $\mathbf{T}$ 的不变量的函数. 如果 $\mathbf{T}$ 的三个特征值都相同,则

$$\mathbf{S} = c_0\mathbf{I} \tag{A4.11}$$

式中 c_0 是 $\mathbf{T}$ 的不变量的函数.

如果我们有两个对称张量 $\mathbf{T}_1$ 和 $\mathbf{T}_2$, 则有 10 个不变量,它们是

$$\mathrm{tr}(\mathbf{T}_i),\ \mathrm{tr}(\mathbf{T}_i^2),\ \mathrm{tr}(\mathbf{T}_i^3),\ i = 1, 2$$
$$\mathrm{tr}(\mathbf{T}_1\mathbf{T}_2),\ \mathrm{tr}(\mathbf{T}_1^2\mathbf{T}_2),\ \mathrm{tr}(\mathbf{T}_1\mathbf{T}_2^2),\ \mathrm{tr}(\mathbf{T}_1^2\mathbf{T}_2^2)$$

如果 $\mathbf{S}$ 是 $\mathbf{T}_1$, $\mathbf{T}_2$ 的一个各向同性的函数,则 $\mathbf{S}$ 可以表为

$$\begin{aligned}\mathbf{S} = \phi_0\mathbf{I} &+ \phi_1\mathbf{T}_1 + \phi_2\mathbf{T}_2 + \phi_3\mathbf{T}_1^2 + \phi_4\mathbf{T}_2^2 \\ &+ \phi_5(\mathbf{T}_1\mathbf{T}_2 + \mathbf{T}_2\mathbf{T}_1) + \phi_6(\mathbf{T}_1^2\mathbf{T}_2 + \mathbf{T}_2\mathbf{T}_1^2) \\ &+ \phi_7(\mathbf{T}_1\mathbf{T}_2^2 + \mathbf{T}_2^2\mathbf{T}_1) + \phi_8(\mathbf{T}_1^2\mathbf{T}_2^2 + \mathbf{T}_2^2\mathbf{T}_1^2)\end{aligned} \tag{A4.12}$$

式中 ϕ_r 是 10 个不变量的函数.

类似地,如果我们有 n 个对称的张量 $\mathbf{T}_1, \mathbf{T}_2, \cdots, \mathbf{T}_n$, 则不变量为

$$\mathrm{tr}(\mathbf{T}_i),\ \mathrm{tr}(\mathbf{T}_i^2),\ \mathrm{tr}(\mathbf{T}_i^3),\ \mathrm{tr}(\mathbf{T}_i\mathbf{T}_j),\ \mathrm{tr}(\mathbf{T}_i\mathbf{T}_j\cdots\mathbf{T}_n)$$
$$\mathrm{tr}(\mathbf{T}_i^2\mathbf{T}_j),\ \mathrm{tr}(\mathbf{T}_i^2\mathbf{T}_j\mathbf{T}_k),\ \cdots,\ \mathrm{tr}(\mathbf{T}_i^2\mathbf{T}_j\cdots\mathbf{T}_n)$$

---

1) 如果 $\mathbf{QF}(\mathbf{T})\mathbf{Q}^+ = \mathbf{F}(\mathbf{QTQ}^+)$ 对任何正交的 $\mathbf{Q}$ 成立,则说 $\mathbf{F}$ 是各向同性的.

$$i, j, k = 1, 2, \cdots, n$$

式中进行乘积的张量最多是 n 个，并且每个张量最高幂次是 2.

如果 $\mathbf{S}$ 是 $\mathbf{T}_1, \mathbf{T}_2, \cdots, \mathbf{T}_n$ 的一个各向同性的函数，则

$$\mathbf{S} = \sum \phi(\mathbf{R} + \mathbf{R}^+) \tag{A4.13}$$

式中 ϕ 是各不变量的函数，$\mathbf{R}$ 是 $\mathbf{I}$，$\mathbf{T}_i$，$\mathbf{T}_i^2$，$\mathbf{T}_i\mathbf{T}_j$，$\mathbf{T}_i\mathbf{T}_j\cdots\mathbf{T}_n$，$\mathbf{T}_i^2\mathbf{T}_j$，$\mathbf{T}_i^2\mathbf{T}_j\cdots\mathbf{T}_n$ 等等，$i, j = 1, 2, \cdots, n$，式中进行乘积的张量的最大个数是 n，并且每个张量升高的最高幂次是 2.

附录二 均衡方程

§B.1 无坐标形式

(a) 质量守恒

设 V_0 是密度为 ρ 的物质的体积，如果在 V_0 内既没有源也没有汇，则由质量守恒定理可知

$$\frac{d}{dt}\int_{V_0} \rho dV = 0 \tag{B1.1}$$

可以证明[1]式 (B1.1) 可以写成

$$\int_{V_0}\left[\frac{\partial \rho}{\partial t} + \operatorname{div}(\rho \boldsymbol{v})\right] dV = 0 \tag{B1.2}$$

式中 $\boldsymbol{v}$ 是速度向量.

所以在物质内的每一点都有

$$\frac{\partial \rho}{\partial t} + \operatorname{div}(\rho \boldsymbol{v}) = 0 \tag{B1.3}$$

若将 $\operatorname{div}(\rho \boldsymbol{v})$ 展开，则式 (B1.3) 变成

$$\frac{\partial \rho}{\partial t} + \boldsymbol{v} \cdot \operatorname{grad}\rho + \rho \operatorname{div}\boldsymbol{v} = \frac{d\rho}{dt} + \rho \operatorname{div}\boldsymbol{v} = 0 \tag{B1.4}$$

如果在运动过程中物质的密度沿迹线为常数，则

$$\frac{d\rho}{dt} = 0, \tag{B1.5}$$

并且式 (B1.4) 简化成

$$\operatorname{div}\boldsymbol{v} = 0 \tag{B1.6}$$

方程 (B1.4) 是对任何物质都成立的连续性方程，而式 (B1.5) 或式 (B1.6) 是不可压缩流体的连续性方程.

(b) 动量均衡

如果 $\boldsymbol{t}$ 是表面力，$\boldsymbol{b}$ 是体力，则动量均衡定理可以表述为

$$\frac{d}{dt}\int_{V_0}\rho\boldsymbol{v}dV=\int_{V_0}\rho\boldsymbol{b}dV+\int_{S_0}\boldsymbol{t}dS \tag{B1.7}$$

式中 S_0 是包围 V_0 的表面.

Cauchy 基本定理[1]表示为

$$\boldsymbol{t}=\mathbf{S}\boldsymbol{n} \tag{B1.8}$$

式中 $\boldsymbol{n}$ 是垂直于 S_0 面的指向外面的单位法线，$\mathbf{S}$ 是应力张量.

将式 (B1.8) 代入式 (B1.7) 并应用散度定理，则式 (B1.7) 变成

$$\frac{d}{dt}\int_{V_0}\rho\boldsymbol{v}dV=\int_{V_0}(\rho\boldsymbol{b}+\mathrm{div}\mathbf{S})dV \tag{B1.9}$$

可以证明[1]

$$\frac{d}{dt}\int_{V_0}\rho\boldsymbol{v}dV=\int_{V_0}\rho\frac{d\boldsymbol{v}}{dt}dV \tag{B1.10}$$

应用式 (B1.10)，式 (B1.9) 可以写成

$$\int_{V_0}\left[\rho\frac{d\boldsymbol{v}}{dt}-\rho\boldsymbol{b}-\mathrm{div}\mathbf{S}\right]dV=0 \tag{B1.11}$$

如绪论中所述，可将 $\mathbf{S}$ 写成

$$\mathbf{S}=-p\mathbf{I}+\mathbf{T} \tag{B1.12}$$

将式 (B1.12) 代入式 (B1.11)，则从式 (B1.11) 可以推得在物质的每一点都有

$$\rho\frac{d\boldsymbol{v}}{dt}=\rho\boldsymbol{b}-\mathrm{grad}p+\mathrm{div}\mathbf{T} \tag{B1.13}$$

如果体力 $\boldsymbol{b}$ 有势，则可将 $\boldsymbol{b}$ 写成

$$\boldsymbol{b}=-\mathrm{grad}\phi \tag{B1.14}$$

式中 ϕ 是一个标量.

因此，在这种情形下，可将 ϕ 包含在 p 之中，并且式 (B1.13) 能写作

$$\rho\frac{d\boldsymbol{v}}{dt}=-\mathrm{grad}p+\mathrm{div}\mathbf{T} \tag{B1.15}$$

方程 (B1.13) 被称作运动方程.

§ B.2 分量形式

当用分量形式表述时，方程 (B1.6) 为

$$v^i_{,i} = 0 \tag{B2.1}$$

方程 (B1.15) 为

$$\rho\left(\frac{\partial v^i}{\partial t} + v^j v^i_{,j}\right) = -g^{ij}p_{,j} + T^{ij}_{,j} \tag{B2.2}$$

(a) 柱坐标系 (r, θ, z)

若 (u, v, ω) 是 $\boldsymbol{v}$ 在柱坐标系里的物理分量，则式 (B2.1) 可以写作

$$\frac{1}{r}\frac{\partial}{\partial r}(ru) + \frac{1}{r}\frac{\partial v}{\partial \theta} + \frac{\partial \omega}{\partial z} = 0 \tag{B2.3}$$

运动方程 (B2.2) 为

$$\begin{aligned}
&\rho\left[\frac{\partial u}{\partial t} + u\frac{\partial u}{\partial r} + \frac{v}{r}\frac{\partial u}{\partial \theta} + \omega\frac{\partial u}{\partial z} - \frac{v^2}{r}\right] \\
&\quad = -\frac{\partial p}{\partial r} + \frac{\partial T_{(rr)}}{\partial r} + \frac{1}{r}\frac{\partial}{\partial \theta}(T_{(r\theta)}) + \frac{\partial T_{(rz)}}{\partial z} \\
&\qquad + \frac{T_{(rr)} - T_{(\theta\theta)}}{r} \\
&\rho\left[\frac{\partial v}{\partial t} + u\frac{\partial v}{\partial r} + \frac{v}{r}\frac{\partial v}{\partial \theta} + \omega\frac{\partial v}{\partial z} + \frac{uv}{r}\right] \\
&\quad = -\frac{1}{r}\frac{\partial p}{\partial \theta} + \frac{1}{r}\frac{\partial T_{(\theta\theta)}}{\partial \theta} + \frac{\partial T_{(r\theta)}}{\partial r} + \frac{\partial T_{(\theta z)}}{\partial z} \\
&\qquad + \frac{2T_{(r\theta)}}{r}
\end{aligned} \tag{B2.4}$$

$$\begin{aligned}
&\rho\left[\frac{\partial \omega}{\partial t} + u\frac{\partial \omega}{\partial r} + \frac{v}{r}\frac{\partial \omega}{\partial \theta} + \omega\frac{\partial \omega}{\partial z}\right] = -\frac{\partial p}{\partial z} \\
&\qquad + \frac{\partial T_{(rz)}}{\partial r} + \frac{1}{r}\frac{\partial T_{(\theta z)}}{\partial \theta} + \frac{\partial T_{(zz)}}{\partial z} + \frac{T_{(rz)}}{r}
\end{aligned}$$

(b) 球坐标系 (r, θ, ϕ)

若 (u, v, ω) 是 $\boldsymbol{v}$ 对于球坐标系 (r, θ, ϕ) 的物理分量，则连

续性方程 (B2.1) 为

$$\frac{1}{r^2}\frac{\partial}{\partial r}(r^2u)+\frac{1}{r\sin\theta}\frac{\partial}{\partial\theta}(\sin\theta\cdot v)+\frac{1}{r\sin\theta}\frac{\partial\omega}{\partial\phi}=0 \quad \text{(B2.5)}$$

运动方程 (B2.2) 为

$$\rho\left[\frac{\partial u}{\partial t}+u\frac{\partial u}{\partial r}+\frac{v}{r}\frac{\partial u}{\partial\theta}+\frac{\omega}{r\sin\theta}\frac{\partial u}{\partial\phi}-\frac{v^2+\omega^2}{r}\right]$$

$$=-\frac{\partial p}{\partial r}+\frac{\partial T_{(rr)}}{\partial r}+\frac{1}{r\sin\theta}\frac{\partial}{\partial\theta}(\sin\theta\cdot T_{(r\theta)})$$

$$+\frac{1}{r\sin\theta}\frac{\partial T_{(r\phi)}}{\partial\phi}+\frac{2T_{(rr)}-T_{(\theta\theta)}-T_{(\phi\phi)}}{r}$$

$$\rho\left[\frac{\partial v}{\partial t}+u\frac{\partial v}{\partial r}+\frac{v}{r}\frac{\partial v}{\partial\theta}+\frac{\omega}{r\sin\theta}\frac{\partial v}{\partial\phi}+\frac{uv}{r}-\omega^2\frac{\text{ctg}\theta}{r}\right]$$

$$=-\frac{1}{r}\frac{\partial p}{\partial\theta}+\frac{\partial T_{(r\theta)}}{\partial r}+\frac{1}{r}\frac{\partial T_{(\theta\theta)}}{\partial\theta}+\frac{1}{r\sin\theta}\frac{\partial T_{(\theta\phi)}}{\partial\phi}$$

$$+\frac{1}{r}(3T_{(r\theta)}+\text{ctg}\theta(T_{(\theta\theta)}-T_{(\phi\phi)}))$$

(B2.6)

$$\rho\left[\frac{\partial\omega}{\partial t}+u\frac{\partial\omega}{\partial r}+\frac{v}{r}\frac{\partial\omega}{\partial\theta}+\frac{\omega}{r\sin\theta}\frac{\partial\omega}{\partial\phi}+\frac{u\omega}{r}+\frac{v\omega\text{ctg}\theta}{r}\right]$$

$$=-\frac{1}{r\sin\theta}\frac{\partial p}{\partial\phi}+\frac{\partial T_{(r\phi)}}{\partial r}+\frac{1}{r}\frac{\partial T_{(\theta\phi)}}{\partial\theta}+\frac{1}{r\sin\theta}\frac{\partial T_{(\phi\phi)}}{\partial\phi}$$

$$+\frac{1}{r}(3T_{(r\phi)}+2\text{ctg}\theta\cdot T_{(\theta\phi)})$$

附录三 无量纲数

§C.1 Reynolds 数

在牛顿流体的流动里，控制运动的无量纲参数是 Reynolds 数 R. R 的定义是

$$\mathrm{R}=\frac{UL\rho}{\eta_0} \tag{C1.1}$$

式中 U, L, ρ 和 η_0 分别是特征速度、特征长度、密度和粘度.

方程 (C1.1) 也可写作

$$\mathrm{R}=\left(\rho\frac{U^2}{L}\right)\Big/(\eta_0 U/L^2) \tag{C1.2}$$

从式 (C1.2) 可以看出 R 表示惯性力与粘性力之比. 若惯性力比粘性力大很多时，则 R 很大，反之若粘性力比惯性力大很多时，则 R 很小.

对于非牛顿流体，粘度不一定为常量，因此我们必须首先明确要用哪一个粘度. 为了简单起见，让我们考虑在测粘流动中的剪切变稀流体. 在这种情形下，粘度 $\eta(\kappa)$ 是随剪切率的增大而减小的. 所以对 R 定义中的粘度，可以取零剪切率的粘度 η_0，也可以取现在时刻剪切率的粘度 $\eta(\kappa)$[65]. 因此在相同的 Reynolds 数下比较两类流体的流动特性时，我们必须确保在 R 的定义中，利用的是同样的特征粘度. 如果我们希望比较具有相同粘度的两类流体的流动特性，则将应用 $\eta(\kappa)$，而不用 η_0，因为具有相等的 η_0 的两类流体，在相等的 κ 值时不一定具有相等的 $\eta(\kappa)$.

对于幂律流体，在测粘流动中其粘度函数 $\eta(\kappa)$ 由下式给出

$$\eta(\kappa)=K|\kappa|^{n-1}=K\left(\frac{U}{L}\right)^{n-1} \tag{C1.3}$$

我们定义一个推广的 Reynolds 数 $\mathrm{N_R}$ 如下

$$N_R = \rho \frac{UL}{\eta(k)} = \frac{\rho U^{2-n} L^n}{K} \tag{C1.4}$$

在研究圆管里从层流流动到湍流流动的过渡中，Metzner 和 Reed[34] 成功地应用了如下定义的推广 Reynolds 数

$$N_R = \frac{8U^{2-n} L^n n^n \rho}{(3\eta + 1)^n K} \tag{C1.5}$$

当 $n = 1$ 时，上述定义的N_R就简化成牛顿流体里所定义的 Reynolds 数 ($K = \eta_0$)。

§ C.2 Weissenberg 数和 Deborah 数

(a) Weissenberg 数 N_w 定义为第一法向应力差 ν_1 与粘性剪切应力 τ 之比，即

$$N_w = \frac{\nu_1}{\tau}^{1)} \tag{C2.1}$$

所以如果 N_w 很大，则流动主要由第一法向应力差所决定，这意味着弹性效应是重要的。相反如果 N_w 很小，则流动主要由粘性力所决定，这时弹性效应不是重要的。

(b) 在第五章第一节 (a) 里，我们曾看到过，可用一个固有时间 τ_0 来表征粘弹性流体，我们还可以定义一个与流动相联系的特征时间 τ_m，可将 τ_m 看成是可观察到的物质微元的运动状态发生任何显著变化所需要的时间，从而 Deborah 数 N_D 定义如下

$$N_D = \frac{\tau_0}{\tau_m} \tag{C2.2}$$

所以，当 N_D 很小时 ($\tau_m \gg \tau_0$)，则流动只稍微有些粘弹性，当 N_D 很大时 ($\tau_0 \gg \tau_m$)，则流动有很高的弹性。

在小振幅振动流动里，可将 τ_m 取为频率 ω 的倒数，因而在这种情形下

$$N_D = \omega\tau_0 \tag{C2.3}$$

---

1) 某些作者定义 N_W 为 $N_W = \nu_1/2\tau$。

如果 N_D 很小，则流动稍微有些粘弹性，因此二阶流体就已满足要求．如果 N_D 很大，则二阶流体就不再能够描述粘弹性流体的流动了(参看第五章第一节中的 (a))．

无量纲数 N_w 和 N_D 不完全是独立的．如果我们选定一个流动和一个本构方程，则我们可以建立它们之间的关系式．若考虑一类测粘流动和一种 Maxwell 流体，则(从第五章表 1) 我们有

$$N_w = \frac{2\eta_0\lambda_1 k^2}{\eta_0 k} = 2\lambda_1 k = 2\lambda_1 U/L \tag{C2.4}$$

在这种情形下，相应的 τ_m 是剪切率 k 的倒数，τ_0 是松弛时间 λ_1，所以

$$N_D = \lambda_1 k = \lambda_1 U/L \tag{C2.5}$$

在这种情形下 $N_w = 2N_D$[1]．

类似地，对于二阶流体

$$N_W = \frac{2|\beta_2|k^2}{\eta_0 k} = \frac{2|\beta_2|k}{\eta_0} = \frac{2|\beta_2|U}{\eta_0 L} \tag{C2.6}$$

一个合适的 τ_0 是(参看第五章第一节的 (a))

$$\tau_0 = \frac{|\beta_2|}{\eta_0} \tag{C2.7}$$

所以

$$N_D = \frac{|\beta_2|k}{\eta_0} = \frac{|\beta_2|}{\eta_0}\frac{U}{L} \tag{C2.8}$$

因此我们再次得到 $N_W = 2N_D$．

1) 如果我们定义 $N_W = \nu_1/2\tau$，则 $N_W = N_D$．

附录四 泛函分析

粘弹性物质微元现在时刻的应力状态依赖于它过去的形变历史，在数学上可以表达为：粘弹性物质微元现在时刻的应力状态是那个物质微元从无限的过去时刻到现在时刻形变的泛函.

Volterra[66] 已经在描述遗传系统(即它们的现在状态依赖于它们的过去状态的系统)里给出了泛函的定义和应用.

我们记得如果对于 y 的每一个值,存在一个 f 的相应的值,则称 f 是 y 的函数. 函数的经典表示是

$$f = f(y) \tag{D.1}$$

因此有两个数集 F，Y，并且对于每一个 $y \in Y$，存在一个相应的 $f \in F$. 在实变数范围内，F 和 Y 的元素都是实数，在点 y_0 导数 f' 的定义为

$$f'(y_0) = \lim_{h \to 0} \frac{f(y_0 + h) - f(y_0)}{h} \tag{D.2}$$

可将方程 (D.2) 写成

$$\lim_{h \to 0} \left| \frac{f(y_0 + h) - f(y_0) - hf'(y_0)}{h} \right| = 0 \tag{D.3}$$

因此如果 f 在 y_0 点可微,则可用下式近似地表示 $f(y_0 + h)$:

$$\begin{aligned} f(y_0 + h) &\approx f(y_0) + hf'(y_0) \\ &\approx f(y_0) + \delta f \end{aligned} \tag{D.4}$$

式中 $\delta f = hf'(y_0)$ 是 f 在 y_0 点对于增量 h 的微分. 在方程 (D.4) 中,已假定 h 为小量并且能够忽略 h 的平方项和更高阶项.

从方程 (D.3) 我们注意到

(i) δf 对于 h 是线性的,

(ii) $\lim_{h \to 0} \left| \frac{f(y_0 + h) - f(y_0) - \delta f}{h} \right| = 0$

我们可将 $f(y_0+h)$ 在 y_0 点展成 Taylor 级数(假定所需的连续性和可微性条件均满足),得到

$$
\begin{aligned}
f(y+h) &= f(y_0) + hf'(y_0) + \frac{h^2}{2!}f''(y_0) + \cdots \\
&= f(y_0) + \delta f + \delta^2 f + \cdots \qquad \text{(D.5)}
\end{aligned}
$$

如果 Y 的各元素是变量 s 的函数(即 Y 的各元素是 $y(s)$ 并且不是实数),对于每一个 $y(s)$ 都存在 F 的对应的一个元素,则称这样的对应关系为泛函,可写成

$$f = \mathop{\mathscr{F}}_{s=a}^{b}(y(s)) \qquad \text{(D.6)}$$

其区间是 a, b.

在变分法里有一个常见的泛函,在图 D.1 中,连结两点(a, c)和(b, d)的曲线弧长 I 由下式给出

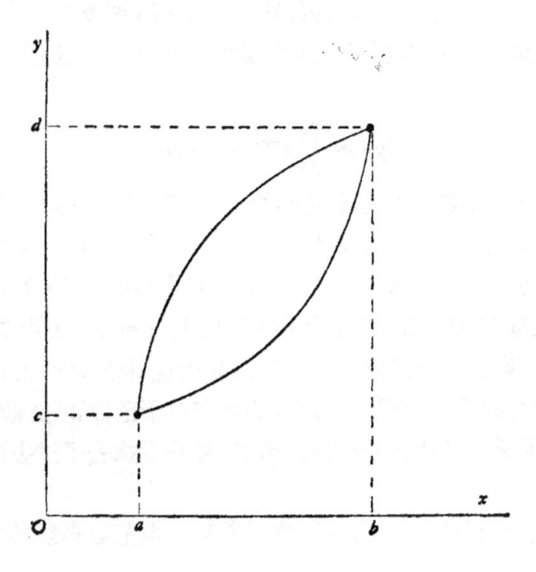

图 D.1

$$I = \int_a^b \left\{1 + \left(\frac{dy}{dx}\right)^2\right\}^{1/2} dx \qquad \text{(D.7)}$$

连结 (a, c), (b, d) 的每一条曲线 $y(x)$ 都对应于一个实数 I，这个实数是弧长．不同的曲线（即不同的 $y(x)$，$x \in [a, b]$）对应于不同的 I 值． Y 的各元素是 $y(x)$，不是实数．在变分法里，我们需要确定一个 $y(x)$，使得 I 为极小（或极大）．

从上面的例子可以看到积分是泛函．

如果 y 不仅依赖于 s，而且还依赖于其它变量 $x_1, x_2, \cdots, x_n$，并且 $x_1, x_2, \cdots, x_n$ 不依赖于 s，则

$$f = \underset{s=a}{\overset{b}{\mathscr{F}}}(y(s, x_1, x_2, \cdots, x_n)) = g(x_1, x_2, \cdots, x_n) \quad \text{(D.8)}$$

式中 g 是一个函数1)[66]．

为能定义泛函的连续性与可微性，必须引进范数的概念．可将范数解释为 Y 的各元素之间的“距离”．定义范数的方法不是唯一的．例如可定义 Y 的范数 $\|y\|$ 为

$$\|y\| = \max|y(s)|, \qquad a \leqslant s \leqslant b \quad \text{(D.9)}$$

即 Y 的范数是 $y(s)$ 在区间 a, b 内最大的绝对值．还可以定义 $\|y\|$ 为

$$\|y\| = \int_a^b e^{-\alpha s}|y(s)|ds \quad \text{(D.10)}$$

式中 $\alpha > 0$．函数 $e^{-\alpha s}$ 是影响函数，当 s 很小时，它对 $|y(s)|$ 的值给予较大的加权，当 s 很大时，$|y(s)|$ 对 $\|y\|$ 值的贡献较小．所以在粘弹性力学里，如果我们将 $y(s)$ 看作形变，将 s 看作从现在时刻到无限过去时刻的时间（现在时刻 $s = 0$，无限过去时刻 $s = \infty$），则应用上述定义的影响函数就意味着最近的过去的形变对于范数的贡献比遥远的过去的形变对于范数的贡献要大得多，所以因子 $e^{-\alpha s}$ 代表一个健忘者，它部分地抹去了过去形变的影响．

虽然我们可用多种方法来定义范数，但范数必须具有距离的

---

1) 例如若 $f = \int_a^b y(s, x_s)ds$，并取 $y(s,x) = s^n \sin x$，则

$$f = \frac{1}{n+1}[b^{n+1} - a^{n+1}]\sin x = g(x), n \neq -1.$$

特性，即

$$
\begin{aligned}
&\|y\| \geqslant 0 \\
&\|y\| = 0 \quad \text{当且仅当} \ y = 0 \\
&\|y_1 + y_2\| \leqslant \|y_1\| + \|y_2\|, \quad y_1, y_2 \in Y \\
&\|\alpha y\| = |\alpha| \|y\|, \quad \text{其中} \ \alpha \ \text{为标量}
\end{aligned} \tag{D.11}
$$

我们定义 $\mathscr{F}$ 在 y_0 点具有增量 $h(s)$ 的 Fréchet 导数 $d\mathscr{F}$ 为

$$
\lim_{\|h(s)\| \to 0} \frac{\|\mathscr{F}(y_0(s) + h(s)) - \mathscr{F}(y_0(s)) - h(s)d\mathscr{F}\|}{\|h\|} = 0 \tag{D.12}
$$

这里我们用类似于函数导数(方程 (D.3)) 的 方 法 来 定 义 Fréchet 导数.

如果对于任意给定的很小的正数 ε，我们能够找到一个正数 δ，使得当

$$
\|y_0 - y\| < \delta \ \text{时}
$$

有

$$
\|\mathscr{F}(y_0) - \mathscr{F}(y)\| < \varepsilon \tag{D.13}
$$

我们就说 $\mathscr{F}$ 在 y_0 点是连续的. 如果 $\mathscr{F}$ 在 y_0 点有 Fréchet 导数，则 $\mathscr{F}$ 在 y_0 是连续的.

因此如果 $\mathscr{F}$ 在 $y_0(s)$ 处有 Fréchet 导数，则我们可用下式近似地表示 $\mathscr{F}(y_0(s) + h(s))$：

$$
\begin{aligned}
\mathscr{F}(y_0 + h) &\approx \mathscr{F}(y_0) + hd\mathscr{F} \\
&\approx \mathscr{F}(y_0) + \delta\mathscr{F}
\end{aligned} \tag{D.14}
$$

式中 $\delta\mathscr{F}$ 是 Fréchet 微分并对于 h 是线性的.

如果

$$
\begin{aligned}
&\delta\mathscr{F}(h_1 + h_2) = \delta\mathscr{F}(h_1) + \delta\mathscr{F}(h_2) \\
&\delta\mathscr{F}(\alpha h) = \alpha\delta\mathscr{F}(h), \ \text{其中} \ \alpha \ \text{为实数}
\end{aligned} \tag{D.15}
$$

则称泛函 $\delta\mathscr{F}$ 对于 h 是线性的.

线性泛函的一个例子是

$$
\delta\mathscr{F} = \int_a^b g(s)h(s)ds \tag{D.16}
$$

式中 $g(s)$ 是 s 的一个给定函数.

如果 $\delta\mathscr{F}(h)$ 对于 $h(s)$ 是一个线性泛函，$\delta\mathscr{F}$ 不依赖于 $h(s)$ 在区间 $[a, b]$ 内 s 的任何特殊值上所取值的任意特殊方式，则 $\delta\mathscr{F}$ 可以写成如式 (D.16) 所给出的积分形式[66]. 因而在粘弹性力学里，如果我们假定现在的应力状态依赖于过去的形变，并且不存在一个特别优先的过去时间，则上述条件满足，并且我们能够用式 (D.16) 给出的积分形式表示这个线性泛函.

若 $\mathscr{F}$ 在 y_0 点有高阶的 Fréchet 导数，则我们可近似 $\mathscr{F}(y_0 + h)$ 为

$$\mathscr{F}(y_0 + h) = \mathscr{F}(y_0) + \delta\mathscr{F} + \delta^2\mathscr{F} + \cdots\cdots \tag{D.17}$$

如果假定 s 没有特殊值有特别的优先性，则式 (D.17) 可写为

$$\mathscr{F}(y_0 + h) = \mathscr{F}(y_0) + \int_a^b g_1(s)h(s)ds + \int_a^b\int_a^b g_2(s_1, s_2)h(s_1)h(s_2)ds_1ds_2 + \cdots\cdots \tag{D.18}$$

式中 g_1, g_2 也可能是 y_0 的函数.

另一个导数是 Gâteaux 导数 $D\mathscr{F}$. 如果极限

$$\lim_{h\to 0}\frac{\mathscr{F}(y_0 + \eta h) - \mathscr{F}(y_0)}{h} \tag{D.19}$$

存在，则说 $\mathscr{F}$ 在 y_0 点有一个 η 方向的 Gâteaux 导数. 因此

$$\eta D\mathscr{F}(y_0) = \lim_{h\to 0}\frac{\mathscr{F}(y_0 + \eta h) - \mathscr{F}(y_0)}{h} \tag{D.20}$$

$D\mathscr{F}$ 对于 h 不一定是线性的.

如果 $\mathscr{F}$ 在 y_0 点有Fréchet 导数，则 $\mathscr{F}$ 也有 Gâteaux 导数，并且这两个导数是相等的. 但反之不成立. Gâteaux 导数被用来确定泛函的极大值和极小值.

作为一个例子，我们考虑泛函

$$\mathscr{F}(y) = \int_a^b g(s)y^2(s)ds \tag{D.21}$$

式中 $g(s)$ 是一个给定的 s 的函数. 因此

$$\mathscr{F}(y_0 + h) - \mathscr{F}(y_0) = \int_a^b g(s)[(y_0 + h)^2 - y_0^2]dS$$

$$
-\int_a^b g(s)[2y_0(s)h(s)+h^2(s)]dS \tag{D.22}
$$

所以从式（D.22）和式（D.12），我们有

$$
hd\mathscr{F}=\delta\mathscr{F}=2\int_a^b g(s)y_0(s)h(s)ds \tag{D.23}
$$

以上我们仅考虑了标量，可以将上述讨论推广到张量. 我们可用张量的分量形式来表示张量，并且每一个分量可被看成为一个标量. 所以在第五章和第六章里我们已经应用了这个附录和附录一中给出的结果.

参 考 文 献

[1] 郭仲衡,非线性弹性理论,科学出版社,1980.

[2] White, A., Drag Reduction by Additives Review and Bibliography BHRA Fluid Engineering, Cranfield, Bedford, England, 1976.

[3] *J. Rheol.*, **23** (2), (1979). The whole issue is devoted to enhanced oil recovery.

[4] Mewis, J., Thixotropy—A General Review, *J. Non-Newtonian Fluid Mech.*, **6**, 1 (1979),

[5] Bird, R. B., Armstrong, R. C. and Hassager, O., Dynamics of Polymeric Liquids, Vol. I, Fluid Dynamics, John Wiley and Sons, 1977.

[6] Walters, K., Relation Between Coleman and Noll, Rivlin and Ericksen, Green and Rivlin, and Oldroyd Fluids, *ZAMP*, **21**, 592 (1970).

[7] Truesdell, C. and Noll, W., The Non-Linear Field Theories of Mechanics, Handbuch der Physik, Bd. III/3, Springer Verlag, 1965.

[8] Oldroyd, J. G., On the Formulation of Rheological Equations of State, *Proc. Roy. Soc.*, **A200**, 523 (1950).

[9] Davies, J. M., Hutton, J. F. and Walters, K., A Critical Re-appraisal of the Jet Thrust Technique with Particular Reference to Axial Velocity and Stress Rearrangement at the Exit Plane, *J. Non-Newtonian Fluid Mech.*, **3**, 141 (1977/1978).

[10] Walters, K., Rheometry, Chapman and Hall Ltd., 1975.

[11] Whorlow, R. W., Rheological Techniques, Ellis Horwood Ltd., 1980.

[12] Han, C. D. and Yoo, H. Y., Secondary Flow and Stress Birefringence Patterns in the Pressure Hole, *J. Rheol.*, **24**, 55 (1980).

[13] Townsend, P., A Computer Model of Hole Pressure Measurement in Poiseuille Flow of Viscoelastic Fluids, *Rheol. Acta*, **19**, 1 (1980).

[14] Brindley, G. and Broadbent, J. M., The Measurement of Normal Stress Difference in a Cone-and-Plate Rheogoniometer Using Flush-Mounted Pressure Transducer, *Rheol. Acta*, **12**, 48 (1973).

[15] Coleman, B. D., Markovitz, H. and Noll, W., Viscometric Flows of Non-Newtonian Fluids, Springer Verlag, 1966.

[16] Van Wazer, J. R., Lyons, J. W., Kim, K. Y. and Colwell, R. E., Viscosity and Flow Measurement, Interscience, 1963.

[17] Smith, F. P. and Darby, R., Prediction of the Onset of Extrudate Distortion in Polyethylenes from Rheological Data, *Polymer Eng. and Science*, **16**, 626 (1976).

[18] Pipkin, A. C. and Tanner, R. I., A Survey of Theory and Experiments in Viscometric Flows of Viscoelastic Fluids, *Mech. Today*, **1**, 262

(1972).

[19] Broadbent, J. M., Elastic Liquid Experiments with the Four-Roll and the Two-Roll Mill, Proc. VII Int. Congress on Rheol., Gothenburg, Sweden, 256, 1976.

[20] Metzner, A. B. and Metzner, A. P., Stress Level in Rapid Extensional Flows of Polymeric Fluids, *Rheol. Acta,* **9,** 56 (1970).

[21] Petrie, C. J. S., Elongational Flows, Pitman,, 1979.

[22] MacSporran, W. C., On the Suspended Syphon Elongational Rheometer, *J. Non-Newtonian Fluid Mech.* **8,** 119 (1981).

[23] Pipkin, A. C. and Owen, D. R., Nearly Viscometric Flows, *Phys. Fluids,* **10,** 836 (1967).

[24] Powell, R. L. and Schwartz, W. H., Infinitesimal Perturbations of Extensional Motion, *J. Non-Newtonian Fluid Mech.,* **8,** 139 (1981).

[25] Tanner, R. I., Plane Creeping Flows of Incompressible Second Order Fluids, *Phys. Fluid,* **9,** 1246 (1966).

[26] Craik, A. D. D., A Note on the Static Stability of an Elasticoviscous Fluid, *J. Fluid Mech.,* **33,** 33 (1968).

[27] Ting, T. W., Certain Non-Steady Flows of Second Order Fluids, *Arch. Rat. Mech. Anal.,* **14,** 1 (1963).

[28] Dunn, J. E. and Fodsick, R. L., Thermodynamics, Stability and Boundedness of Fluids of Complexity two and Fluids of Second Grade, *Arch. Rat. Mech. Anal.,* **56,** 191 (1974).

[29] Ferry, J. D., Viscoelastic Properties of Polymers, John Wiley and Sons, 1970.

[30] Oldroyd, J. G., Non-Newtonian Effects in Steady Motion of some Idealized Elasticoviscous Fluids, *Proc. Roy. Soc.,* A **245,** 278 (1958).

[31] Goddard, J. D. and Miller, C., An Inverse for the Jaumann Derivative and some Applications to the Rheology of Viscoelastic Fluids, *Rheol. Acta,* **5,** 177 (1966).

[32] Carreau, A. J. and De Kee, D., *Canadian J. Chem. Eng.,* **57,** 3 (1979).

[33] Ryskin, G., The Extensional Viscosity of a Dilute Suspension of Spherical Particles at Intermediate Microscale Reynolds Number, *J. Fluid Mech.,* **99,** 513 (1980).

[34] Schowalter, W. R., Mech. of Non-Newtonian Fluids, Pergamon Press, 1978.

[35] Bird, R. B., Hassager, O., Armstrong, R. C. and Curtiss, C. F., Dynamics of Polymeric Liquids, Vol. 2, Kinetic Theory, Wiley, 1977.

[36] Kulicke, W. M. and Porter, R. S., Relationship between Steady Shear Flow and Dynamic Rheology. *Rheol. Acta,* **19,** 601 (1980).

[37] MacDonald, J. F., On High-Frequency Behavior in Superposed Flow, *Rheol. Acta.* **14,** 601 (1975).

[38] Jones, T. E. R. and Walters, K., The Behaviour of Materials under Combined Steady and Oscillatory Shear, *J. Phys. A Gen. Phys.,* **4,** 85 (1971).

[39] Powell, R. L. and Schwartz, W. H., Rheological Properties of Aqueous

Poly (ethylene Oxide) Solutions in Parallel Superposed Flows, *Trans. Soc. Rheol. (J. Rheol.)*, **19**, 617 (1975).

[40] Lockyer, M. A. and Walters, K., Stress Overshoot, Real and Apparent, *Rheol. Acta.*, **15**, 179 (1976).

[41] Beard, D. W. and Walters, K., Elasticoviscous Boundary-Layer Flows Two-Dimensional Flow Near a Stagnation Point, *Proc. Camb. Phil. Soc.*, **60**, 667 (1964).

[42] Sarpkaya, T. and Rainey, P. G., Stagnation Point Flow of a Second Order Viscoelastic Fluid, *Acta Mech.*, **11**, 237 (1971).

[43] Davies, M. H., A Note on Elasticoviscous Boundary-Layer Flow, *ZAMP*, **17**, 189 (1966).

[44] Tan, K. L. and Tiu, C. Entry Flow Behaviour of Viscoelastic Fluids in an Annulus, *J. Non-Newtonian Fluid Mech.*, **3**, 25 (1977/1978).

[45] Metzner, A. B. and White, J. L., Flow Behavior of Viscoelastic Fluids in the Inlet Region of a Channel, *AIChE J.*, **11**, 989 (1965).

[46] Rochelle, S. G. and Peddieson, J., Viscoelastic Boundary-Layer Flows Past Wedges and Cones, *Int. J. Eng. Sci.*, **18**, 713 (1980).

[47] Acharya, A., Mashelkar, R. A. and Ulbrecht, J., Flow of Inelastic and Viscoelastic Fluids Past a Sphere, *Rheol. Acta.*, **15**, 454 (1976).

[48] Leslie, F. M., The Slow Flow of a Viscoelastic Fluid Past a Sphere, *Quart. J. Maths. and Appl. Maths.*, **14**, 36 (1961).

[49] Broadbent, J. M. and Mena, B., Slow Flow of an Elasticoviscous Fluid Past. Cylinders and Spheres, *Chem. Eng. J.*, **8**, 11 (1974).

[50] Giesekus, H., Die Simultane Translations-und-Rotations Bewegung einer Kügel in einer Elastiviskosen Flüssigkeit, *Rheol. Acta*, **3**, 59 (1963).

[51] Ultmann, J. S. and Denn, M. M., Slow Viscoelastic Flow Past Submerged Bodies, *Chem. Eng. J.*, **2**, 81 (1971).

[52] Zana, E. Tiefenbruck, G. and Leal, L. G., A Note on the Creeping Motion of a Viscoelastic Fluid Past a Sphere *Rheol. Acta*, **14**, 898 (1975).

[53] Hutton, J. F., Recent Advances in Lubricant Rheology, Proc. VII Int. Congress on Rheol., Gothenburg, Sweden, 72, 1976.

[54] Leider, P. J. and Bird, R. B., Squeezing Flow Between Parallel Disks. *Ind. Eng. Chem. Fund.*, **13**, 336 (1974).

[55] Brindley, G., Davies, J. M. and Walters, K., Elasticoviscous Squeeze Films, *J. Non-Newtonian Fluid Mech.*, **1**, 19 (1976).

[56] Metzner, A. B., The Significant Rheological Characteristics of Lubricants, *Trans. ASME.*, **90F**, 531 (1968).

[57] Davies, J. M. and Walters, K., Rheology of Lubricants, Appl. Sci. Publishers, 65, 1973.

[58] Christensen, R. M. and Saibel, E. A., Normal Stress Effects in Viscoelastic Lubrication, *J. Non-Newtonian Fluid Mech.*, **7**, 63 (1980).

[59] Middleman, S., Fundamentals of Polymer Processing, McGraw-Hill, 1977.

[60] Ziabicki, A., Fundamentals of Fibre Formation, Wiley, 1976.
[61] Denn, M. M., Petrie, C. J. S. and Avenas, P., Mechanics of Steady Spinning of a Viscoelestic Liquid, *AIChE J.* **21**, 791 (1975).
[62] Denn, M. M., Continuous Drawing of Liquids to Form Fibers, *Annual Review Fluid Mech.*, **12**, 365 (1980).
[63] Weill, A., About the Origin of Sharkskin, *Rheol. Acta*, **19**, 623 (1980).
[64] Cogswell, F. M., Stretching Flow Instabilities at the Exit of Extrusion Dies, *J. Non-Newtonian Fluid Mech.*, **2**, 37 (1977).
[65] Chan Man Fong, C. F., Stability of Flow of Viscoelastic Fluids between Arbitrarily Spaced Cylinders, *ZAMP*, **21**, 977 (1970).
[66] Volterra, V., Theory of Functionals, Dover Pub., 1959.
[67] 蔡扶时，粘弹性流体的过渡流动，力学学报，**6**，538(1982).